复杂电磁环境与
频谱管理研究

主　编◎周学全　吴　东

副主编◎朱　璇　吴　兵　彭　程

编　写◎李　有　张璐婕　张学庆　夏　雷
　　　　姜水桥　杨丽芬　李　凯

长江出版传媒
湖北科学技术出版社

图书在版编目（CIP）数据

复杂电磁环境与频谱管理研究 / 周学全，吴东主编．
武汉 ：湖北科学技术出版社，2025．1．-- ISBN 978-7
-5706-3874-1

Ⅰ．X21；TN92

中国国家版本馆 CIP 数据核字第 2025W1V480 号

责任编辑：刘　芳
责任校对：王　璐　　　　封面设计：喻　杨

出版发行：湖北科学技术出版社
地　　址：武汉市雄楚大街 268 号（湖北出版文化城 B 座 13—14 层）
电　　话：027-87679468　　　　邮　　编：430070

印　　刷：湖北新华印务有限公司　　　　邮　　编：430035

787 毫米 ×1092 毫米　1/16　15.75 印张　360 千字
2025 年 1 月第 1 版　　2025 年 1 月第 1 次印刷
定　　价：88.00 元

内容简介

本书针对复杂电磁环境下频谱管理需求，在国内外电磁环境和频谱管理领域相关法规和研究成果基础上，以图文并茂的形式，定性与定量相结合的方法，深入且形象地研究了复杂电磁环境及信息化社会中频谱管理问题。本书内容共7章，全面介绍了复杂电磁环境的概念、特点与频谱管理任务，分析了典型电磁辐射的信号特征、不同电波传播环境的特点和影响，阐述了用频台站间电磁兼容分析模型与流程，探讨了无线电频率管理与用频安全监管的主要内容和电磁频谱地图构建的基本方法等频谱管理重点问题。4个附录分别列出了国际电信联盟无线电通信部门发布的最新电波传播和频谱管理系列的建议书清单、无线电业务术语解释，以及最新修订的常用字母代码和业务频段对应表。

本书可作为频谱管理、频谱工程、通信工程、电子科学与技术等相关专业或研究方向的高年级本科生和研究生学习的辅助教材，也可作为从事与电磁环境、频谱管理有关的管理人员、技术研究人员和工程应用人员的参考手册。

前言

随着以电磁频谱为主要特征的信息化设备设施的广泛使用,由电磁频谱应用所形成的电磁环境已成为现代社会中与陆地环境、海洋环境、大气环境、太空环境、网络环境等并重的一种新型环境。当前,人类社会对电磁频谱的依赖性越来越强,电磁环境日趋复杂,对人民生活、经济发展、国防领域的影响也越来越大,做好电磁频谱管理工作也就显得愈发重要。因此,为了适应国家各行各业对频谱使用与管理工作的需要,强化电磁环境复杂性意识,促进信息化社会中频谱管理作用的有效发挥,我们编写了这本书。

本书在充分吸收近年来电磁环境、频谱管理领域相关教学、科研成果和工作实践经验的基础上,依据国际电信联盟电磁环境与频谱管理相关的建议书、报告和手册,以及其他国内外相关法规和标准,以图文并茂的形式,定性与定量相结合的方法,深入且形象地研究了复杂电磁环境及频谱管理的重点问题。本书共7章和4个附录,全面介绍了复杂电磁环境的概念、特点与频谱管理任务,分析了典型电磁辐射的信号特征、不同电波传播环境的特点和影响,阐述了用频台站间电磁兼容分析模型与流程,探讨了无线电频率管理与用频安全监管的主要内容和电磁频谱地图构建的基本方法等频谱管理问题,在附录部分分别列出了国际电信联盟发布的最新电波传播和频谱管理系列的建议书清单、无线电业务术语解释,以及最新修订的常用字母代码和业务频段对应表。

本书编写组由长期从事电磁环境、频谱管理专业教学、科研和参与国际国内频谱管理议题研究经历的人员组成。全书由周学全和吴东进行总体设计和统稿。第1章由周学全负责编写,第2章由彭程、夏雷负责编写,第3章由李有、杨丽芬负责编写,第4章由吴东负责编写,第5章由吴兵、张学庆负责编写,第6章由朱璇、姜水桥负责编写,第7章由张璐婕、李凯负责编写。附录部分由朱璇、彭程负责编写。

本书可作为频谱管理、频谱工程、通信工程、电子科学与技术等相关专业或研究方向的高年级本科生和研究生学习的辅助教材,也可作为从事与电磁环境、频谱管理有关的管理人员、技术研究人员和工程应用人员的参考手册。

本书的出版得到了国防科技大学信息通信学院许多同志的支持和帮助，在编写过程中参考了国内外大量文献资料，在此表示衷心感谢。由于编写人员水平有限、实践经验不足，书中可能存在错误和不妥之处，欢迎广大读者批评指正。

编　者

2024年10月

CONTENTS

目 录

第一章　绪论　1

第一节　电磁环境相关概念　1

第二节　电磁环境基本构成　7

第三节　复杂电磁环境的分类　10

第四节　复杂电磁环境的主要特点　13

第五节　复杂电磁环境下频谱管理任务　17

第二章　典型电磁辐射　20

第一节　通信电磁辐射　20

第二节　雷达电磁辐射　28

第三节　无线电导航电磁辐射　32

第四节　电子对抗电磁辐射　51

第三章　电波传播环境　54

第一节　地表传播环境　55

第二节　对流层传播环境　70

第三节　电离层传播环境　83
第四节　电波传播主要方式　91

第四章　用频台站间电磁兼容　115

第一节　用频台站间电磁兼容概述　115
第二节　用频台站间电磁兼容分析模型　124
第三节　用频台站间电磁兼容分析流程　140
第四节　用频台站间电磁兼容措施　146

第五章　无线电频率管理　151

第一节　无线电频率划分　151
第二节　无线电频率规划　157
第三节　无线电频率分配　163
第四节　无线电频率指配　167

第六章　用频安全监管　174

第一节　用频秩序管控　174
第二节　无线电管制　184
第三节　电磁频谱参数安全保障　189

第七章　电磁频谱地图构建　195

第一节　电磁频谱地图概述　195
第二节　空间插值构建法　200
第三节　参数构建法　209

附 录 219

附录A 国际电信联盟电波传播系列主要建议书清单 219

附录B 国际电信联盟频谱管理系列主要建议书清单 225

附录C 无线电业务术语解释 232

附录D 常用字母代码和业务频段对应表 237

参考文献 238

第一章
绪　论

随着以电磁频谱为主要特征的信息化设备设施的广泛应用，由电磁频谱构成的电磁环境已成为现代社会中与陆地环境、海洋环境、大气环境、太空环境等并重的一种新型环境。当前人类社会对电磁环境的依赖性越来越强，日趋复杂的电磁环境对人民生活、经济发展、国防领域的影响也越来越大，做好电磁频谱管理工作也显得越来越重要。因此，系统研究复杂电磁环境与频谱管理问题，对于信息时代社会的发展与进步具有重要意义。

第一节　电磁环境相关概念

复杂电磁环境是随着人类社会的发展和电磁频谱的大量使用而产生并得到关注的，频谱管理是适应和管控复杂电磁环境的重要途径。因此，理清电磁频谱、电磁环境、复杂电磁环境、电磁频谱管理等概念及其关系，是深入研究复杂电磁环境与频谱管理问题的基本出发点。

一、电磁频谱

电磁频谱是把电磁波按波长或者频率排列起来所形成的谱系。这一谱系中的电磁波包括无线电波、红外线、可见光、紫外线、X射线、γ射线以及尚未被人类所认识和利用的其他频率范围的电磁波（图1–1）。

各种电磁波在电磁频谱中占有不同的频率范围，无线电波占有的频率范围称为无线电频谱，是目前电磁环境分析和频谱管理的主要频段。当前，不同文献对无线电波频率范围的说明不尽完全相同，无线电频谱划分的频段数也不完全一致，有8、9、12、13、14段等多种提法。有的文献认为当前使用的无线电频谱最低频率约为9kHz，最高频率约为

200GHz，将被使用的无线电频谱分为4～11号共8个标准频段，即频率范围为3kHz至300GHz，美军条令中也有类似描述（如图1-2）；一些文献将无线电频谱细分为4～12号共9个频段①，即频率范围为3kHz至3000GHz，将无线电频谱按编号1～12或0～12共分为12或13个频段的说法也较为普遍；我国《无线电频率划分规定》在《无线电频段和波段的命名》章节中将无线电频段从-1～12进行编号，分为14个频段②（表1-1），即频率范围为0.03Hz至3000GHz。可见，各种文献中虽然对无线电频谱划分的最小、最大频段编号及具体频率值有所不同，但频段号和频率范围的对应关系完全一样，上限频段编号大都为12号（对应3000GHz），下限频段编号则有-1、0、1、4等多种说法。

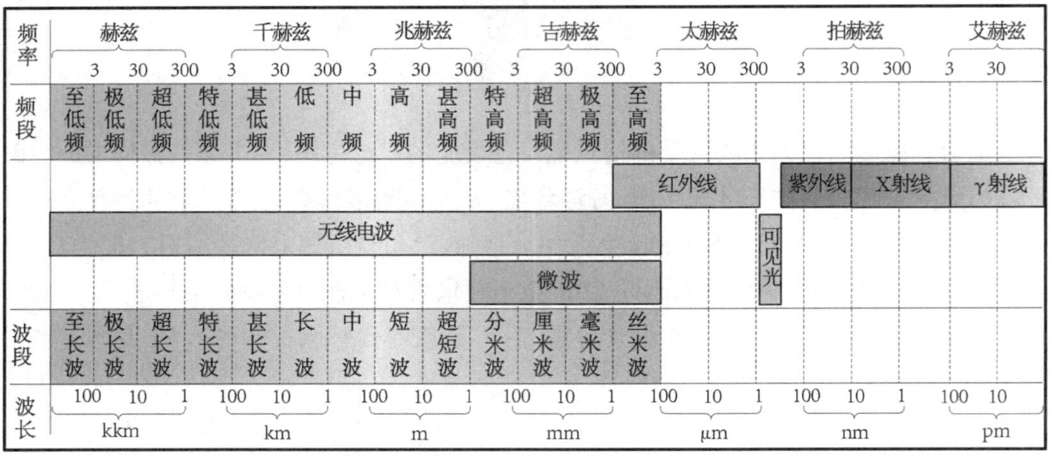

图1-1　电磁频谱划分示意图

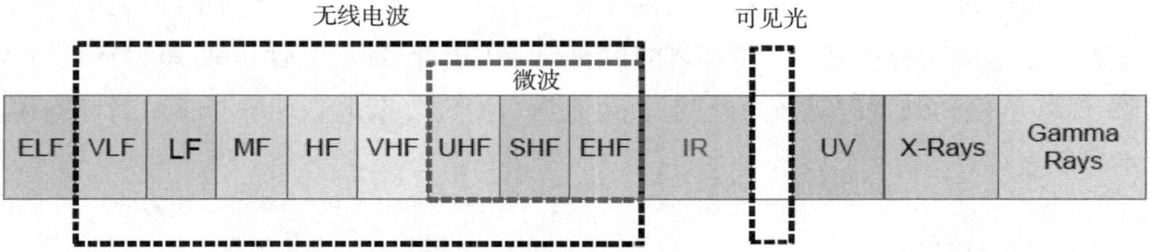

图1-2　美军JP3-85《电磁频谱作战条令》中标识的无线电频谱（8个频段）

国际和我国电信主管部门均定义无线电波为“频率规定在3000GHz以下，不用人造波导而在空间传播的电磁波”，因此从理论上来讲，无线电波的频率范围是0～3000GHz

①国际电信联盟无线电规则第1卷中说明“无线电频谱应细分为9个频段”，但最高频段300～3000GHz并未命名，只有波段名称“丝米波”。

②-1和0号频段名称均为至低频（TLF）。

(含上限,不含下限),目前出于各种应用考虑,对无线电波频率范围的不同表述均在此范围。当然,并不表示人们目前已具备开发利用整个无线电频段的能力,可供应用的无线电频段是随着技术进步而不断拓展的。

表1-1　无线电频段划分表

<table>
<tr><th>频段序号</th><th>频段名称</th><th>频段范围</th><th colspan="2">波段名称</th></tr>
<tr><td>-1</td><td>至低频(TLF)</td><td>0.03~0.3Hz</td><td colspan="2">千兆米波(至长波)</td></tr>
<tr><td>0</td><td>至低频(TLF)</td><td>0.3~3Hz</td><td colspan="2">百兆米波(至长波)</td></tr>
<tr><td>1</td><td>极低频(ELF)</td><td>3~30Hz</td><td colspan="2">十兆米波(极长波)</td></tr>
<tr><td>2</td><td>超低频(SLF)</td><td>30~300Hz</td><td colspan="2">兆米波(超长波)</td></tr>
<tr><td>3</td><td>特低频(ULF)</td><td>300~3000Hz</td><td colspan="2">十万米波(特长波)</td></tr>
<tr><td>4</td><td>甚低频(VLF)</td><td>3~30kHz</td><td colspan="2">万米波(甚长波)</td></tr>
<tr><td>5</td><td>低频(LF)</td><td>30~300kHz</td><td colspan="2">千米波(长波)</td></tr>
<tr><td>6</td><td>中频(MF)</td><td>300~3000kHz</td><td colspan="2">百米波(中波)</td></tr>
<tr><td>7</td><td>高频(HF)</td><td>3~30MHz</td><td colspan="2">十米波(短波)</td></tr>
<tr><td>8</td><td>甚高频(VHF)</td><td>30~300MHz</td><td colspan="2">米波(超短波)</td></tr>
<tr><td>9</td><td>特高频(UHF)</td><td>300~3000MHz</td><td>分米波</td><td rowspan="4">微波</td></tr>
<tr><td>10</td><td>超高频(SHF)</td><td>3~30GHz</td><td>厘米波</td></tr>
<tr><td>11</td><td>极高频(EHF)</td><td>30~300GHz</td><td>毫米波</td></tr>
<tr><td>12</td><td>至高频(THF)</td><td>300~3000GHz</td><td>丝米波</td></tr>
</table>

如同土地、矿产、石油、水资源一样,电磁频谱资源也是现代社会发展必不可少的一种自然资源。而在更为复杂的战场电磁环境中,电磁频谱资源则如同弹药、油料一样重要,是作战的必需物资。但电磁频谱资源又是一种无形的稀缺的特殊资源,它具有如下特性:①资源有限性。从理论上讲电磁频谱资源是无限的,但受科学技术发展水平和电波传播特性的制约,目前国际上明确划分应用的频谱在275GHz以下,实际上大量业务集中在30Hz~40GHz范围,而绝大部分在3GHz以下,频谱资源的使用受到了很大限制。②共享共用性。任何频段的电磁频谱资源都不归某一国家、军队或组织独自占有,电磁波的传播不受国家边界或政治组织的制约,为全人类共同享有。③多域分割性。电磁频谱具有空间域、时间域、频率域、调制方式等多方面特性,可通过区分空间、时间、频率、调制等方法,有序使用频谱资源。④永不消耗性。与矿产、石油、水等自然资源不同,任何一段电磁频谱资源都可反复利用,而这段资源本身并不会产生任何损耗。⑤相互交融性。不同使用者所用的电磁频谱资源在空间上相互之间难以有明确的界线划分,而是相互交叉、共同存在,这可能导致在作战中以电磁频谱为媒介所携带的信息能被不希望的对象所截获或受到有意、无意的电磁干扰。

二、电磁环境

根据等同采用国际标准制定的国家标准《电磁兼容 环境 电磁环境的描述和分类》(GB/Z 18039.1—2019/IEC/TR 61000-2-5:2017)的定义,电磁环境(electromagnetic environment,EME)是指"存在于给定场所的所有电磁现象的总和。(注1:通常,电磁环境与时间有关,对它的描述可能需要统计的方法;注2:切勿将电磁环境与场所本身相混淆)"。场所是"按电磁特性划分的位置或地点",按使用的电气和电子设备的类型和密度可分为居住场所,商业、公共场所和工业场所等等。美军从作战的角度,将电磁环境定义为"特定作战区域内遇到的实际电磁辐射,即军队、系统或平台在预定的作战环境中执行任务时,遇到的辐射电磁发射或传导电磁发射在不同频率范围内的功率和时间分布的最终产物",并特别强调"并非军队所遇到的所有电磁辐射都会影响作战"。国内有些领域将电磁环境进一步描述为在一定空间内所有的电磁辐射形成的环境,分为人为电磁环境和自然电磁环境。

对电磁环境概念的各种表述在详略程度和针对性上存在差异,但都体现出两层基本含义:①场所是电磁环境存在的前提,任何电磁环境都有限定的区域或空间范围,对于具体的用频行动来说,这个场所就是用频行动涉及的空间范围;②构成电磁环境的是一定场所中的所有电磁现象(电磁辐射),无论是否对设备工作或人类活动有影响,而不是存在电磁现象的场所或场所中的其他因素。但随着人们在各类活动和电磁应用中对电磁环境重视程度的不断提高,所研究的电磁环境重点集中在可能造成较大影响的电磁环境,研究内容不仅仅局限于电磁现象本身,还进一步拓展到了一系列与电磁环境形成与作用全过程密切相关的其他因素,如电磁辐射源的活动、电磁波传播的环境条件、电磁频谱用户的行为和意图等多方面的因素,这也导致了新提出的一些电磁环境的衍生概念往往大大超出了电磁现象的范畴。

三、复杂电磁环境

由于陆海空天各类有形空间中各种电磁辐射源的功率越来越大,部署越来越密集,使用的频谱也越来越宽,再加上电磁脉冲武器及超宽带、强电磁辐射干扰的出现,使得电磁环境日趋复杂,对人类用频活动的威胁越来越大。但同样组成和表现形式的电磁环境对不同用频设备的电磁作用可能不尽相同,受到了相同电磁作用的用频设备对用频活动造成的影响也可能不尽相同。因此,从频谱使用的角度去认知,复杂电磁环境是指一定时空范围内对用频行动可能造成较大影响的各种密集交错、起伏多变的电磁现象的总和。

世界各强国都非常重视电磁环境在用频活动中的复杂性问题。美国国防部在2000年的联合出版物《联合电子战》的引言中就指出,"军事行动在日益复杂的电磁环境中进行”。在2007年的联合出版物《电子战》的引言中进一步指出，“军事行动在被电磁频谱所日益复杂化的信息环境中进行。信息环境中的电磁频谱部分被称为电磁环境”，明确了电磁环境与电磁频谱的关系。在2017年的联合出版物《联合作战》中则进一步提升了电磁频谱，即电磁环境的地位，首次将其与陆海空天等物理环境和以赛博空间为主体的信息环境并列。2020年，美国国防部将原《联合电子战》和《联合电磁频谱管理行动》正式整合为《联合电磁频谱作战》条例，进一步强调了电磁作战环境的地位作用，将电磁频谱作为一个独立的作战域看待，原“电子战”相关术语全部改称为“电磁战”相关术语。这都是因为电磁环境及其管理越来越复杂的原因。可见，复杂电磁环境是信息化社会，特别是信息化作战条件下电磁环境发展的必然结果，是用频环境复杂化的主要因素。

四、电磁频谱管理

（一）电磁频谱管理的定义

世界各国对电磁频谱管理的定义不尽相同。美国防部定义电磁频谱管理（electromagnetic spectrum management）为“电磁频谱管理是按操作、技术和管理程序对电磁频谱使用进行的计划与协同。电磁频谱管理由三个相互关联的部分组成，即频率管理（frequency management，FM）、东道国频管协调（Host-Nation coordination ，HNC）和联合频谱干扰消解（joint spectrum interference resolution，JSIR）。电磁频谱管理是联合电磁频谱行动的重要组成要素，对联合部队军事行动能否在动态电磁行动环境中成功遂行至为重要”。俄罗斯将电磁频谱管理称为无线电频谱管理（управление радиочастотным спектром）、无线电频谱使用管理（управление использованием радиочастотного спектра）或无线电频谱使用管控（регулирование использования радиочастотного спектра）①，是指保证各无线电业务的无线电设备正常工作而不造成相互有害干扰的各种行政和技术管理的活动，是一系列相互配合协调的法律、行政、组织、技术和科研方面的措施和行动的总和，主要包括实施无线电频谱使用规划，保障无线电设备的电磁兼容性，保障无线电设备频率指配的国际保护，以及监控无线电设备的频谱使用等等。

虽然对电磁频谱管理概念的表述方式和侧重点不同，但其实质内容并无多大差异，可以认为，电磁频谱管理是指电磁频谱管理机构制定电磁频谱管理政策、制度，划分、规划、分配、指配频率和航天器轨道资源，以及对频率和轨道资源使用情况进行监督、检查、协调、处理等活动的统称。

---

①俄罗斯在正式法规性文件中，将国际层面的频谱管理称为频谱使用管理，对其国家层面上的频谱管理称为频谱使用管控（如《通信法》《频率指配规程条例》等），但一些非法规性文献中常用前者。

（二）国际电磁频谱管理

由于电磁频谱全球共用、各行各业共用，为有效保障各类用频活动在复杂电磁环境下能正常进行，各种用频设备和系统能有效发挥各自效能，必须多个层面对电磁频谱的使用进行科学规划和控制。在国际层面由国际电信联盟（International Telecommunication Union，以下简称国际电联或ITU）制定《国际电信联盟组织法》《国际电信联盟公约》《无线电规则》等文件，负责协调各成员国政府电信主管部门之间电信方面的事务，包括无线电频率和卫星轨道资源的使用协调和管理；世界不同地区还成立有亚太电信组织（Asia Pacific Telecommunity，APT）、阿拉伯电信与信息部长理事会常设的阿拉伯频谱管理组（Arab Spectrum Management Group，ASMG）、欧洲邮电主管部门大会（European Conference of Postal and Telecommunications Administrations，CEPT）、美洲国家间电信委员会（Inter-American Telecommunication Commission，CITEL）等区域性组织，负责开展相应地区国家的无线电频谱使用和管理的协调活动；国际民航组织（International Civil Aviation Organization，ICAO）、国际海事组织（International Maritime Organization，IMO）和世界气象组织（World Meteorological Organization，WMO），以及国际业余无线电联盟（International Amateur Radio Union ，IARU）和国际天文学联合会（International Astronomical Union，IAU）等国际性行业组织，负责协调和统一相应行业的频谱使用；世界贸易组织（World Trade Organization ，WTO）根据服务贸易总协定，对成员国的频率管理权利进行约束，要求应“在合理、客观和公正的情况下”予以实施，且不应取消或削弱特定义务。

（三）国家电磁频谱管理

在国家层面，频谱资源是一个国家的公共资源，各国通常由专门的国家权力机关负责频谱管理的立法、监管和法规、政策制定，对频谱资源进行有效管理。《中华人民共和国物权法》第50条规定“无线电频谱资源属于国家所有”。我国工业和信息化部（简称工信部）是负责频谱管理的国家机关，由无线电管理局承担国家的日常频谱管理工作，具体负责：编制无线电频率规划；划分、分配和指配无线电频率；依法监督管理无线电台（站）；协调处理军地间无线电管理相关事宜；进行无线电监测、检测、干扰查处，协调处理电磁干扰事宜，维护空中电波秩序；依法组织实施无线电管制；负责涉外无线电管理工作。国务院和中央军委联合发布的《中华人民共和国无线电管理条例》[①]是我国频谱管理的主要

①截至2023年，最新版《中华人民共和国无线电管理条例》于2016年由国务院、中央军委令第672号公布。

法规依据，工信部根据最新版《无线电规则》[①]、世界无线电通信大会文件[②]以及国家无线电业务发展情况修订发布《中华人民共和国无线电频率划分规定》[③]，作为研制、生产、进口、销售、试验和设置使用各种无线电设备，以及选择和使用频率的基本依据。地位高于《无线电管理条例》的《中华人民共和国刑法》和《中华人民共和国治安管理处罚法》对频谱使用中违规违法行为的处理做出了明确规定，是维护频率使用正常秩序和维护无线电业务工作正常的重要法规。

第二节　电磁环境基本构成

电磁环境中既有各种自然物体或物质产生的电磁现象，也有各种人工装置所产生的电磁现象。因此，从来源上看，电磁环境的基本构成包括对用频活动可能有影响的自然电磁环境和人为电磁环境。

一、自然电磁环境

自然电磁环境是指自然电磁现象所构成的电磁环境，通常难以人为控制，在某些特定时节对用频活动具有重要影响，是复杂电磁环境分析与频谱管理中必须考虑的要素。自然电磁现象主要产生于太阳、地球和各类静电体等自然物体或物质，可分为宇宙噪声、地球大气噪声与内部噪声、静电现象等。自然电磁现象的发生往往具有一定的偶然性，但可用统计预测的方法对发生在不同地区、不同时间和不同频段的自然电磁现象进行分析，进而掌握自然电磁环境的变化规律。

（一）宇宙噪声

宇宙噪声产生于宇宙空间中的天体和星际物质。就强度而言，主要的宇宙噪声来自太阳和银河系中心星系，其中太阳是宇宙噪声的主要来源，其产生的宇宙噪声对电磁环境的影响最大。太阳是一个炽热的气球，其表面活动时而相对活跃，时而相对平静，活动周期约为11年。“静止”的太阳和扰动的太阳都会产生电磁辐射，但扰动的太阳所产生的电磁辐射对用频的影响更为剧烈。太阳黑子、光斑、谱斑、耀斑、日珥、射电以及太阳风等活动产生的电磁辐射在不同程度上扰动电磁环境，影响电子设备的工作乃至人员身心健康。各种太阳活动通常在时间和空间上是有一定关联的。尤其是太阳黑子、太阳耀斑和日冕喷射的影响尤为剧烈。它释放出强大的电磁辐射和粒子辐射，扰动正常的空间气

①截至2023年，国际电联最新《无线电规则》为2020年版。

②截至2023年，最近世界无线电大会为WRC-23。

③截至2023年，最新版《中华人民共和国无线电频率划分规定》于2022年公布。

象、电离层和地磁状态，干扰和中断无线电短波通信。例如，电离层的电子密度是随着太阳活动强度的变化而变化，太阳黑子的改变、太阳耀斑的变化、太阳射电等都会使电离层的密度产生明显变化，这种变化对主要靠天波传播的无线电短波通信影响极大，它会使无线电短波通信的可靠性大大降低，甚至出现灾难性的损失。

（二）地球大气噪声与内部噪声

地球是各种地球大气噪声和内部噪声的来源。地球上的各种自然电磁活动非常频繁，雷雨云和地磁场是对地球电磁活动影响较大的两类主要根源。大气噪声主要由地球大气层内雷电及电离层与地面之间的放电现象，其影响又称为天电干扰。大气噪声在夏季主要由本地和邻近地区的雷电所产生，而在冬季是由于热带地区雷电所造成。热带地区所产生的干扰可经电离层传至几千千米之外，对高于电离层截止频率的频段，大气噪声主要由本地区雷电所产生。世界性雷电活动有一定的地理分布，热带较多，极区很少，印度尼西亚、中南美洲和赤道非洲是三大活动中心。从时间上来说，一般夏季较多较强，冬季则较少较弱，而本地性雷电又多在傍晚发生。大气噪声强度是夜间高，白天低，且一般随频率的增高而逐渐减弱，对于30MHz以上的大气噪声可不考虑。

地球内部噪声主要产生于地球内部活动如地震、地磁变化等。早在20世纪70年代，科学家就发现地震时存在电磁辐射，并通过其辐射特性来研究探测震源位置。1979年伊朗中部地震（7.4级），苏联在距震源1200km的高加索隧道内，在甚低频、低频、中频频带发现背景噪声电平，噪声电平从震前1小时开始上升，震后即恢复原来水准。1980年日本的京都地震，在距震源250km的地区，在200Hz～10kHz频带的噪声电平明显上升，在81kHz接收到的背景噪声电平也上升了10～15dB。由于地震这种自然现象从开始到结束的时间极为短暂，因此其产生的电磁噪声对通信等无线电设备的影响较小。

（三）静电现象

静电现象是带静电的物质间静电力产生的静电放电等电磁现象。当物质间的静电力大到一定程度时，就会发生静电电晕放电、火花放电、刷形放电、传播刷形放电、大型料仓内的粉堆放电、雷状放电或电场辐射放电等不同类型的静电放电现象。其中静电火花放电时，静电能量瞬时集中释放，其较强的引燃、引爆和电磁干扰能力。静电现象对各类信息化电子设备影响很大。对于有害静电现象，如果不采取措施，将会严重干扰电子设备正常工作，甚至对电子器件造成不可逆转的损坏。如带静电很多的人会妨碍电子计算机的运行；静电放电的能量可以产生局部发热，破坏介质及相邻物质的特性，使得相关器件损坏，甚至击穿某些电子器件；即使静电产生的电压低于介质的击穿电压，由于静电场的存在也可能引起电子器件的工作故障。从广义上讲，雷电也可以看作是大规模静电放电，是伴随云层间静电放电过程的电磁辐射和电流瞬变形成的强电磁脉冲。

二、人为电磁环境

人为电磁环境是指人为电磁现象所构成的电磁环境。人为电磁环境是造成电磁环境复杂性的主要原因,通常是可以人为控制的,在某些特定的活动空间非常复杂,是复杂电磁环境分析与频谱管理的主要对象和重难点。人为电磁现象是各种人工装置产生的电磁辐射,主要包括军民各行各业中各种类型的电子与电气设备所产生的电磁辐射,按电磁辐射的用途,可分为用频设备和非用频设备产生的电磁辐射。

(一)用频设备电磁辐射

用频设备电磁辐射是指电台、雷达、导航设备、电子干扰等含有电磁波发射装置的各种装设备工作时产生的电磁信号。它通过专门天线或发射器件发射的电磁波,设计有明确目的的信号样式、频率、带宽、功率等电磁频谱参数和辐射空间,是电磁频谱管理主要关注的电磁辐射。从电磁信号的归属性来看,用频设备电磁辐射包括军用电磁辐射和民用电磁辐射。军用电磁辐射在电磁辐射中往往占据主体地位,尤其是敌方有针对性的电子干扰形成的电磁辐射对己方电子、电气设备和设施的危害较大。用频设备电磁辐射均为有意电磁辐射,即其辐射源在完成自身功能时必须向特定空间辐射电磁波。用频电磁辐射对于信号的既定接收方是有用电磁辐射,对于非既定接收方则是无用的,甚至是有意或无意的干扰信号。

(二)非用频设备电磁辐射

非用频设备电磁辐射是指不以传输电磁信号为目的的装置所产生的电磁辐射。为净化电磁环境,在电磁频谱管理相关规范中,也对非用频设备电磁辐射的强度、频带和作用距离(空间)作出了明确的限定。非用频设备电磁辐射主要有车辆内电路开关的接触火花或电弧辐射、电磁振荡辐射、电气化铁路的交流供电系统辐射和运行时的接触放电辐射、架空高压电力系统的输电线路和高压设备的电晕放电辐射,工科医设备的高频泄漏辐射,以及近年来广泛应用的无线充电(电力传输)设备(其中具备信息传输功能的模块除外)的电磁能量辐射[①]等。除无线充电(电力传输)设备外,其他非用频设备的电磁辐射一般为无意电磁辐射,其辐射源在完成自身功能时并不需要向空间辐射电磁波。非用频设备电磁辐射对其他电子、电气设备和设施产生的干扰一般为无意电磁干扰。

---

①2023年工业和信息化部印发的《无线充电(电力传输)设备无线电管理暂行规定》明确“无线充电设备是辐射无线电波的非无线电设备”。

第三节　复杂电磁环境的分类

电磁环境的复杂性在现代战争中的体现最为明显，在军事对抗的战争舞台上，既有一方专门为阻碍、瘫痪另一方战场行动而有意设置的有害电磁环境因素，也有大量并非要故意产生不利作用的自然存在和人为设置的有害或可供利用的电磁环境因素。因此，从复杂性的角度，可按电磁环境要素影响性质的不同，将复杂电磁环境分为对抗性电磁环境和非对抗性电磁环境。对抗性和非对抗性是相对的，对于不同的作用对象，同一电磁环境因素的影响性质可能不同。

一、对抗性电磁环境

对抗性电磁环境，是指在一定时空范围内，一方专门为降低另一方武器装备效能和人员能力而人为设置的所有电磁环境因素的总和，是引起电磁环境复杂性的主要部分。对己方而言，对抗性电磁环境就是敌方针对己方而有意设置的各类有害电磁因素，目的就是对抗己方的军事行动，可用相应威胁等级来表示对抗性电磁环境的影响程度。应对这种对抗性电磁环境的不利影响，必须采取电子反侦察、抗干扰、防摧毁等各类电子防御措施。按照对抗性因素的具体来源和作用性质，对抗性电磁环境分为电磁监控环境、电子干扰环境和电磁毁伤环境，如图1-3所示。

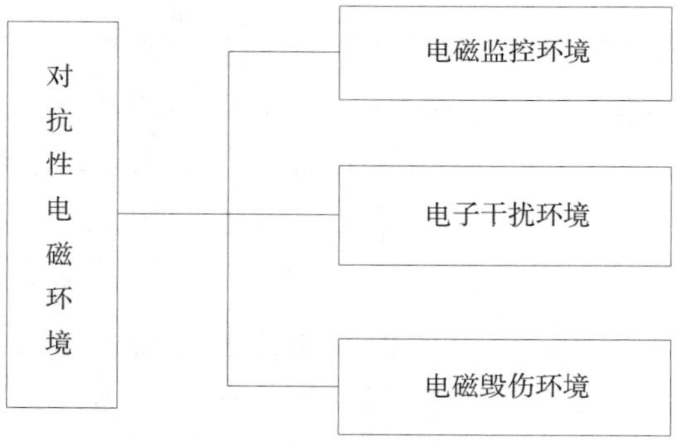

图1-3　对抗性电磁环境

（一）电磁监控环境

电磁监控环境，是指敌方为获取己方电子信息设备、系统、网络及相关武器平台或人员的空间位置、运动状态和电磁特征等信息而采取的电子侦察、预警探测等监视监测行动所形成的对抗性电磁环境，其构成包括电子侦察站、电子侦察船、电子侦察飞机和电子侦察卫星等部署在陆海空天的各种电子侦察平台及其装备系统，以及探测雷达等台站及产生的电磁辐射等。电磁监控环境通常不会直接对己方武器装备和人员的当前工作造成显性危害，但通过对电磁监控环境的利用所获知和积累的目标属性参数，会支持敌方对己方采取不利行动，是形成电子干扰环境和电磁毁伤环境的重要基础，如电子侦察站截获分析监控对象的电磁信号并不会直接影响监控对象的工作，预警雷达辐射的电磁能一般也不会危害目标当时的正常用频，但通过电子侦察所获取的电磁信息可用于深入分析作战对手的有关战场情报和引导电子干扰、摧毁等行动，预警雷达发现远程目标的能力可提早发现飞机、舰艇和导弹等目标的活动并采取对抗己方的有效应对措施。

（二）电子干扰环境

电子干扰环境，是指敌方有意施放电磁干扰信号或设置干扰器材来削弱或阻碍己方电子设备使用效能而形成的对抗性电磁环境。这种软杀伤环境的形成主要是由于作战对手采取的以电子战武器平台为主要手段的电子干扰行动。电子干扰环境在战时广泛存在，也存在于平时的试探性攻击行动中。电子干扰一方面可以作用于能量层，使接收机无法从噪声中检测所需信号，如压制性干扰；另一类作用于信息层，使信号处理或情报分析能力趋于饱和，如欺骗性干扰。由于电子干扰环境使对方不能有效接收到所需信息或接收到虚假信息，所以其带来的不利影响往往会立即转化为直接危害，具体体现在破坏作战指挥、协同行动、削弱作战体系战斗力，或者扰乱判断决策、采取错误行动等。

（三）电磁毁伤环境

电磁毁伤环境，是指敌方运用电磁辐射引导精确打击或电磁能武器直接攻击等活动形成的对抗性电磁环境。电磁毁伤环境的构成主体主要包括反辐射武器（反辐射无人机和反辐射导弹）、定向能武器（高功率微波武器和强激光武器）、电磁脉冲武器和精确制导武器（精确制导炸弹和导弹）等。电磁毁伤环境辐射的电磁能以毁伤己方承担电磁信号或信息的收发、传输、处理功能的作战单元为目的，从而消除己方电磁行动能力，或者打破原有的电磁布势，危害性极大，是破坏力最为强烈的对抗性电磁环境。

二、非对抗性电磁环境

非对抗性电磁环境，是指对抗性电磁环境以外的所有电磁环境。与对抗性电磁环境相比，非对抗性电磁环境不是为威胁任何一方的战场活动而人为设置的，其中既有在用频活动中需要充分利用的因素，也有大量对正常用频活动有危害的多种因素，是引起电磁环境复杂性的重要部分。对己方而言，即使是有害的非对抗性电磁环境，也不一定是敌方造成的或敌方有意为之。通常采取电磁频谱感知、电磁频谱使用筹划、电磁频谱调配与控制等各类电磁频谱管控措施，充分利用非对抗性电磁环境的有利因素，而克服非对抗性电磁环境的不利影响。按照非对抗性因素的具体来源和作用性质，非对抗性电磁环境分为无意电磁干扰环境、自然电磁影响环境和有用电磁信号环境，如图1–4所示。

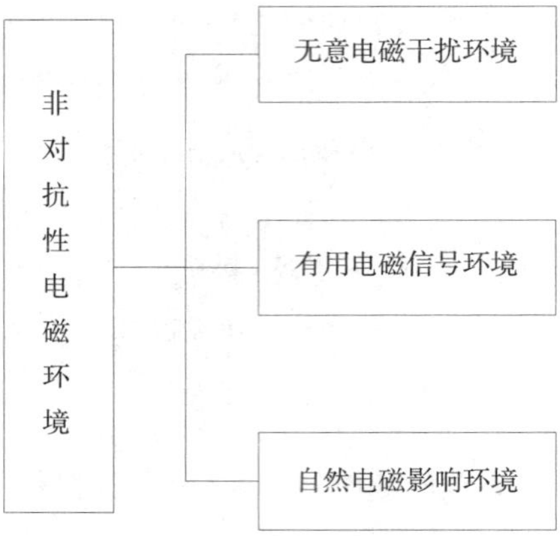

图1-4　非对抗性电磁环境

（一）无意电磁干扰环境

无意电磁干扰环境，是指各类军用和民用电子装备设备在进行特定功能的电磁活动时对其他电子装备带来无意电磁干扰所形成的非对抗性电磁环境。对给定的己方用频台站（网络）而言，无意电磁干扰环境包括己方其他用频台站（网络）和民用用频台站（网络）的电磁辐射、电磁泄漏，以及敌方非对抗性的电磁辐射及其主体等相关因素。其中，己方无意电磁干扰环境主要是指己方无针对性的电磁辐射，如友军电子装备形成的环境、同平台其他装备辐射造成的环境和平台内部自扰互扰环境；民用干扰环境主要是指作战地域内一些民用辐射源及设施在其工作时形成的电磁环境，比如民用雷达、广播电视发射台和其他一些民用的无线通信等，这些电磁活动不是专门针对军事行动的，但会增加行动区域电磁环境的背景噪声电平，同样会对军事电磁活动产生影响；敌方无意电磁干扰环境是指敌方非针对己方而开展的所需要的电磁活动所形成的非对抗性电磁环境，如敌方的无线电通信、导航雷达等，在有些情况下也会影响己方用频。无意电磁干扰环境虽然不是主观故意造成的，但影响结果不可忽视，特别是造成己方自扰互扰的各类电磁干扰，当超过用频设备的电磁安全裕度时，会严重影响用频设备的正常工作。

（二）有用电磁信号环境

有用电磁信号环境，是指特定军用和民用电子装备设备在完成其所需功能时所必需的其他装备产生的有用信号及相关因素所形成的非对抗性电磁环境。对于一方来说，对给定的己方用频台站（网络）而言，有用电磁信号环境包括己方同一网络中其他用频台站发射的合作性电磁信号，以及其他监视用非合作性的电磁信号，如同一无线电通信中各联络对象所发射的通信调制信号，无线电信号情报侦察中作为情报来源的敌方用频信号等等。有用电磁信号环境只要能满足一定程度的利用需求，通常要通过频谱管理手段予以保护。

（三）自然电磁影响环境

自然电磁影响环境，是指自然界电磁活动所产生的宇宙噪声、地球大气噪声与内部噪声、静电现象，以及各类电波传播环境自然变化等形成的非对抗性电磁环境。自然电磁影响环境通常会造成用频设备和系统工作效能的不稳定，但其没有敌我、军民属性，具体影响效果取决于用频设备的战术、技术性能及组织运用方法，也与影响对象的敌我属性无关。自然电磁影响环境虽然不分敌我，而且普遍存在，但其对用频设备工作效能的影响也不可忽视，如太阳风冲击电离层可能会造成短波通信大面积、长时间中断，强雷电击中用频设备可能会直接烧毁其中的电子元器件。在电磁行动计划和实施过程中，必须有重点地考虑相关的自然电磁影响环境要素，分析预测和掌握其状态、变化规律及对用频活动的影响程度，及时处置不可接受的危害，以便回避、削弱和消除自然电磁因素的不利影响，而充分利用其有利因素。

第四节　复杂电磁环境的主要特点

电磁环境是用频活动面临的诸多环境的一种，与其他影响用频台站工作的自然或社会环境相比，它在泛在性、多变性、对抗性、可控性等方面显得尤为突出，这些特性的共同作用造成了现代社会中电磁环境的复杂性。

一、泛在性

陆海空天等有形空间环境及其影响具有一定的边界范围，而复杂电磁环境条件下军民、敌我各行各业使用电磁频谱的用频台站和用频活动产生的电磁辐射遍布整个空间及相关区域，这些电波辐射往往没有明确的作用边界，使得复杂电磁环境具有十分明显的泛在性特点。

（一）电磁环境要素分布广泛

用频设备的部署运用与工作技术能力、电波传输方式等因素决定了电磁环境在时、空、频各域中的分布都极为广泛。用频设备广泛分布于陆地、海上（下）、空中、太空、网络等多维空间，运用于无线电通信、雷达探测、导航定位、武器制导、气象测绘、电子对抗和广播电视等各个领域，电磁频谱的使用贯穿于各行业用频行动的全过程，覆盖可用的全频段，而且从利用电磁频谱和进行电磁斗争的角度来看，虽然电磁辐射源的分布具有一定的区域性特性，但其辐射的作用范围并非仅限于用频设备的配置空间，而是覆盖整个国家、地区，乃至全球，且向外层空间、地下和海底立体延伸，大大超过了用频设备所分布和运用的空间范围，而且在不同的具体时域、空域、频域内，军地、敌我大量用频设备分布不均且随用频行动进程不断变化，使得电磁信号的分布十分密集而多变。对电磁环境分布状况的描述通常要采用统计的方法。

（二）电磁环境影响对象广泛

电磁环境主要通过电磁能量的传导耦合和辐射耦合方式，对空间内的信息化电子设备和系统、物资器材、工作人员等各类对象产生不同的作用。①影响电子设备工作可靠性。对信息化电子设备来说，电磁干扰是电磁环境中最为常见的有害影响，它主要影响雷达、通信、导航、制导、侦察等设备以及飞机、舰船、车辆等设备平台中电磁信号接收装置对有用信号的有效接收，从而瘫痪或削弱相应电子设备的工作能力。此外，在某些条件下，电磁环境还可产生热效应使电子设备中的电子器件局部过热而损毁，产生强电场使电路介质击穿或影响电场敏感器件的可靠性，产生强磁场干扰电磁设备的正常工作。②影响物资器材安全。电磁环境中的强电磁辐射以及雷电、沉积静电等自然效应产生的电火花或电弧可作为点火源和引爆源，使易燃、易爆的燃油、气体或电火工品发生燃烧或爆炸。③影响人员身心健康。工作环境中的电磁辐射如果达到一定强度，就可能使人体水分产生热效应而影响到内脏器官的正常工作，还可能破坏人体器官和组织中处于平衡状态的微弱电磁场而损伤人体。人员如果长期处于高辐射强度的电磁环境中，由于累积效应，则所受伤害不易恢复或不能恢复。此外，面对电磁环境造成的作战电子设备工作失常和人体功能失调，还易使人员产生恐慌心理。

认识电磁环境的泛在性这一特点，有利于在频谱管理工作中树立电磁环境存在及其影响普遍性的观念，充分利用无处不在的电磁环境，使其成为用频设备工作效能的倍增器，而规避电磁环境无所不及的不利影响，避免其引发短板效应。

二、多变性

用频过程中，虽然各类环境都无不处于动态变化之中，但由于用频行动中电磁活动异常频繁、电磁现象瞬息万变，而且电磁波以光速传播，使得电磁环境变化的速度之快、程度之大，远非其他环境可比拟。

（一）电磁辐射活动密集多变

各类自然和人为电磁辐射源是造成电磁环境复杂多变的源头所在，特别是数量庞大、部署密集、功能多样的各种用频设备的运用及其电磁辐射对电磁环境影响重大，是引起电磁环境多变的主要原因。①用频设备工作参数多变。不仅不同的用频设备工作时参数往往不尽相同，而且即使同一用频设备在不同的工作阶段，其配置位置（运行线路）、工作频率、信号样式、辐射功率、辐射方向等用频参数也通常会发生变化。正是军地各方众多用频设备工作参数的不断变化造成了电磁环境在时域、空域、频域上显得变幻莫测。②用频设备辐射状态多变。即使在特定作战时段和空间内，某一用频设备的用频参数不发生改变，但其辐射状态也可能处于不断变化之中，除部分发射机一直处于辐射状态外，大量用频设备处于断续辐射状态,而且会根据需要控制电磁辐射的时间。如无线电台只在发信时才辐射电磁信号,信号暴露时间尽量短暂,制导雷达只在引导实施精确打击时才辐射电磁波,电子干扰设备实施瞄准式干扰中只在发现目标信号时才施放电磁干扰等。电磁斗争行动中的大功率电磁辐射是造成电磁环境剧烈变化的重要原因。

(二) 电波传播环境随机多变

由于季节、天候、地形等条件的不同和各种自然、人为的活动,会导致电磁辐射源与特定场所之间电波传播环境特性的改变。如电离层高度会随季节、时间而变化,雨雪多雾天气会加大对流层对电磁波的吸收,干旱季节会使地面传播电波的能力减弱,太阳风暴引起的电离层扰动和地磁场磁暴现象会严重影响电波传播。其中有些变化较缓,容易掌握其变化规律,如地表面,有些变化则较为快速且随机性更强,如电离层。总体来说,电波传播媒介特性是多变的。即使各电磁辐射源状态不变,由于这些电波传播媒介特性的变化造成了对电磁波影响的不稳定,也会使得电磁环境处于动态变化之中。

认识电磁环境的多变性这一特点,有利于在用频活动中把握电磁环境发展变化的主要原因,组织运用多种感知手段,实时感知电磁环境状态,科学研判其发展变化,使用频活动组织者更快地做出决策、采取行动并取得更大的电磁频谱优势效果。

三、对抗性

美国防部在《电磁频谱优势战略》中认为,美国在电磁频谱领域的主导地位受到了同行和近邻对手的挑战,为夺取电磁频谱优势,阻碍对方安全有效利用电磁环境,保障己方安全有效利用电磁环境而进行的电磁环境对抗行动,已成为现代战争中军事对抗的重要手段。这表明了电磁环境对用频设备和用频活动的作用呈现出明显的对抗性。电磁环境的对抗性,集中体现在电子侦察与反侦察、电子干扰与抗干扰、电子摧毁与防摧毁等几个方面。

(一) 电子侦察与反侦察的对抗从未间断

由于电磁空间具有开放性特征,用频设备所发射的电磁波除能被自己所利用外,也可能为对手所发现、截获和侦测,经分析处理可获取用频设备的地理位置、工作方式、频率特征、使用规律等频谱参数,甚至进而得到用频台站分布、用频设备作战能力、作战兵力部署与意图等信息。对手通过电子侦察获取的这些电磁信号自身信息及由其分析出的相关军事情报,是其平时进行战备建设、军事训练和战时进行作战决策、组织实施电磁斗争的重要依据。因此,无论在平时,还是战时,各世界强国都高度重视电子侦察与反侦察,利用陆、海、空、天基多种平台针对对手和他国进行的电子侦察活动持续不断,而同时采取控制电磁发射的时间、空间范围、频谱特征及隐真示假、电磁参数泄露风险评估等多种战术技术措施来阻碍对手侦测己方真实电磁信号或通过电磁信号获取有关己方的真实情报。

(二) 电子干扰与抗干扰的对抗日趋激烈

信息化条件下,敌对双方均有大量严重依赖于电磁频谱的信息化电子设备投入电磁应用,电磁频谱已成为制约战争胜负的关键因素。通过扰乱对方对电磁信号的有效接收,就能使对方用频设备失效或降低工作效能,雷达受扰会使战场感知变“瞎”,通信受扰会使指挥控制变“聋”,武器制导受扰会使导弹“迷航”,敌我识别受扰则可能导致“自相残杀”。因此,电子干扰与抗干扰已成为复杂电磁环境中军事对抗的焦点,在未来智能化特征的军事对抗舞台上的较量将呈“白热化”趋势,任何一方总是千方百计地采用分布式干扰、灵巧干扰、智能干扰等多种手段来压制或欺骗对方对有用电磁信号的有效接收,而同时采取频率机动、电磁诱饵、组网抗扰、编码抗扰、波形抗扰、智能抗扰等各种抗干扰措施保障己方有效接收有用信号。

(三) 电子摧毁与防摧毁的对抗不断升级

电子干扰是一种“软杀伤”手段,通常只是使对方电磁信号接收设备暂时失效,一旦干扰停止,所造成的干扰效果也会随之消除。为让对方用频设备永久失效,通过电磁毁伤和反辐射攻击等电子摧毁手段对对方用频设备进行物理消灭已成为战场电磁环境对抗的最彻底方式。因此,各军事强国都在争相发展各种电磁战场上的“硬杀伤”武器,采用反辐射武器(反辐射导弹、反辐射炸弹、反辐射无人机)跟踪和攻击对方的电磁辐射源(雷达、通信节点或设施、激光辐射源等)而从实体上彻底摧毁这些目标,采用高功率射频武器(如灵巧射频武器、高功率微波武器和高能激光武器等)烧毁对方传感器、电子信息设备和网络节点的敏感器件而令其彻底失效,而同时采取电磁加固、有源诱偏、以攻助防等多种措施防止对方电磁摧毁手段的运用或削弱其运用效果。

认识电磁环境的对抗性这一特点,有利于在用频活动中激发人的主观能动性和斗争精神,采用各种组织和技术措施,破坏对方所依赖的电磁环境而阻碍对方对己方所依赖的电磁环境的破坏,在总体上全程营造出有利于己而不利于敌的电磁空间环境。

四、可控性

无形的电磁环境虽然同陆海空天等有形用频环境一样,也是一种物理环境,都可通过提高电子设备和人员对用频环境的适应能力以及科学组织实施用频活动来控制用频环境的不利影响,但相比于有的无形地形、地物、水文、气象、岛礁、海洋、天候、温度、重力及社会人文等用频影响因素,复杂电磁环境的构成主体是人为电磁辐射源及其辐射,更容易被人为操控,因而电磁环境具有更大的可控性。

(一) 己方电磁兼容状态可控

为解决己方电磁辐射源及其辐射所造成的电磁环境中的电磁兼容问题,可采用行政、法规、技术等电磁频谱管理手段管控己方电磁辐射源及其对频谱资源的使用，主要内容包括频率管理、用频台站管理、电磁频谱监测、电磁频谱检测、电磁干扰查处、电磁频谱管制等。通过有效的电磁频谱管控，可以科学分配、指配电磁频谱资源，合理部署用频台站，全面掌握电磁空间环境，及时发现和查处电磁干扰，消除用频设备因电磁频谱参数原因产生的电磁干扰隐患，确保特定场所电磁环境的安全，最终为控制电磁环境提供保障。

（二）对方电磁威胁效能可控

对于对方运用有意电磁干扰或电磁武器而形成的电磁战威胁环境，可采取软硬对抗性手段削弱甚至消除其不利影响。一是电子对抗侦察，使敌得不到电磁干扰或攻击所需的真实引导信息，降低其电磁威胁效能；二是以扰反制，采用电子干扰法遮断封锁对方电磁战系统的指控信息传输，使其电磁干扰或电磁攻击效能难以发挥；三是实体摧毁，直接消灭对方电磁战系统的关键平台，使其彻底失去电磁战体系效能。

（三）自然电磁环境影响可控

自然电磁环境因素主要是大气噪声、宇宙噪声以及电波传播环境等，其活动具有一定的随机性，而且大都很难人为控制和改变，但其发生、发展和变化又通常是有一定规律可循的，可利用技术手段对自然电磁环境进行长期观测、分析和研究，把握其变化发展规律，定性或定量分析预测其对电磁环境的影响，有针对性地科学谋划用频设备的组织运用，动态调整不同地区、不同时段的电磁频谱资源使用，达到适应和合理利用自然电磁环境的目的，将其对用频行动的不利影响控制到最低限度。

认识电磁环境的可控性这一特点，有利于在用频活动中坚定能动塑造电磁环境的信心，采取多种方法对电磁环境本身及其影响进行有效控制，达到最大限度利用好电磁环境的目的。

第五节 复杂电磁环境下频谱管理任务

为应对复杂电磁环境的挑战，提高电磁频谱管理能力，必须深入分析复杂电磁环境的形成原因和电磁频谱的使用要求，明确复杂电磁环境下电磁频谱管理任务。

一、缓解频谱资源供需矛盾，保障频谱资源高效利用

虽然随着科学技术的不断发展，新的电磁频谱资源在不断进行开发应用，但由于用频设备运用更加广泛，大量用频设备对频谱资源的需要呈几何级数增加。因受科学技术、生产力及经济发展等各种条件的制约，电磁频谱资源利用技术的发展相当有限，使得当前可资利用的频谱资源远远落后于用频需求。如无线电频谱范围至3000GHz，但国际上目前在所有的无线电频谱中所掌握的频段仅仅局限在10Hz~400GHz，而且各频段的利用也不

平衡。实际上所利用的频段大多在40GHz以内，而其中大部分业务的无线电频谱又集中在3kHz～12GHz，并且所掌握的频谱不是都能合理进行使用，很多用频设备占用了比其信息传输所需频率带宽大得多的频谱。因此，可用频谱资源在一定的历史条件下和在一定的范围内总是十分有限的，造成了特定频段内电磁环境的复杂性。为更好地满足复杂电磁环境下的用频需求，频谱管理工作必须为高效利用频谱资源提供保障。

保障频谱资源高效利用，就是统筹协调国防和经济建设、用频活动、用频系统组织实施对电磁频谱资源的使用，明确电磁频谱资源使用发展规划，科学划分、规划、分配、指配频谱资源，严格用频规定，保证用频台站正常运行，构建一个良好的电磁环境，使之更好地保障信息化社会发展和国防建设需要。保障频谱资源高效利用，是电磁频谱管理的根本目的和最重要的任务。频谱资源是信息化社会高度依赖的战略资源，作为一种有限的、开放性、公用性自然资源，广泛应用于国家广播、电视、民航、气象、交通、电信以及军队的众多领域，为国家经济社会发展和国防建设提供重要支撑。尤其是公众移动通信系统、天基信息系统、精确制导武器、全球导航定位等信息化系统建设对频谱资源需求更大，经济发展和国防建设对电磁频谱的依赖性更强。

二、解决用频台站互扰问题，保障用频台站兼容运行

用频台站部署的密集性和用频设备的性能缺陷，不可避免地加大了用频台站相互之间的干扰问题。复杂电磁环境下，特别是军事冲突的战场上，各方用频设备已广泛用于战场及后方、空中及太空、水上及水下对敌方的探测，对情报信息的搜集与传输，以及战斗命令、指示和报告的传递，设备数量急剧增多，配置高度饱和。如美军装备有千余类用频设备，一个陆军装备的用频设备多达5万部，用频设备的密度可达每平方千米30部，飞机上配置的用频设备可达30部，军舰上配置的用频设备可达100部。此外，用频设备信号发射与接收电路的性能不理想，使得发射机除了有用电磁辐射外，还存在大量影响其必要带宽外其他信号的无用辐射，接收机除能接收到其工作频带内的信号外，还易受大量工作频带外的干扰。因此，复杂电磁环境中，若台站间电磁兼容措施不当，用频台站间可能存在大量的同频、带外和杂散电磁干扰。为有效消除或减小用频台站间的相互干扰，频谱管理工作必须为用频台站的兼容运行提供保障。

保障用频台站兼容运行，就是在用频台站设置与使用中，应用电磁兼容分析技术对用频台站间的电磁干扰进行全面、科学的分析，以最大限度减少相互干扰和提高用频效能。为保障用频台站兼容运行，首先要进行频率规划和台站布局规划，科学指配频率，研究系统或设备的技术体制、信息带宽、电波传播特性、用性能要求，选取合适的工作频段，并为新申请设台单位预选工作频率。对用户设台申请和频率台站资料进行技术处理，提高频谱管理自动化水平。其次要解决用频台站之间可能或者已经发生的干扰问题，提出解决办法。干扰分析技术主要包括建立数学模型、确定干扰方程及安全余量、计算机软

件实现等。在进行用频台站间分析预测时，主要处理远区场无线电设备之间的相互干扰问题。若干个干扰源和接收器构成干扰—接收对，然后计算进入接收器的干扰功率，并与其门限相比较，判断其是否构成干扰。当考虑一个具体的接收机时，需考虑所有的干扰源进入该接收机的总干扰功率的作用。

三、防范用频活动风险隐患，保障用频活动安全顺畅

各种用频设备是靠发射和接受不同频率的电磁波来进行工作的，各类无线电业务有相同或不同的使用频段、传播区及工作时间等，若设置、使用和管理不当，可能造成相互间的严重干扰或战时为敌方掌握己方的频谱参数而影响用频设备工作效能的充分发挥。开展用频活动时防范措施的欠缺是造成用频活动风险隐患的主要原因，如用频台站之间不必要的近距离配置；频谱分配与指配的不合理；在选择用频台站址时在潜在干扰辐射源的方向上没有利用地形的屏蔽特性，对敌方的电磁侦测活动缺少预测和应对等组织措施，以及用频设备在研制生产、部署使用时没有利用接地、滤波、屏蔽等技术措施。此外，随着工业化的发展，非用频设备引起的电磁辐射强度也大为提高，许多地区的此类干扰强度已超过了宇宙和大气产生的自然电磁噪声，这些非功能性电磁辐射都可能引起高强度的无意电磁干扰，使得即使在没有敌方有意干扰和己方用频设备无意干扰的情况下，用频设备工作也存在失能的风险隐患。因此，电磁频谱管理必须高度重视电磁环境的复杂性，科学预测和有效防范用频活动各种风险隐患，保障用频活动安全顺畅。

保障用频活动安全顺畅，就是对用频台站的设置使用、航天器使用的频率和轨道资源、辐射电磁波的非用频设备、涉外使用的频率和用频台站的设置使用进行严格的电磁频谱管理，采取用频计划与协调，实施电磁频谱检测、电磁环境监测、干扰查处、电磁频谱管制、电磁频谱参数安全保密等，以保障各用频设备在复杂电磁环境中安全运行，各类用频活动能够顺利开展。根据新时代国家经济发展和国防建设的需要，保障用频活动安全顺畅是复杂电磁环境下频谱管理的重要任务。为此，需要在用频设备的全寿命周期内加强电磁频谱管理。①加强研制、引进用频设备的电磁频谱管理，减小用频设备频率使用重叠，避免与在用的用频设备和系统产生频率使用冲突；②加强用频台站配置时的电磁频谱管理，及时掌握发射设备带外辐射超标和接收设备抗干扰情况，保障位置和频率配置符合台站间电磁兼容要求；③加强用频设备工作中的电磁频谱管理，对用频设备的使用频率、时间、空间进行全程监控，对出现的电磁干扰、电磁泄漏等风险隐患进行及时处理。

第二章
典型电磁辐射

特定用频场所的电磁环境是由电磁辐射源发射到电磁空间的电磁能所形成的，是在用频行动空间内形成电磁环境的源头所在，是用频行动电磁环境的基本组成部分，因而也是进行复杂电磁环境分析的主要对象。区分通信、雷达、导航、电子对抗等典型用频电磁辐射，并认识各类电磁辐射信号的时频特点，是做好电磁频谱监测、检测和管控等电磁频谱管理业务工作的重要基础。

第一节　通信电磁辐射

通信电磁辐射是指无线电通信发射机发射到空中的电磁信号。通常依据其调制信号类型区分为模拟调制信号和数字调制信号。

一、模拟通信信号

模拟通信信号的基带信号是连续信号，其常用的载波信号为正弦波信号，由于模拟通信信号占用频率范围小，系统实现简单，技术成熟，目前仍有大量的应用。根据调制类型的不同，模拟调制可分为幅度调制和角度调制。常见的幅度调制包括调幅（AM）、双边带（DSB）、单边带（SSB）和残留边带（VSB）等调制，应用最广泛的角度调制是频率调制（FM）。

（一）调幅（AM）信号

调制信号$m(t)$叠加直流m_0后与频率为f_c的载波相乘，就可产生调幅（AM）信号，简记为AM信号，其表达式为

$$S_{AM}(t)=[m_0+m(t)]\cos 2\pi f_c t \tag{2-1}$$

式中，设调制信号 $m(t)$ 无直流成分，即 $\overline{m(t)}=0$。为了避免过调制，一般设 $|m(t)|\leqslant m_0$。设基带信号 $m(t)$ 的频谱为 $M(f)$，则AM信号的频谱函数为

$$S_{\mathrm{AM}}(f)=\frac{1}{2}\left[M(f+f_c)+M(f-f_c)\right]+\frac{m_0}{2}\left[\delta(f+f_c)+\delta(f-f_c)\right] \quad (2\text{-}2)$$

式中，$m(t)$ 为确知信号。若 $m(t)$ 为随机信号，则已调信号的频域表示式须用功率谱描述。

调幅信号在时域波形上体现为已调信号包络随调制信号幅度作相应变化（不过调制），频域上表现为稳定载频分量两边对称分布调制信号频谱（图2-1）。

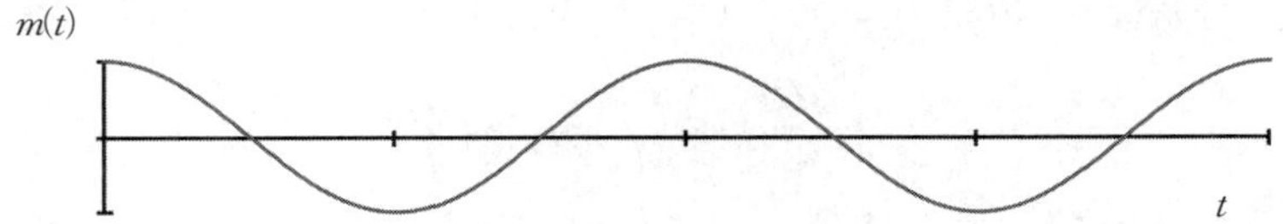

(a)单音调制信号

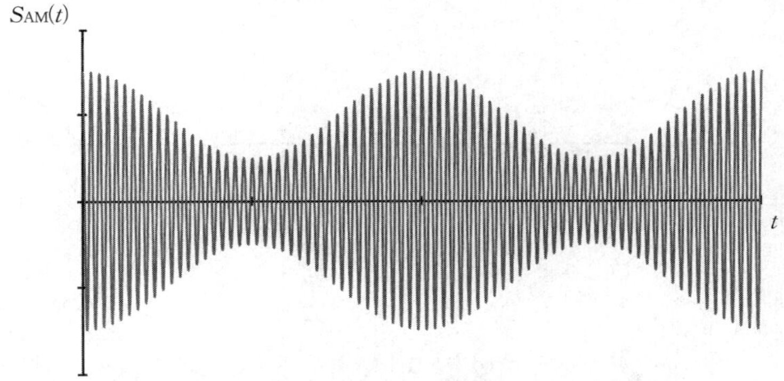

(b)调幅信号波形

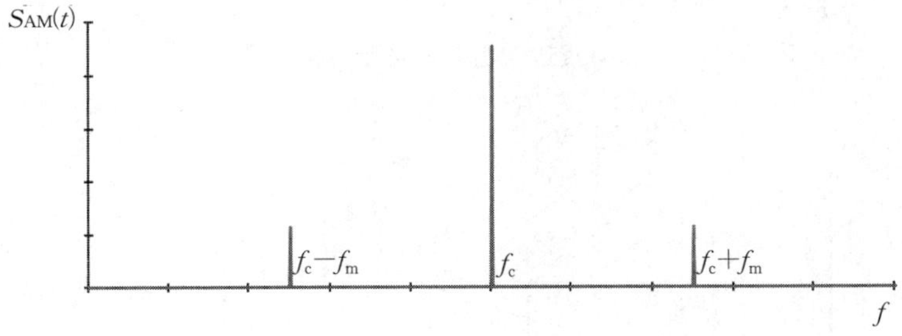

(c)调幅信号频谱

图2-1 调幅信号特征示意图

(二) 双边带(DSB)调制信号

因为调幅信号不含信息的载波分量占据了大部分信号功率,调幅信号的功率利用率比较低。如果只传送两个边带分量,而抑制载波分量,就能够提高功率利用率,这种抑制载波调幅也称为双边带(DSB)调制。

抑制载波只需将AM信号的时域表示式的直流m_0去掉,即可得到双边带信的时域表达式:

$$S_{DSB}(t)=Am(t)\cos 2\pi f_c t \tag{2-3}$$

设基带信号$m(t)$的频谱为$M(f)$,则可得出已调信号$S_{DSB}(t)$的频谱$S_{DSB}(f)$,有

$$S_{DSB}(f)=\frac{A}{2}\left[M(f-f_c)+M(f+f_c)\right] \tag{2-4}$$

双边带信号在时域波形上体现为已调信号包络随调制信号幅度的绝对值而起伏变化,零点与调制信号零点相一致,频域上表现为没有载频分量、以载频为中心对称分布调制信号频谱(图2-2)。

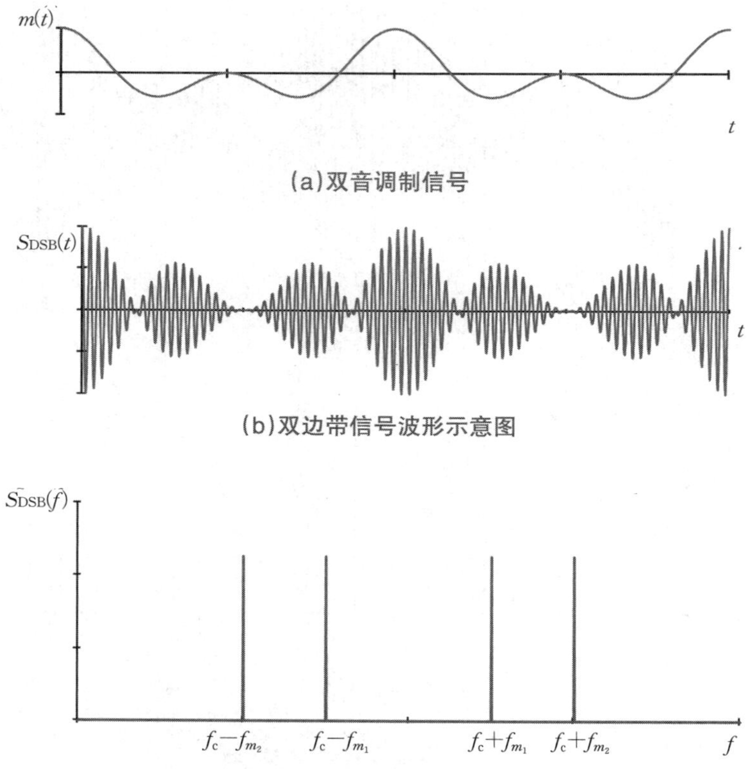

(a)双音调制信号

(b)双边带信号波形示意图

(c)双边带信号频谱示意图

图2-2　双边带信号特征示意图

（三）单边带(SSB)调制信号

双边带调制信号包含有两个完全相同的基带信号，即上、下边带。由于两个边带包含的信息相同，因而从信息传输的角度来考虑，仅仅传递一个边带同样可以达到信息传输的目的。所谓单边带调制，就是设法只传送一个边带的调制方式，简记为SSB调制。

SSB信号的时域表示式：

$$S_{SSB}(t)=\frac{1}{2}m(t)\cos 2\pi f_c t\mp\frac{1}{2}\hat{m}(t)\sin 2\pi f_c t \tag{2-5}$$

式中，$\hat{m}(t)$是$m(t)$的希尔伯特(Hilbert)变换。

单边带信号在时域波形上信号包络与调制信号幅度无对应关系（如单音调制时为恒定包络），频域上表现为没有载频分量、仅在载频一侧分布调制信号频谱（图2-3）。

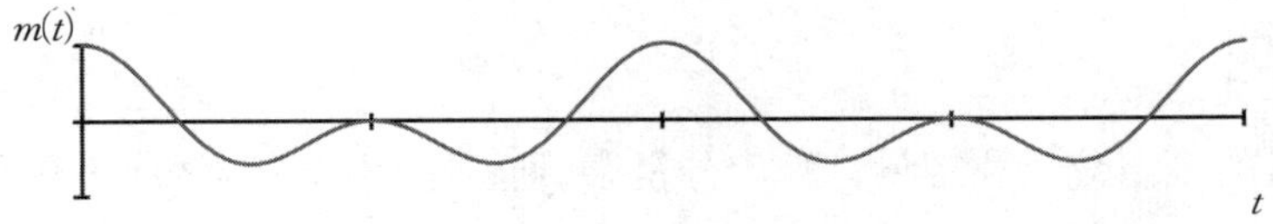

(a)双音调制信号

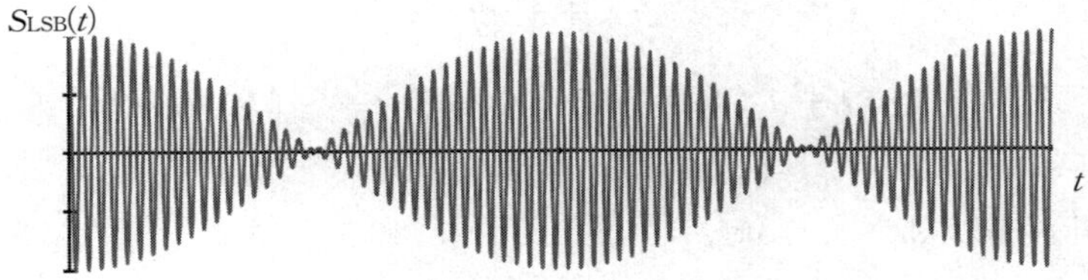

(b)下边带信号波形示意图

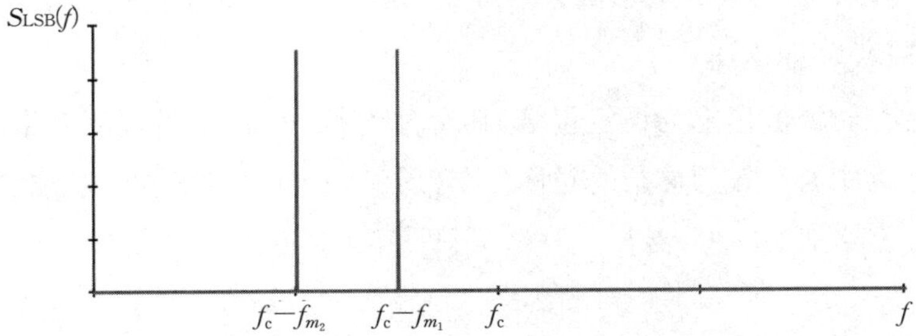

(c)下边带信号频谱示意图

图2-3 单边带信号特征示意图

（四）频率调制（FM）信号

频率调制信号，简记为FM信号，其表达式为

$$S_{FM}(t)=A\cos\left[2\pi f_c t+\int_{-\infty}^{t}K_f m(\tau)d\tau\right] \tag{2-6}$$

式中，A为载波振幅；f_c为载波频率，频率调制时，载波的振幅不变，设$\theta(t)$为瞬时相位角，则已调信号的频率偏移（变化）为

$$\frac{d\theta(t)}{dt}=K_f m(t) \tag{2-7}$$

即已调信号的频率变化与基带信号$m(t)$成正比。K_f称为调频器灵敏度，已调信号瞬时频率为$f_c+K_f m(t)$，最大频率偏移为$K_f\left|m(t)\right|_{max}$，最大相位偏移为$K_f\left|\int_{-\infty}^{t}m(\tau)d\tau\right|_{max}$。

调频信号的频谱分析和定量计算十分复杂，通常采用单音频调频波进行分析。假设单音频调频波为

$$S(t)=\cos(\omega_0 t+\beta\sin\Omega t) \tag{2-8}$$

$$\begin{aligned}S_{FM}(t)=&\sum_{n=-\infty}^{\infty}J_n(K_f)\cos[(2\pi f_c+n2\pi f_m)t]\\=&J_0(K_f)\cos 2\pi f_c t+J_1(K_f)\cos 2\pi(f_c+f_m)t-J_1(K_f)\cos 2\pi(f_c-f_m)t\\&+J_2(K_f)\cos 2\pi(f_c+2f_m)t+J_2(K_f)\cos 2\pi(f_c-2f_m)t\\&+J_3(K_f)\cos 2\pi(f_c+3\pi f_m)t-J_3(K_f)\cos 2\pi(f_c-3f_m)t\\&+\cdots\\&+J_n(K_f)\cos 2\pi(f_c+nf_m)t-J_n(K_f)\cos 2\pi(f_c-nf_m)t\end{aligned} \tag{2-9}$$

式中，$J_n(K_f)$为n阶第一类贝塞尔函数。可见，在理论上调频信号的频谱包含无限对边频$f_c\pm n\cdot f_m$，幅度为$J_n(K_f)$。

调频信号在时域波形上为恒定包络，其瞬时频率随调制信号幅度变化而相应变化，频谱上以载频为中心呈较为复杂的对称分布（图2-4）。调频信号在载波振幅不是常量，会随着边频功率增加而减少，当$K_f<0.5$，可只计第1对边频。

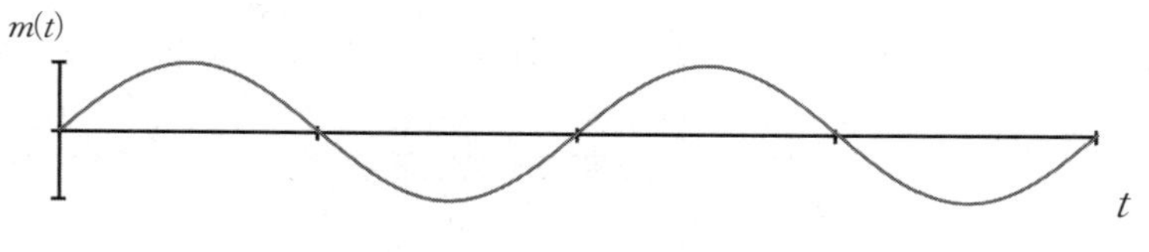

(a)单音调制信号

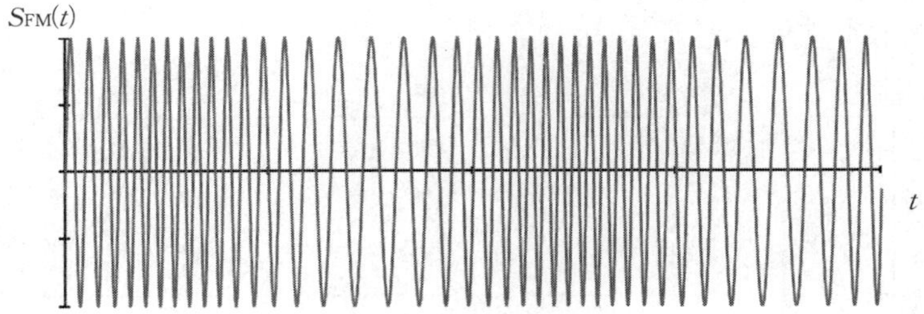

(b)调频信号波形示意图

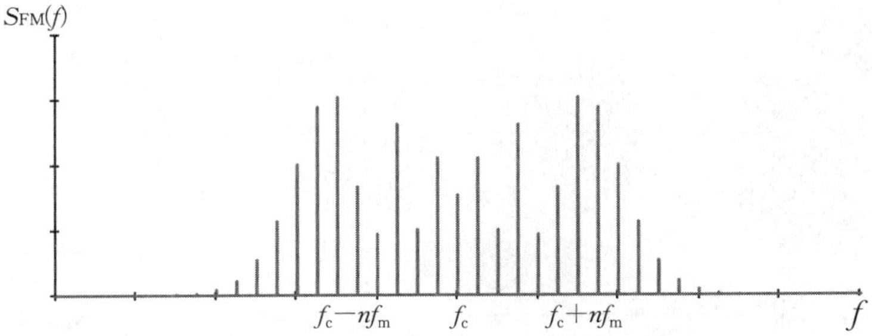

(c)调频信号频谱示意图

图2-4 调频信号特征示意图

二、数字通信信号

和模拟调制类似,数字通信信号载波调制也有三种方式:幅度调制,称为振幅键控,记作ASK;频率调制,称为频移键控,记作FSK;相位调制,称为相移键控,记作PSK。下面以二进制数字为例分析主要数字调制通信信号。

(一)振幅键控信号

设信息源发出的是由二进制符号0、1组成的序列,设“0”符号出现的概率为$P(0)$,“1”符号出现的概率为$P(1)=1-P(0)$,那么一个二进制的振幅键控信号可以表示成一个单极性矩形脉冲序列与一个正弦型载波的乘积,即

$$S_{2ASK}(t)=[\sum_{n}a_n g(t-nT_s)]\cos\omega_c t \tag{2-10}$$

式中,$g(t)$是持续时间为T_s的矩形脉冲,a_n的取值服从下述关系:

$$a_n=\begin{cases}0, 概率为P(0)\\1, 概率为P(1)=1-P(0)\end{cases} \tag{2-11}$$

2ASK信号在时域波形上体现为已调信号载波随键控信号而出现时通时断,瞬时频

谱表现为载频分量两边对称呈动态离散分布的调制信号频谱(图 2–5),离散谱线间隔与调制信号码元速率、0 和 1 码分布,以及设置的频谱分析参数都有关。对随机信号长时观察时频谱会呈连续分布。

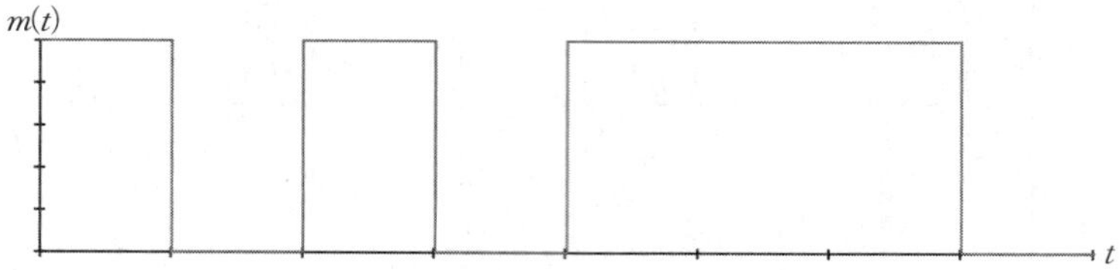

(a)二进制调制信号

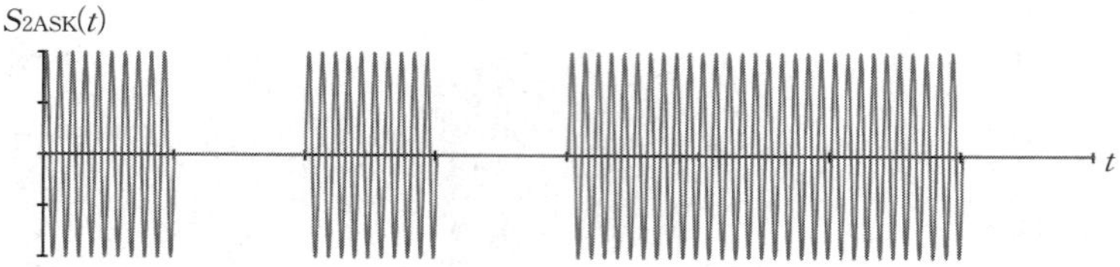

(b)2ASK 信号波形示意图

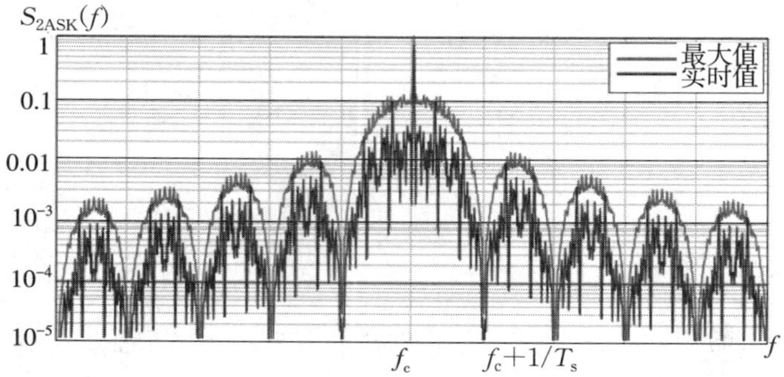

(c)2ASK 信号频谱示意图

图 2–5　2ASK 信号特征示意图

(二)移频键控信号

仍设信息源发出的是由二进制符号 0、1 组成的序列,它们出现的概率分别为 $P(0)$ 和 $P(1)$。那么 2FSK 信号便是“0”符号对应于载频 f_1 而“1”符号对应于载频 f_2(与 f_1 不同的另一载频)的已调波形。f_1 与 f_2 之间的改变是瞬间完成的。

2FSK 信号可表示为

$$S_{2FSK}(t)=\left[\sum_n a_n f(t-nT_s)\right]\cos(2\pi f_1 t+\varphi_n)+\left[\sum_n (1-a_n)g(t-nT_s)\right]\cos(2\pi f_2 t+\varphi_n) \tag{2–12}$$

式中,$a_n=\begin{cases}0, & 概率为P(0)\\ 1, & 概率为P(1)=1-P(0)\end{cases}$,$\phi_n$ 和 θ_n 分别是第 n 个信号码元的初相位。

2FSK信号在时域波形上体现为包络恒定的连续波,已调信号载波频率随键控信号而跳变,频域上表现为两个对应于f_1、f_2两个主要频谱分量的尖峰,调制信号频谱呈对称分布(图2-6)。

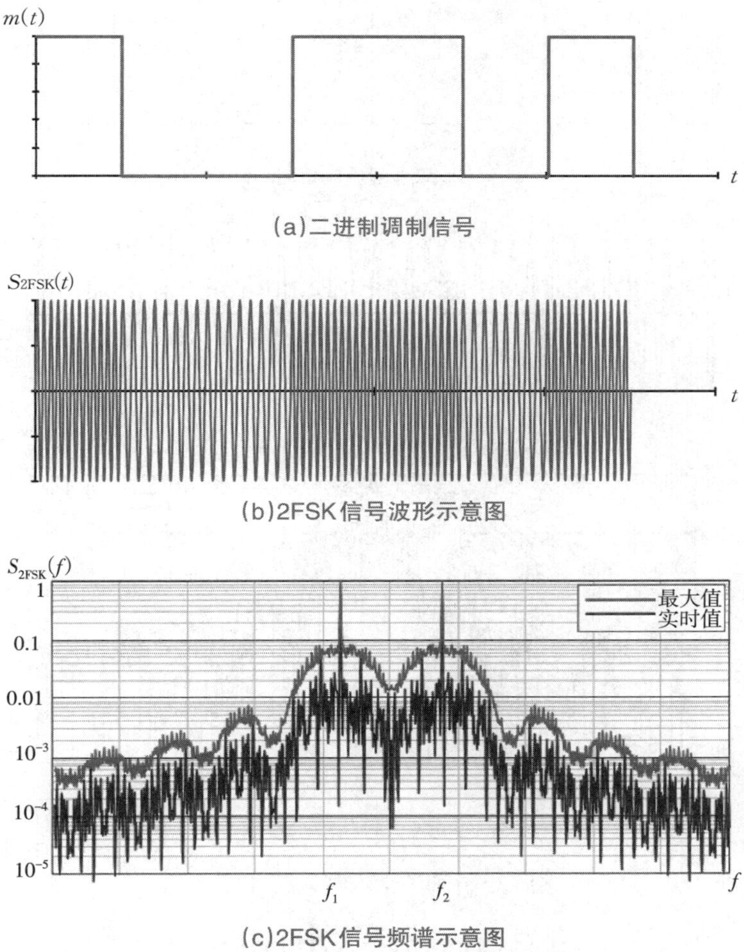

图2-6 2FSK信号特征示意图

(三)移相键控信号

二进制移相键控2PSK方式是键控的载波相位按基带脉冲序列的规律而改变的一种数字调制方式。设二进制符号及其基带波与以前一样,那么2PSK的信号形式一般表示为

$$S_{2PSK}(t)=\left[\sum_{n}a_n g(t-nT_s)\right]\cos 2\pi f_c t \tag{2-13}$$

式中,$g(t)$仍为脉宽为T_s的单个矩形脉冲;而a_n的统计特性:发送二进制符号"0"时,$a_n=+1$,概率为$P(0)$,发送二进制符号"1"时,$a_n=-1$,概率为$P(1)=1-P(0)$。

2PSK信号在时域波形上体现为包络恒定的连续波，已调信号载波不变，相位随键控信号而跳变，频域上以载频为中心呈对称分布(图2-7)。

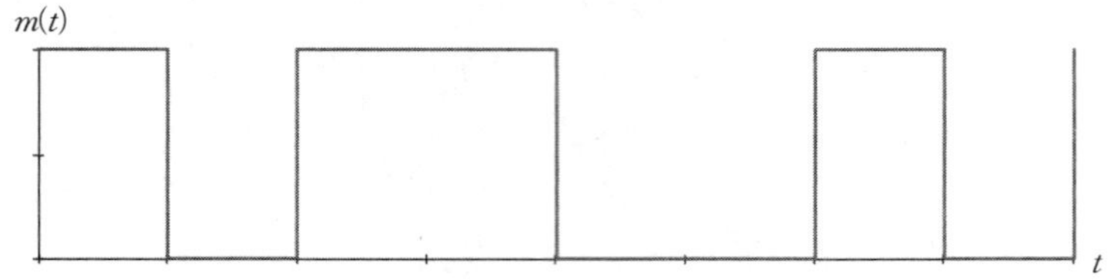

(a)二进制调制信号

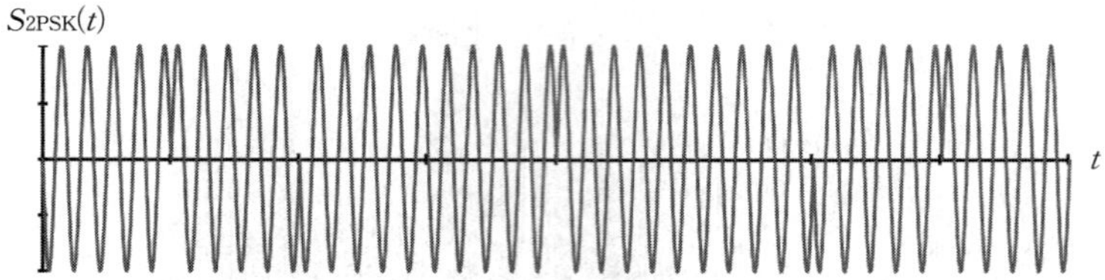

(b)2PSK信号波形示意图

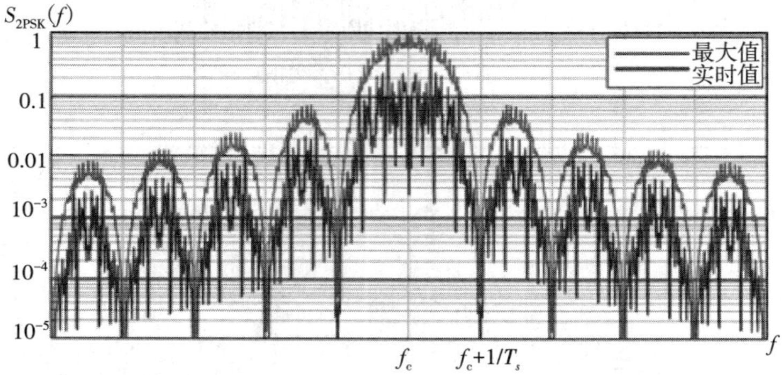

(c)2PSK信号频谱示意图

图2-7　2PSK信号特征示意图

第二节　雷达电磁辐射

根据雷达信号波形，有脉冲雷达和连续波雷达，常用雷达是脉冲雷达，按信号调制方式，脉冲达信号类型主要有简单脉冲信号、线性调频信号、相位编码信号、脉间频率捷变信号等。

一、简单脉冲信号

简单脉冲信号是一串周期性的等幅等宽射频脉冲：

$$S(t)=\begin{cases}E_0\cos(2\pi f_c t+\theta_0),\ t_0+nT\leqslant t<t_0+nT+\tau\\ 0,\text{其余时间}\ (n=0,1,2,\cdots)\end{cases}\tag{2-14}$$

式中，E_0 为脉冲信号振幅，T 和 τ 分别为脉冲周期和宽度，f_c、θ_0 分别为射频信号载频和初相。

理想的简单脉冲信号在时域波形上体现为具有一定占空比 τ/T（称为雷达的工作比，通常为0.1%～1%）和重复频率 $1/T$ 的矩形脉冲串，脉冲内载波频率不变，如图2-8(a)所示；频域上为纯离散谱结构，仅在 $f_c \pm nf_\tau$（$f_\tau = 1/T$，为脉冲重复频率，$n=1, 2, 3, \cdots$）各个傅里叶频率上有分量，它们相对于载频 f_c 的振幅是按辛格函数变化，如图2-8(b)所示。采样时长小于 T，大于 τ 时，则显示为射频单脉冲的辛格函数连续频谱。

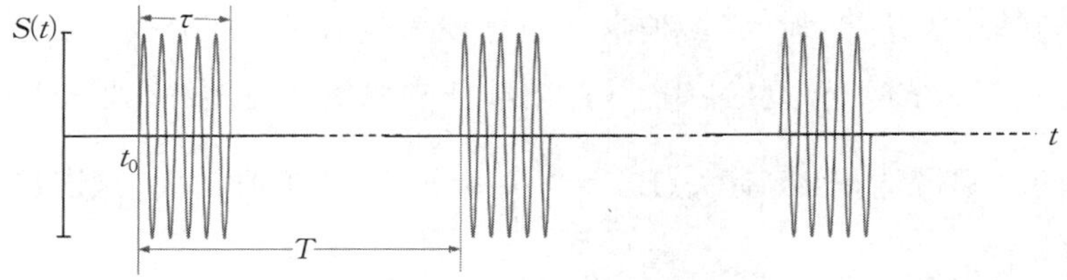

(a)简单脉冲信号波形

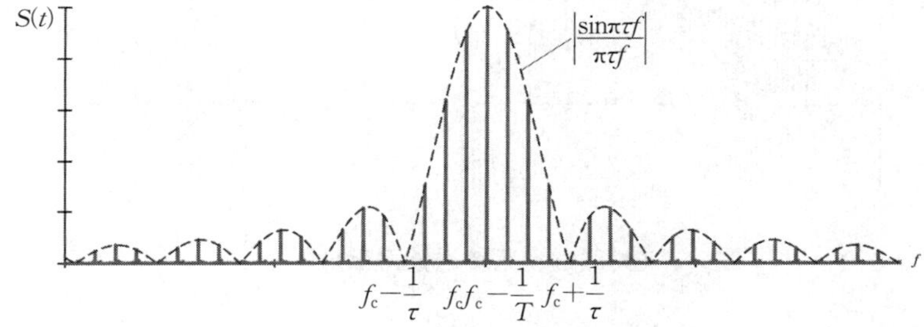

(b)简单脉冲信号频谱

图2-8　简单脉冲信号特征示意图

二、线性调频脉冲信号

线性调频信号是脉冲压缩体制雷达中常用的信号，它在一个脉冲内的瞬时频率 $f(t)$ 随时间呈线性变化：

$$f(t)=f_c+\mu(t-t_0-\frac{\tau}{2}) \tag{2-15}$$

式中，f_c 为中心频率，μ 为调制斜率，t_0 为一个脉冲的起始时间，τ 为脉冲宽度。则线性调频信号表达式可写为

$$S(t)=\begin{cases} E_0\cos\left[2\pi f_c t+\mu t(\frac{t}{2}-t_0-\frac{\tau}{2})\right],\ t_0+nT\leqslant t< t_0+nT+\tau \\ 0,\text{其余时间}\ (n=0,1,2,\cdots) \end{cases} \tag{2-16}$$

式中，E_0 为脉冲信号振幅，T 为脉冲周期。调制斜率 μ 与调制带宽 B 的关系可近似表示为

$$\mu=\frac{2\pi B}{\tau}=2\pi k \tag{2-17}$$

式中，k称为线性调频斜率，$k=\frac{B}{\tau}$。则在单个脉冲宽度内的线性调频脉冲压缩信号的时域表达式可如下表示：

$$\begin{aligned} S(t)&=E_0\cos\left[2\pi f_c t+2\pi k\left(\frac{t}{2}-\frac{\tau}{2}\right)t\right] \\ &=E_0\cos\left[2\pi\left(f_c+\frac{kt}{2}-\frac{B}{2}\right)t\right] \end{aligned} \tag{2-18}$$

线性调频脉冲雷达信号在时域波形上也体现为具有一定工作比τ/T（通常为1%～10%）和重复频率$1/T$的矩形脉冲串，脉冲内载波频率呈线性增加，如图2-9所示；频谱分布与信号的时间带宽积BT有关（$\mathrm{BT}=\frac{\mu T\tau}{2\pi}=kT\tau$），BT值越大，频谱包络越接近于矩形，如图2-9所示。

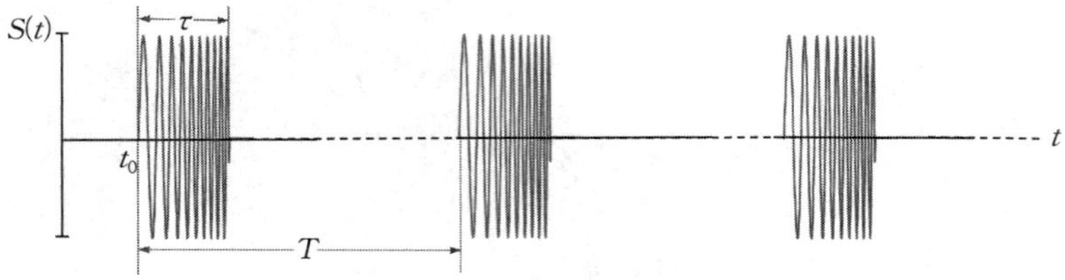

(a)线性调频信号波形示意图

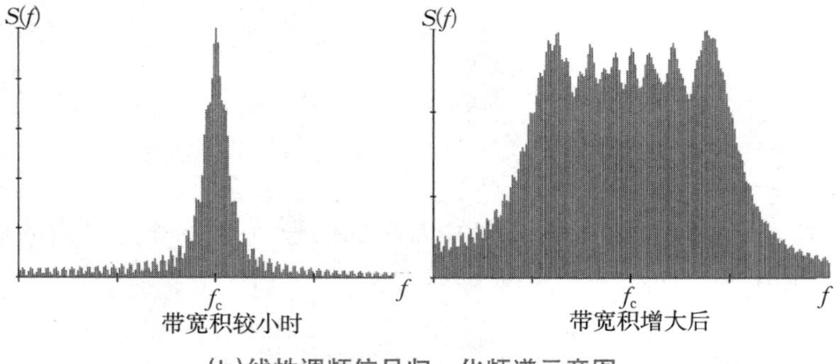

(b)线性调频信号归一化频谱示意图

图2-9　线性调频信号特征示意图

三、脉内相位编码信号

脉内相位编码信号也是一种脉冲压缩信号，线性调频信号、非线性调频信号的调制函数是连续的，属于“连续型”信号；而相位编码信号，其相位调制函数是离散的有限状态，属于“离散型”编码脉冲压缩信号。由于相位编码采用满足特定要求的伪随机序列，因此这类信号也称为伪随机编码信号。

脉内相位编码信号的时域表达式为

$$S(t)=\begin{cases}E_0\cos(2\pi f_c t+\varphi(t)), t_0+nT\leqslant t<t_0+nT+\tau \\ 0, \text{其余时间}(n=0,1,2,\cdots)\end{cases} \tag{2-19}$$

式中，E_0 为脉冲信号振幅，T 和 τ 分别为脉冲周期和宽度，f_c 为射频信号载频，$\varphi(t)$ 为相位调制函数，对于二相编码信号来说，$\varphi(t)$ 只有 0 或 π 两个可能的取值。

相位编码雷达信号在时域波形上也体现为具有一定工作比 τ/T（通常为 1%～10%）和重复频率 $1/T$ 的矩形脉冲串，可以看作是 N 个脉宽为 τ_c 的连续子脉冲的集合（$\tau=N\tau_c$），脉冲内各子脉冲载波频率相同，相位随编码而变化，如图 2-10 所示；与相同脉宽的简单脉冲信号相比，相位编码信号频谱明显展宽，功率谱密度降低，频谱旁瓣的衰减速度也大为降低（图 2-10），码元序列不同的信号频谱有较大差异。

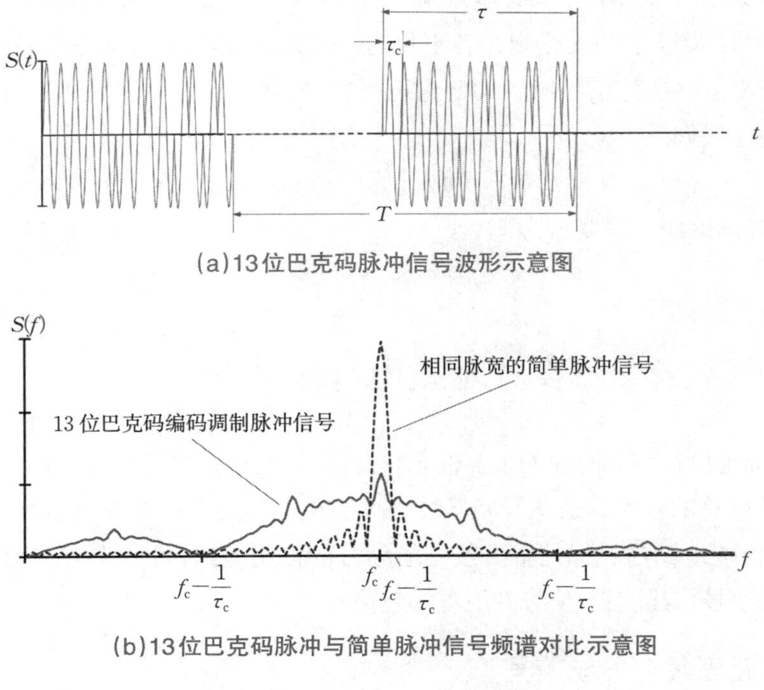

图 2-10 相位编码信号特征示意图

四、脉冲频率捷变信号

频率捷变信号是指载波频率（脉冲内、脉冲间或脉冲组间）在一定范围内以很高的速度随机或有规律变化的信号。频率捷变信号除了具有增大雷达探测距离、提高跟踪精度、抑制海浪杂波等优点外同时具有很强的抗有源干扰能力，特别是对抗人为窄带瞄准式干扰效果更为明显。

雷达频率捷变的方式主要有脉间频率跳变、脉组频率跳变、频率扫描、脉内频率捷变等。脉组频率捷变主要为了同动目标检测相兼容，包括同频双脉冲组间跳频、异频脉冲列、自适应变频等。变频量一般要超过回波去相关所谓的“临界频率”，这样，跳变量一般远大于雷达脉宽的倒数。

捷变频信号可采用下述模型描述：

$$s(t)=A(t)\cos(2\pi f(t)+\varphi_0) \tag{2-20}$$

式中，$A(t)$为捷变频信号的包络，φ_0为信号的初始相位，$f(t)$为捷变频率。

基于以上对脉间频率捷变信号的时频特性分析，建立脉间频率捷变信号的时域数学模型，其表达式如下：

$$s(t)=A\sum_{k=0}^{N-1}\text{rect}\left(\frac{t-kT_r}{\tau}\right)\cos(2\pi f_k t) \tag{2-21}$$

式中，A为信号幅度，τ为脉冲宽度，T_r为脉冲重复周期，f_k为信号捷变载频。通常对应于不同要求和应用背景，f_k的变化规律各不相同。例如，可运用采样频率f_k和信号长度（脉冲周期数）N来共同决定信号载频的变化规律，信号载频在信号持续时间内是均匀变化的，其具体表达式如下：

$$f_k=0.5f_s/(N+1)(k+1),\ k=0,1,2,\cdots N-1 \tag{2-22}$$

相邻脉冲间的频率跳变量为

$$\Delta f=0.5f_s/(N+1) \tag{2-23}$$

第三节　无线电导航电磁辐射

随着精确定位在信息时代的重要性越发凸显，导航定位的运用越来越广泛，飞机、船舰、导航、车辆（总的称作运载体），乃至社会大众无不需要利用无线电导航信号的引导，以便能精准快速地到达目标位置。按导航信号的作用范围，可分为近距无线电导航信号、远程导航信号、着陆引导信号和卫星导航信号。

一、近距无线电导航信号

近距无线电导航信号一般是指作用距离在500km左右的导航信号，典型信号有航空无线电罗盘导航信号、伏尔系统导航信号、地美依系统导航信号和塔康系统导航信号。

（一）航空无线电罗盘导航系统

航空无线电罗盘导航系统是由地面导航台（也称无方向性无线电信标NDB，non-directional beacon）和机载无线电罗盘（也称自动测向机ADF，auomatic direction finder）

组成的近距无线电导航系统，它是一种测角系统，工作于长、中波频段（150～1700kHz），频道间隔1kHz，一般用于航路导航或用于引导飞机出航、归航，以及做精密进场着陆。地面导航台天线在水平面内的方向图是一个圆，即无方向性或全向，在垂直面内的最大辐射方向沿地面，如图2-11所示。在导航台天线上方的一个范围称为定向的顶空盲区，也称为无声锥（cone of silence），是辐射信号非常弱小的区域。

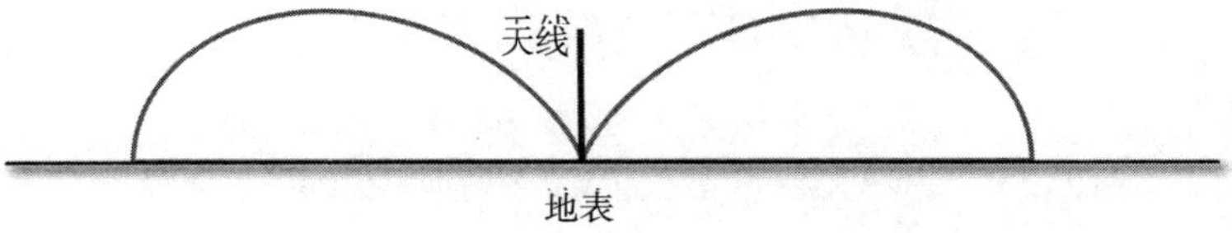

图2-11 导航台天线垂直方向图

地面导航台在发射连续信号供飞机罗盘指示飞行航向的同时，还发送专门的识别信号供识别导航台用。识别信号可以调幅波和等幅波两种形式发射。当发射调幅波时，键控产生频率一定的音频信号，再由它对载波进行调幅，始终有射频信号连续发出，使测向不会中断，如图2-12所示；发射等幅波时，直接对载波进行键控，信号形式同2ASK通信信号，识别信号的"点"和"划"之间没有发射，会使机载罗盘指针摆动，对测向不利。导航台还可作为中波通信电台发射机使用，可发射等幅报、调幅报和调幅话，其辐射信号的波形和频谱特征与相应调制的通信信号相同。

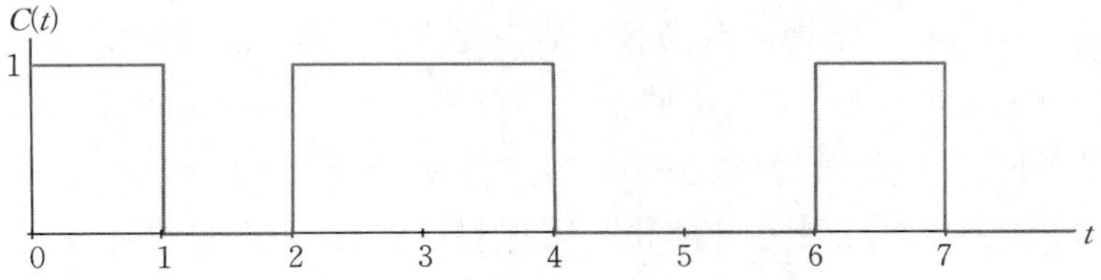

(a)电码波形示意图

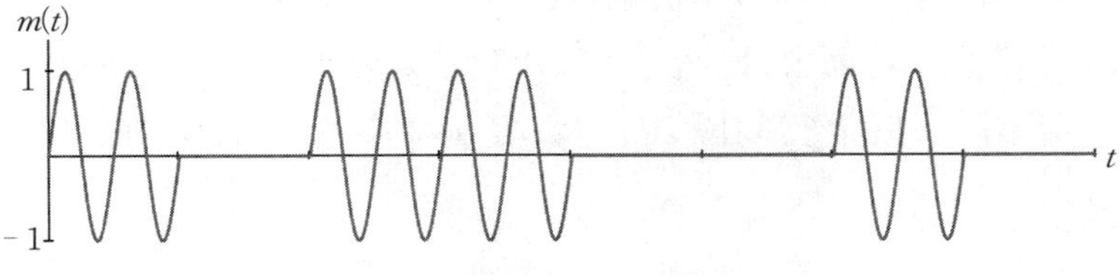

(b)调制音频信号波形示意图

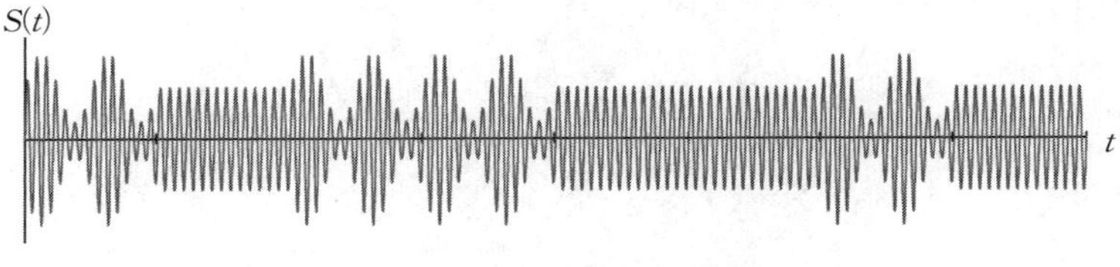

(c)发射信号波形示意图

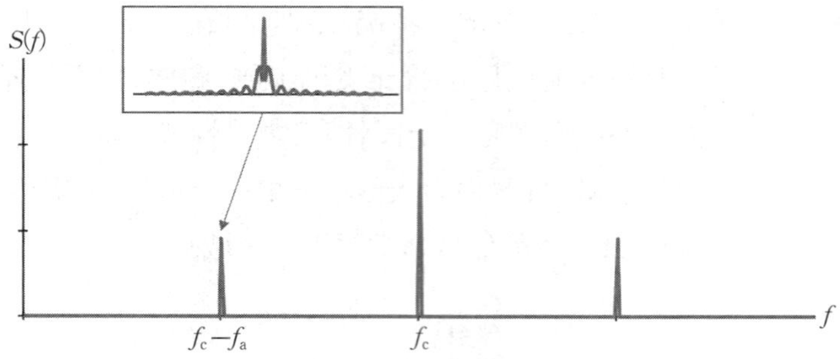

(d)发射信号频谱示意图

图2-12　无方向性无线电信标发射的调幅波特征示意图

(二) 伏尔系统

伏尔系统,即甚高频全向无线电信标(VHF omnidirectional radio range,VOR),工作频段为108~118MHz,地面台发射信号为水平极化波。老式设备共有100个频道,每个频道间隔100kHz,其中有20个频道是专供飞机着陆使用的,它们是108~112MHz内10kHz的奇数倍频率,如108.1MHz、108.3MHz、108.5MHz……;在108~112MHz内100kHz的偶数倍频率,如108.2MHz、108.4MHz、108.6MHz等20个频道,再加上在112~117.95MHz相距100Hz的60个频道,共80个频道供导航用,108.00MHz仅用于机载VOR设备自检。为了提高频谱利用率,新式设备信道间隔为50kHz,从而使频道数增加一倍。

伏尔系统是一种连续波相位式全向指向系统,系统由机载设备和地面台配套使用,利用比相来测定飞机相对于地面台的方位角。地面台天线在水平面内辐射具有心形方向图,且以30Hz固定的频率旋转,因此在空间任何位置上,可以收到相位随方位角变化的30Hz调幅信号。为使机载设备能够测出空间任意点上30Hz信号包络的相位信息,地面台还同时将30Hz基准信号按调制指数16先对9960Hz的副载波进行调频,再调幅到载波上,并全向辐射。机载设备通过比较载波上解调出的方位调幅信号和副载波上解调出的基准调频信号的相位差,即可单值地定出飞机相对于地面信标台的方位,如图2-13所示。此外,为便于识别地面台,地面台还采用莫尔斯电码定时发射一组识别信号,可进行地一空单工通信,一般重复间隔30s左右发出2~3个字的识别信号,调制频率为1020Hz±50Hz。

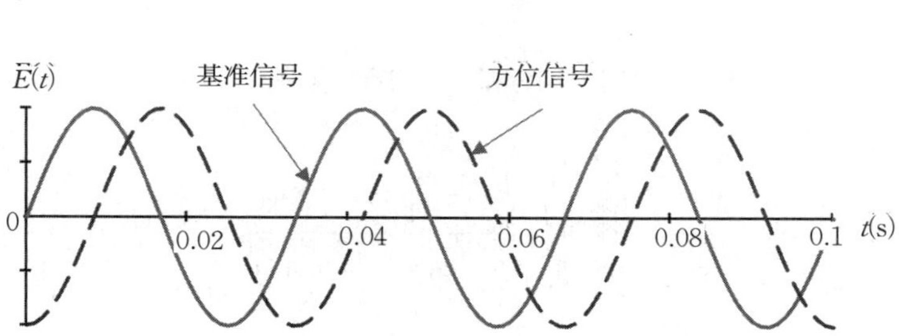

图2-13　VOR机载设备比相测向示意图

机载设备或部署在其他位置的监测站接收到的地面台发射出的电磁信号是一种模拟调幅信号，调制信号包括与接收方位相应相位的30Hz单频信号、作为比相基准的中心频率为9960Hz的调频信号和中心频率为1020Hz的莫尔斯电码识别信号。因此，接收到的伏尔系统地面台信号相当于以上调制信号之和对载频进行调幅生成的信号，波形上幅度不恒定，频谱上在中心频率正负30Hz处分布单频方位相信号频谱、以正负1020Hz为中心的100Hz带宽内分布莫尔斯电码识别信号频谱、以正负9960Hz为中心的960Hz带宽内分布基准相信号调频频谱，如图2-14所示。

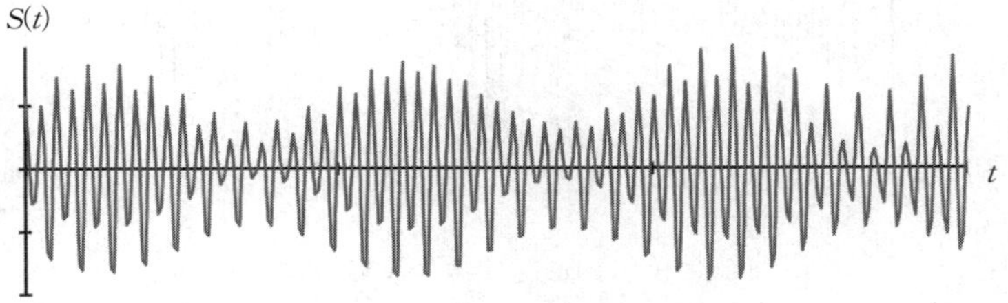

(a)接收点的伏尔系统信号波形示意图

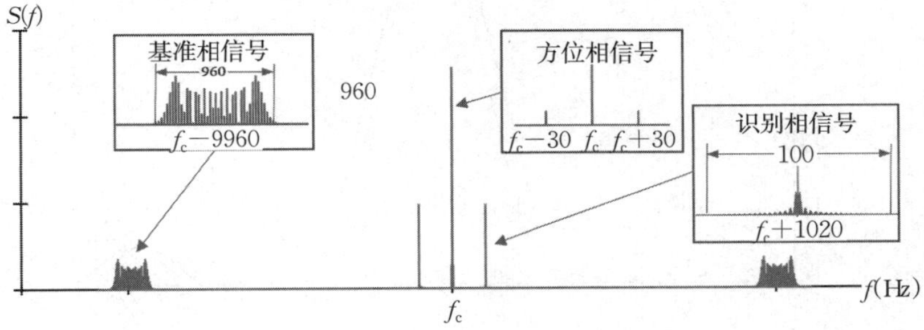

(b)接收点的伏尔系统信号频谱示意图

图2-14　接收点的伏尔系统信号特征示意图

(三) 地美依系统

地美依系统，即距离测量设备(distance measuring equipment，DME)，是一种脉冲测距系统，由地面台和机载设备组成，按询问—应答方式工作。飞机可利用它测出相对于DME地面台的距离。地美依系统可以工作在多个频段。地美依系统可以工作在不同的频段和脉冲参数，其中与塔康系统联用的DMET系统工作于特高频段(962~1213MHz)，频道间隔为1MHz。机载DME的询问频率范围为1025~1150MHz，共有126个询问信道，频道间隔为1MHz；地面信标台的应答频率范围为962~1213MHz，共有252个应答信道。询问频率与应答频率有63MHz的间隔，且每个询问频率通过两个波道(X/Y波道)分别与两个应答频率对应。

地美依系统脉冲间隔取决于编码模式。在X模式下询问信号和应答信号的脉冲间隔均为12μs；在Y模式下询问脉冲间隔为36μs，应答脉冲间隔为30μs。为了能在频谱宽度上进行压缩以便减小相邻波道间的干扰，地美依系统脉冲为$\cos^2$钟形脉冲（脉冲宽度：3.5μs±0.5μs；上升时间：2.5μs±0.5μs；下降时间：2.5μs±0.5μs；），如图2–15所示。

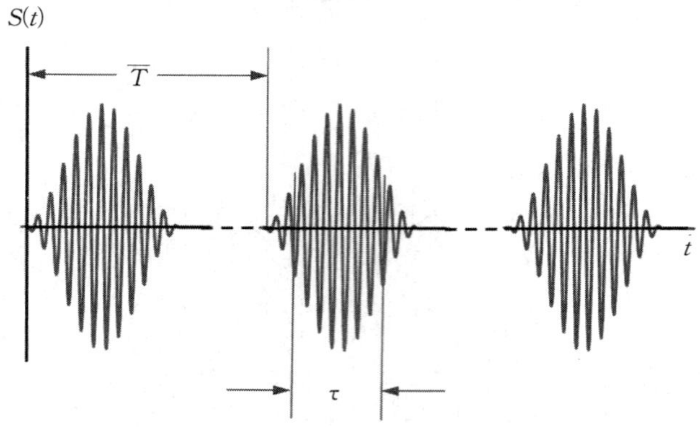

（a）地美依钟形脉冲信号波形示意图

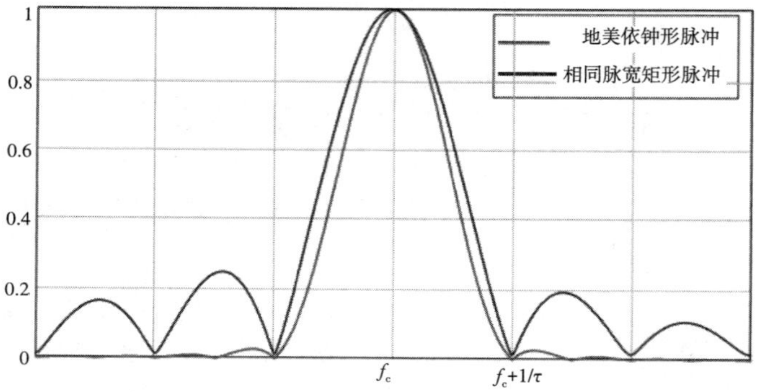

（b）地美依钟形脉冲与矩形脉冲信号频谱对比示意图

图2–15　地美依信号特征示意图

（四）塔康系统

塔康系统，即战术空中导航（tactical air navigation，TACAN）系统，是一种可连续为飞机提供相对于地面塔康台方位和距离信息、引导飞机出航、归航或飞往指定点的无线电导航系统。它工作于甚高频段（962～1213MHz），由信标台和机载设备组成，其中信标台的位置为已知，一般是地面信标台，有时也使用安装在大型军舰上的舰载信标台或大型飞机上的机载信标台。

塔康系统信标台的发射信号是由一组钟形脉冲对载频进行调幅所形成的脉冲调幅信号。调制脉冲形状与地美依系统的相同，脉冲组的数量和组成与工作状态有关：在非识别状态时，脉冲发射总数约7200个/s，由基准群及回答、填充脉冲构成，用于测距和测位；在识别状态时，回答、填充脉冲被识别、平衡脉冲取代，总数约6600个/s，用于测位和识别。信标台中央天线的水平方向图为心脏型，以15rad/s速率旋转，在空间任何位置上，接收到的信号幅度受15Hz正弦调制，用于塔康粗测；在中央天线外的圆筒上装有9个无源振子构成的天线阵，随中央天线一起旋转，整个天线形成一个九瓣方向图，接收到的信号幅度又受135Hz调制，用于方位精测。为测量15Hz和135Hz正弦波的相位，塔康系统采用了标记基准脉冲的方式：当心脏形方向性图的最大值旋转到正东方时，地面信标天线发射主基准信号，当九波瓣的每一瓣最大值对准正东方时，发射辅助基准脉冲信号。因此，在接收点接收到的信标信号除受钟形脉冲调制外，同时脉冲群幅度还受15Hz和135Hz正弦波的调制，如图2-16所示。

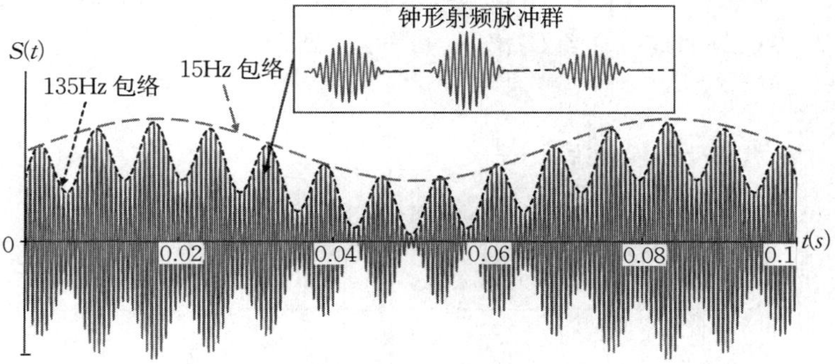

(a)塔康系统信号波形示意图

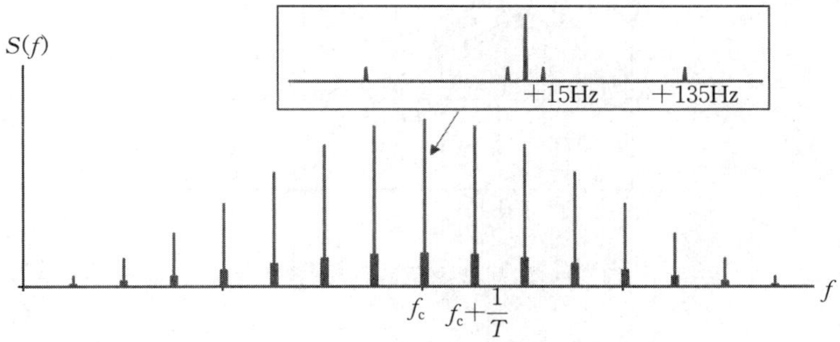

(b)塔康系统信号频谱示意图

图2-16　接收点的塔康系统信号特征示意图

二、远程无线电导航信号

远程无线电导航信号一般是指远程导航系统导航台中发射的作用距离可达数千公里的导航信号，典型的远程导航系统是罗兰系统(long range navigation，LORAN)，它是一种脉冲相位测距差导航系统，至少需要3个岸台构成一个台链。我国“长河二号”系统是按罗兰-C标准建设的一种远程导航系统，由1个主台和2～4个副台组成一个台链，主要用于海上远程导航，使用100kHz频率(90～110kHz)的载频同步发射信号，夜间地波可靠作用距离为1000海里，白天地波可靠作用距离为1300海里。正在发展的增强罗兰系统还具有数据通道，具备更为完善的导航定位和授时能力，用于舰船航行导航以及舰船进出港口，可在作为卫星导航的重要备份系统。

由于100kHz电波还具有天波传播方式，有效距离可达2500海里。为了保证罗兰－C系统有高的测量精度，必须采用传播稳定的纯地波信号来测量，为实现天、地波时间区分，同时占用带宽不大于20kHz，系统脉冲波形及脉冲组成需满足一定要求（如图2-17所示）：各射频脉冲包络形状为抛物线形指数衰减曲线；8个（副台）或9个（主台）连续脉冲组成一个脉冲群，前8个脉冲之间间隔1ms，主台的第9个脉冲与第8个脉冲间隔2ms；群重复周期T分为6类48种，典型值为49～100ms；脉冲组相位编码区分为主台码和副台码，每个脉冲中射频对应一个编码相位，如表2-1所示。

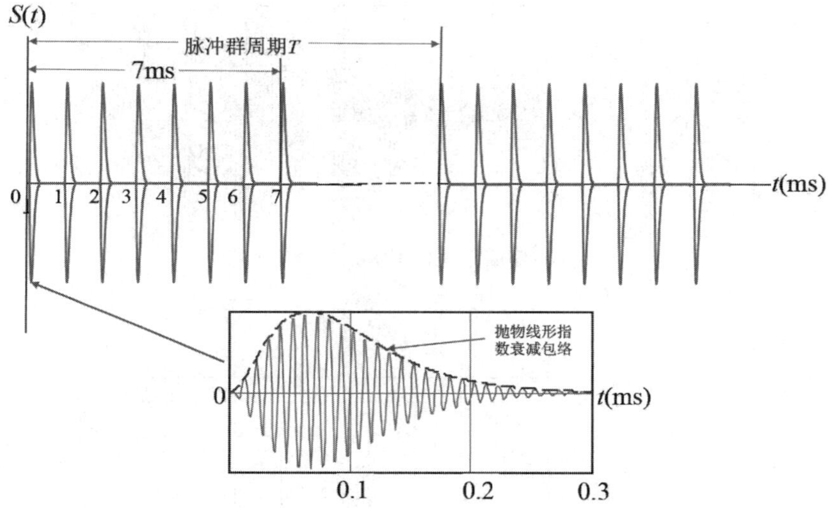

(a)信号波形示意图(副台)

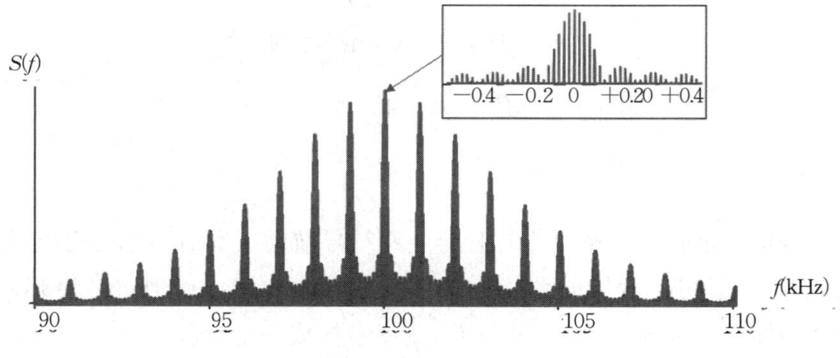

(b)信号频谱示意图

图2-17　罗兰-C系统信号特征示意图

表2-1 罗兰-C信号常用相位编码

主副台类型	主台码(M)									副台码(S)							
码 位	1	2	3	4	5	6	7	8	9	1	2	3	4	5	6	7	8
原码(奇数周期)	+	+	−	−	+	−	+	−	+	+	+	+	+	+	−	−	+
补码(偶数周期)	+	−	−	+	+	+	+	+	−	+	−	+	−	+	+	−	−

三、着陆引导信号

着陆引导信号是为着陆飞机连续提供着陆航向、下滑平面、跑道着陆点等着陆信息的导航信号。典型的着陆引导系统包括仪表着陆系统、微波着陆系统、雷达引导着陆系统等。

(一)仪表着陆系统

仪表着陆系统(instrument landing system,ILS)的作用提供航向道信息、下滑道信息和距离信息等着陆引导信息。仪表着陆系统的导航信号产生于航向台、下滑台和指点信标台。

1. 航向台

航向台(localizer,LOC)信标的工作频段为108.10~111.95MHz,频道间隔为0.05MHz,与甚高频全向信标(VHF omnidirectional range,VOR)共用频段,但只用以MHz为单位的小数点后一位为奇数的频率点,例如108.10MHz和108.15MHz是航向频道,而108.20MHz和108.25MHz则用于VOR,因此航向频道只有40个。航向信标给出与跑道中心线对准的航向面,提示飞机进行“飞左”或“飞右”操作。

单频航向信标生成同一载频的两种调幅信号,即载波边带信号(CSB信号)$u_{CSB}(t)$和左右两侧方向辐射相位相反的载波抑制边带信号(SBO信号)$u_{SBO}(t)$。$u_{CSB}(t)$和$u_{SBO}(t)$信号均由90Hz和150Hz信号调制生成:

$$u_{CSB}(t)=U(1+m_{LOC}\sin 2\pi\times 150t+m_{LOC}\sin 2\pi\times 90t)\cos 2\pi f_{LOC}t$$

$$u_{SBO}(t)=U(m_{LOC}\sin 2\pi\times 150t-m_{LOC}\sin 2\pi\times 90t)\cos 2\pi f_{LOC}t$$

式中,f_{LOC}为航向信标载波频率,U为载波幅度,调幅度$m_{LOC}=0.2$。CSB信号和SBO信号波形示意如图2-18所示。

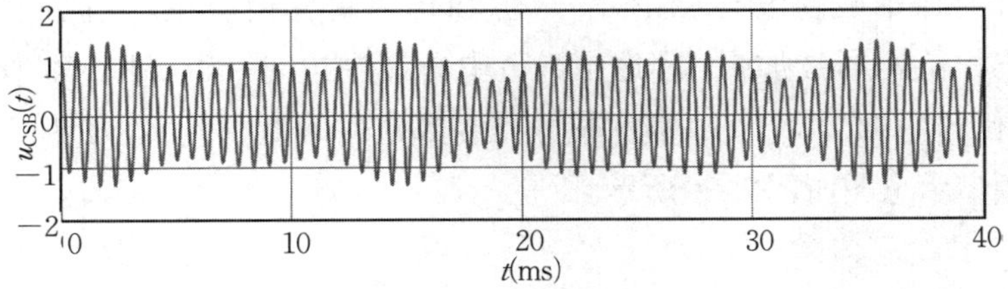

(a)CSB信号波形示意图

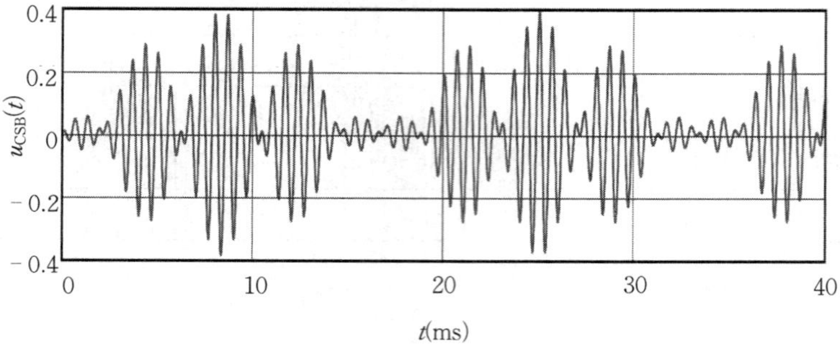

(b)SBO信号波形示意图

图2-18　CSB信号和SBO信号波形示意图

生成的CSB信号对所有天线单元同相馈电，沿跑道中心线辐射最强，两边逐渐减弱，辐射强度与偏离角度θ关系的方向函数$F_{CSB}(-\theta)=F_{CSB}(\theta)$，$F_{CSB}(0)$最大；SBO信号对左、右对应天线单元反相馈电，沿着跑道中心线呈现对称分布的两瓣方向辐射，$F_{SBO}(0)=0$，$F_{SBO}(-\theta)=-F_{SBO}(\theta)$，即左右反相，如图2-19所示。

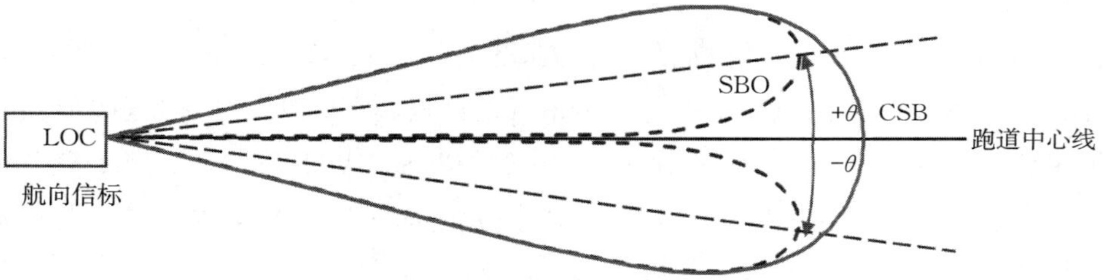

图2-19　CSB信号和SBO信号辐射方向性

设某距离上能接收到的CSB和SBO信号的最大强度为分别为E_{CSB}和E_{SBO}，则在同等距离上相对于主航道θ方向上接收到的信号波形可表示为

$$S(\theta,t)=E_{CSB}F_{CSB}(\theta)\left[(1+0.2\sin 2\pi\times 150t+0.2\sin 2\pi\times 90t)\cos 2\pi f_{LOC}t\right]$$
$$+E_{SBO}F_{SBO}(\theta)\left[(0.2\sin 2\pi\times 150t-0.2\sin 2\pi\times 90t)\cos 2\pi f_{LOC}t\right]$$

由于$F_{SBO}(0)=0$，则在主航道上只能接收到CSB信号，其中150H调制信号与90Hz调制信号的幅度相同，两信号的调制度相减为0，即$M_{150}-M_{90}=0$；当在跑道左侧时，由于SBO信号的90Hz调制波与CSB信号的90Hz调制波相位相反，被抵消而减小，而150Hz调制波相位相同被加强，因此在跑道中心线左边时，90Hz和150Hz调制信号不等，接收到的信号中$M_{150}>M_{90}$；同理，接收点在跑道右侧时，$M_{150}<M_{90}$。各方向接收信号的波形与频谱示意图所图2-20所示。

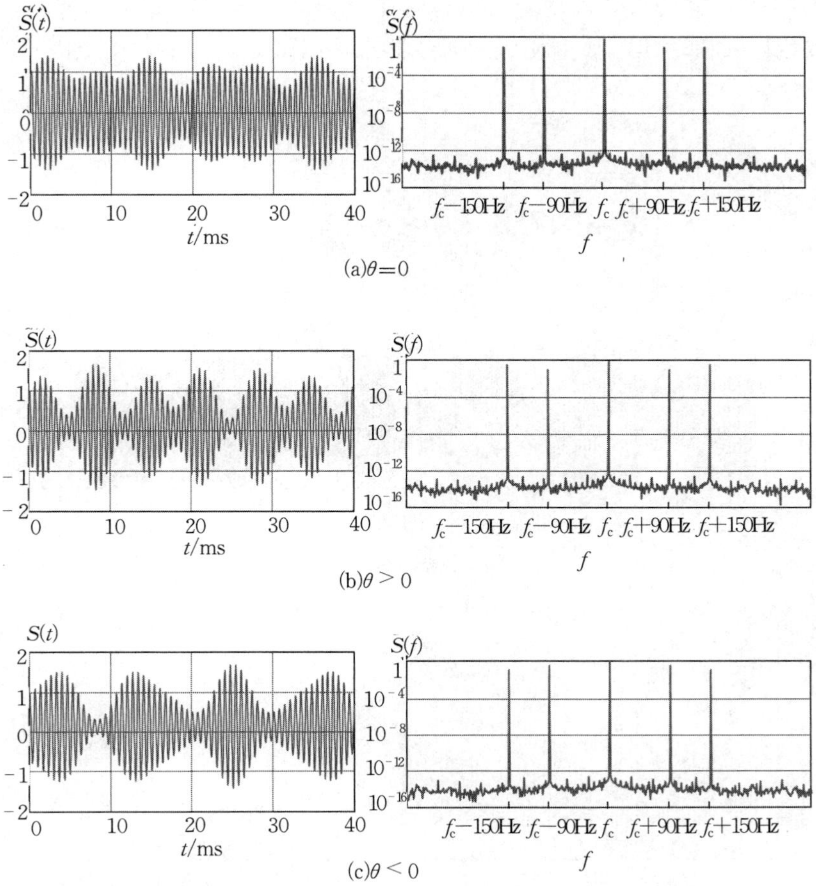

图2-20　不同方向接收点的航向信标信号波形与频谱示意图

2. 下滑台

下滑台(glide slope,GS)工作频段为329.15～335.0MHz,频道间隔为0.15MHz,共有40个频道,与航向信标的频道配对使用。下滑信标给出仰角2°～4°的下滑面,为进近飞机提供垂直引导信息。下滑台的调制与航向台相同,只是工作频段不同,调幅指数m=0.4。因此,在下滑面不同高度接收点的下滑信标信号特征与在航向面左右接收点的航向信标信号特征相似。

3. 指点信标台

指点信标台(marker beacon,MB)工作于固定频点75MHz,辐射场为垂直向上的倒锥形波束,一般张角为40°～60°。指点信标包括外指点信标、中指点信标内指点信标三种,分别配置在距离机场跑道入口的7km、1km和300m处,给飞机提供固定的距离信息。

指点信号采用不同的音频对载波进行键控调幅,外指点信标为连续的"划"(每秒两划),调制音频为400Hz;中指点信标为"点、划",调制音频为1300Hz;内指点信标为连续的“点”(每秒6个点),调制音频为3000Hz。调制度$M=95\%$,它们之间可以用耳听鉴别,也可以用接收机输出端接上相应的滤波器来加以区分。其中内指点信号波形与频谱如图2-21所示。

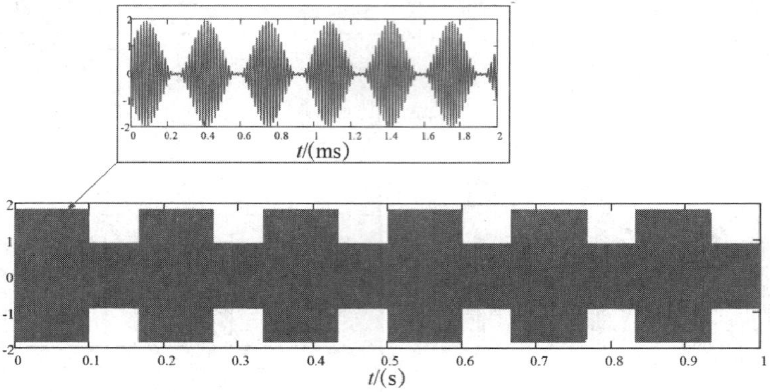

(a)信号波形示意图

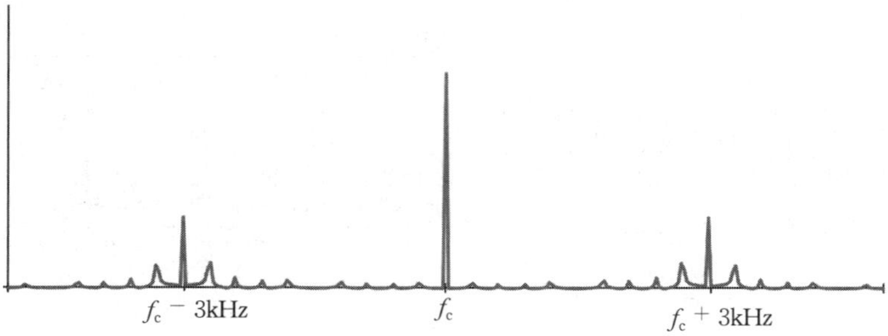

(b)信号频谱示意图

图2-21　内指点信号波形与频谱示意图

(二)微波着陆系统

微波着陆系统(microwave landing system, MLS)是一种新型的精密进场着陆引导系统,其工作波道数多,能提供多种进近路径,本质上是微波仪表着陆系统。微波着陆系统辐射的电磁信号主要包括角度引导和距离测量信号。其中距离测量信号与前述DME系统信号类似,角度测量采用时间基准波束扫描的时间式测角原理进行,飞机通过根据水平面上往返脉冲时间差来判定方位角和反方位角,根据垂直面上往返脉冲时间差来判定仰角、拉平角。

微波着陆系统的方位台、反方位台和仰角台等工作在同一个频率上,按时分多址方式发射信号。其工作频率为5031.0~5090.7MHz,分成200个波道,波道间隔为300kHz。

扩展配备方式中，反方位台、拉平台一般与方位台及仰角台同频工作，特殊情况下拉平台也可选择工作在Ku波段（15.4～15.7GHz）。系统由同一发射机分别采用相控阵天线、数据天线和覆盖区外指示（OCI）天线发射扫描波束信号、数据信号和OCI信号。其中，扫描波束信号为钟形脉冲；数据信号除在“往/返扫描测试脉冲”情况下，均为差分相移键控（DPSK）调制的等幅射频信号，调制速率为15625bit/s，即码元宽度64μs；OCI信号、测试脉冲信号具有与扫描波束信号基本相同的形式。方位信号、仰角信号等和数据信号按照统一的信号格式编排，各自占有一定的发射时隙，各功能的时隙在结构上大致相同，但内容和占用的时间不同。各功能信号都有1.6ms的前导信号（相当于25个码元宽度），包括832μs长的连续波和差分相移键控（DPSK）调制的固定为“11101”的5位巴克码组成的接收机基准时间码信号和7位功能识别码信号。监测到的地面微波着陆系统发射的信号特征示意图如图2-22所示。

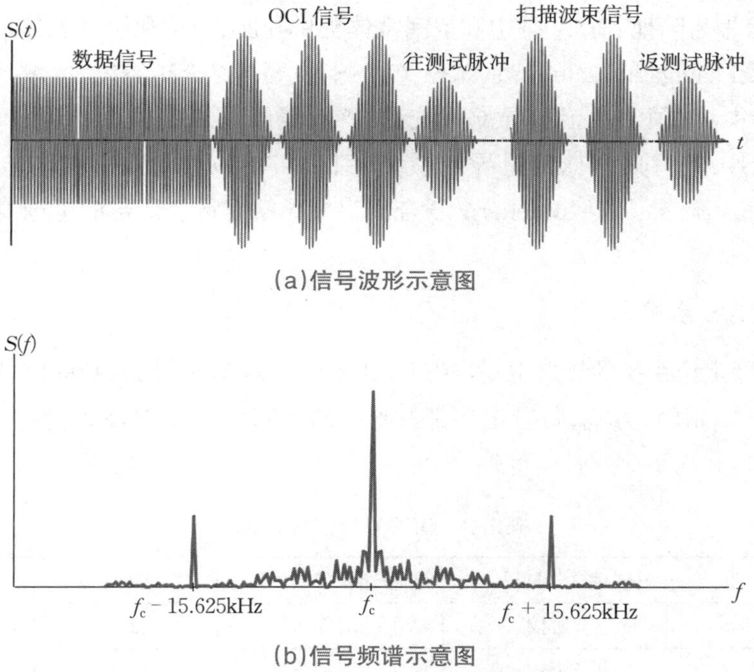

图2-22　内指点信号波形与频谱示意图

（三）雷达引导着陆系统

雷达引导着陆系统是一种在地面指挥引导飞机着陆的系统，也称精密进场雷达系统。雷达引导着陆方法也称为地面控制引进（ground controlled approach，GCA）。GCA系统的核心是精密进场雷达（precision approach radar，PAR），又称着陆雷达，是三坐标、一次雷达。着陆雷达采用脉冲工作方式进行测距，通过航向天线和下滑天线的波束扫描进行测角。其脉冲信号载频为9370MHz±30MHz，脉冲宽度约0.5μs，脉冲重复频率为1800～2000Hz，天线扫描速率为30次/min，其信号特征同前述相应参数的雷达信号。

GCA系统中还需机场监视雷达和地空通信设备与着陆雷达配合工作。其中，地空通信设备用于沟通地面领航员与飞行员的联络，可根据需要灵活配置，选用不同类型的通信设备和信号调制样式，信号特征同前述相应通信电磁辐射信号；机场监视雷达(airport surveillance radar，ASR)又称环视雷达，提供机场周围飞机的活动情况，实现空中交通管制并引导飞机直接进入着陆航线或着陆雷达作用区，一般工作于S波段，雷达天线的转速一般为10～15rad/min，脉冲宽度约2μs，脉冲重复频率较高，信号特征同前述雷达信号。

四、卫星导航信号

卫星导航信号即星基无线电导航信号，是由卫星导航系统中导航卫星所辐射的导航信号，此类信号为陆地、海洋、空中和空间载体提供导航、定位和授时服务。全球导航卫星系统(global navigation satellite system，GNSS)主要包括全球系统、区域系统和星基增强系统。其中，中国北斗卫星导航系统(BDS)、美国全球定位系统(global positioning system，GPS)、俄罗斯全球卫星导航系统(GLONASS)和欧盟伽利略导航卫星系统(Galileo navigation satellite system)是联合国卫星导航委员会认定的全球卫星导航四大核心系统。

(一) GPS系统

美国全球定位系统的导航卫星发射L1、L2和L5等3种不同载频的信号(表2-2)，采用码分多址(CDMA)方式，每颗卫星都有唯一的伪随机码(PRN码)，可根据PRN码区分卫星。

表2-2　GPS系统信号参数表

信号	中心频率(MHz)	码速率(Mcps)	带宽(MHz)	调制方式
L1 C/A	1575.42	1.023(BPSK)	2.046	CDMA
L1 P(Y)	1575.42	10.23(BPSK)	20.46	CDMA
L2 C	1227.60	1.023(BPSK)	2.046	CDMA
L2 P(Y)	1227.60	10.23(BPSK)	20.46	CDMA
L5	1176.45	10.23(QPSK)	20.46	CDMA

GPS导航卫星发射的L1频段(1575.42MHz)是目前用于导航目的最为重要的频段，目前大多数应用使用的信号都是传输在这个频段上。GPS导航卫星在L1频段上调制着四种信号：C/A码、P码、M码和新的L1C信号。C/A码又被称为粗捕获码，最初被设计用于P

码的捕获，它是码长为1023位，以1.023Mchip/s速率传输的金码，每毫秒重复一周，因此每个码片的码宽$t_c = 977.5ns$，对应的距离为$t_c c = 293m$，接收机跟踪这些码的精度在一个码片内，因此C/A码的测量误差远小于293m。P码又被称为精码，是比C/A码长得多的PRN序列，其码长为$6.187\,104 \times 10^{12}$，码片速率是C/A码的10倍，为10.23Mchip/s，周期为7d，因此消除了距离模糊问题。P码是公开的，因此为了防止未经授权用户使用和欺骗干扰，卫星会启动反欺骗（Anti-spoofing）模块，将P码与加密生成的W码进行异或操作生成Y码，这种加密信号也被称为P（Y）码。M码是专为军事应用设计的信号，旨在最终取代P（Y）码。目前M码所公布的信息很少，它通过在不干扰C/A码或P（Y）码接收器的情况下以更高的功率进行传输，提供了比P（Y）码信号更好的抗干扰性能和安全访问能力。新的L1民用信号L1C将在GPS Ⅲ和后续卫星上进行广播，其中第一颗卫星已于2018年12月发射。L1C信号被设计用来与其他GNSS系统实现互通，它与目前L1频段上广播的信号兼容，但会以更高的功率水平进行广播，同时引入了其他先进设计以增强性能。它主要由导频$L1C_P$和数据$L1C_D$两部分组成，码长为10 230位，传输速率为1.023Mchip/s，周期为10ms。GPS信号在L1频段上的功率谱密度如图2-23所示。

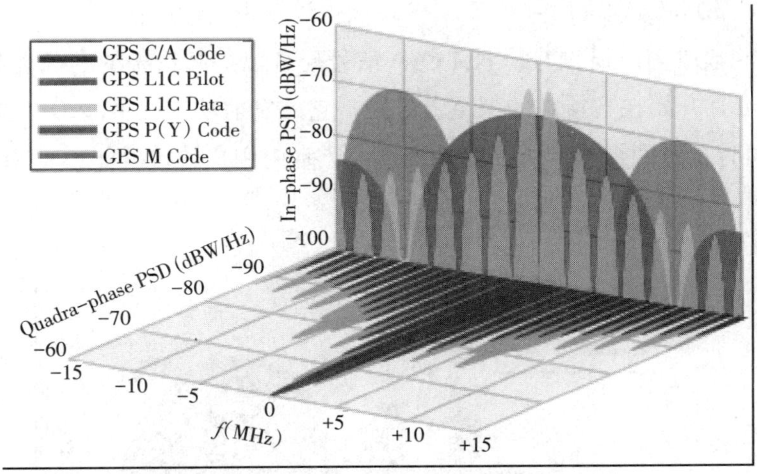

图2-23 GPS信号在L1频段上的功率谱密度

GPS导航卫星在L2频段（1227.60MHz）上同样调制着C/A码和P码，它们的参数和特点与L1频段上的信号相似，不同的是L2频段上还调制着一种被称为L2C的现代化民用信号。由于它需要卫星上的新硬件，因此只能在Block IIR-M及后续设计的卫星上传输，该信号已于2014年4月开始广播，截至2021年1月L2C信号已经在23颗卫星上广播。L2C信号的任务是提高导航精度，更易于捕获，同时在有干扰存在的情况下作为备用信号保证系统运行。L2C码与C/A码不同，它包含两个不同的PRN码序列civil-moderate（CM）码和civil-long（CL）码以提供测距信息。CM码码长为10 230位，周期为

20ms。CL码码长为767 250位,周期为1500ms。两种码的传输速率都是5.15Kchip/s,但是它们通过时分复用的方式构成了一个速率为1.023Mchip/s的信号。GPS信号在L2频段上的功率谱密度如图2-24所示。

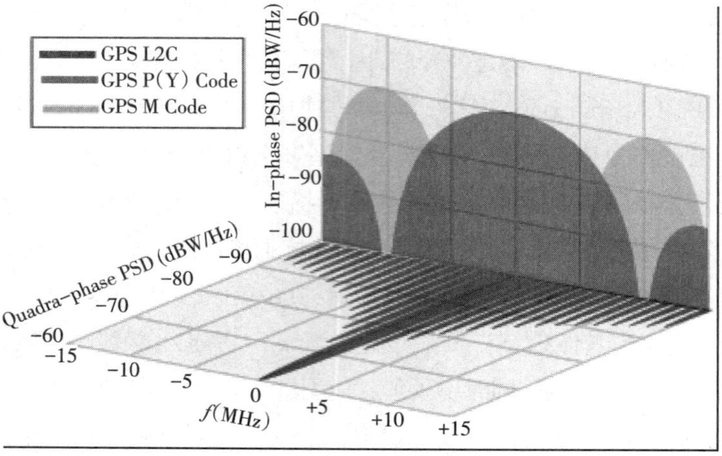

图2-24 GPS信号在L2频段上的功率谱密度

L5(1176.45MHz)频段信号属于GPS现代化计划中新增的信号,它在专门为航空安全服务预留的频段内广播,通过与L1 C/A信号配合以提高系统的准确性和鲁棒性,并已于2014年4月开始在支持它的卫星上广播。它的发射功率水平高于目前在用的民用GPS信号,同时更宽的带宽和更低的频率增强了室内用户的接收能力。GPS信号在L5频段上的功率谱密度如图2-25所示。

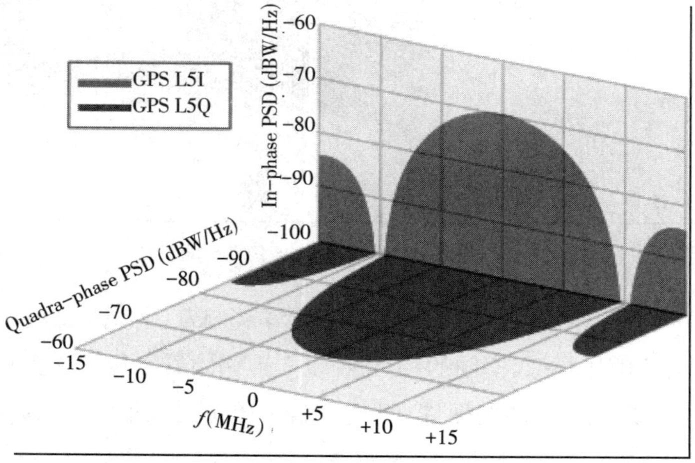

图2-25 GPS信号在L5频段上的功率谱密度

此外,有资料显示,GPS还有尚未公开用途的L3信号(1381.05MHz),可能主要用于发现核爆炸或其他高能红外事件的核爆炸侦察系统(NDS)平台提供通信联系。

（二）GLONASS系统

俄罗斯的格洛纳斯卫星导航系统（GLONASS）至今已经有三代卫星。第一代卫星是传统的GLONASS，主要集中发射在1985年到1990年期间，设计寿命在2～3年不等；第二代星就是现代化后的GLONASS-M卫星，于1990年开始研制，第一颗星于2003年送入轨道，设计寿命延长到7年，共生产和发射了52颗GLONASS-M卫星；第三代是最新发展的GLONASS-K卫星，K星系列又分为K1和K2两种型号，它的运行寿命为10年，由26颗卫星组成。

第一代GLONASS不同于GPS等系统采用CDMA技术，而是采用FDMA技术，即不同卫星采用不同的载波频率发射信号，而每颗GLONASS卫星通过相同的伪随机码进行扩频调制（表2-3）。

表2-3 第一代GLONASS系统信号参数表

信号	中心频率（MHz）	码速率（Mcps）	带宽（MHz）	调制方式
L1	1602+0.5625*K K=（−7～6）	0.511（BPSK）	8.3345	FDMA
L2	1246+0.4375*K K=（−7～6）	0.511（BPSK）	6.7095	FDMA

FDMA和伪随机码扩频两项技术可以有效减少系统内不同卫星信号之间的干扰。GLONASS信号包括两个PRN测距码：标准精度ST码（类似于GPS的C/A码）和精密精度VT码（类似于GPS的P码），分别调制在L1和L2载波上。

L1/L2频段载波信号频率分别为

$$f_{L_1,k}=f_{L_1}+K\cdot\Delta f_{L_1}$$
$$f_{L_2,k}=f_{L_2}+K\cdot\Delta f_{L_2} \quad (2\text{-}24)$$

式中，$K=-7\sim+6$为GLONASS卫星在发射信号时采用的频道号，共14个不同频道。中心频率的标称值和频率间隔分别为

$$f_{L_1}=1602\text{MHz},\ \Delta f_{L_1}=562.5\text{KHz}$$
$$f_{L_2}=1246\text{MHz},\ \Delta f_{L_2}=437.5\text{KHz} \quad (2\text{-}25)$$

卫星发射信号的L1频段如图2-26所示。

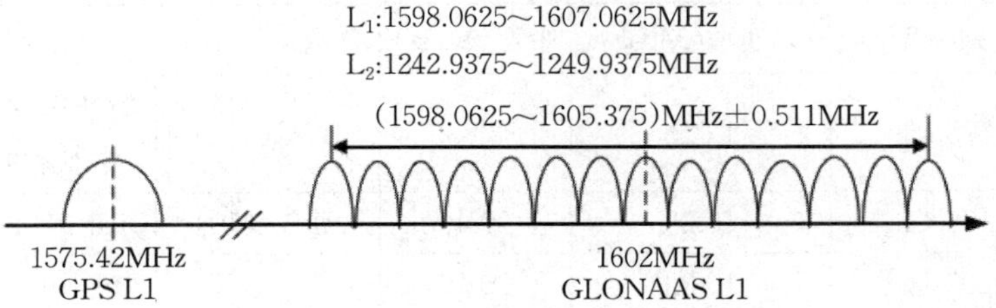

图2-26 第一代GLONASS L1频段频谱

自2008年以来，开发人员开始考虑采用新的CDMA信号供GLONASS系统使用，并于2016年8月发布了GLONASS CDMA信号接口控制文件。根据文件显示将有三个开放的CDMA信号（L3OC、L1OC、L2OC）和两个受限制的CDMA信号（L1SC、L2SC）。2011年发射的GLONASS-K1实验卫星首次使用了L3OC信号，2014年后生产的GLONASS-M卫星也将发射L3OC信号用于测试目的。2023年发射的增强型GLONASS-K1卫星和GLONASS-K2卫星，在现有的L1和L2频段上配备了全套现代化CDMA信号，包括前面提到的所有5种信号。从2023年起，随着GLONASS-M卫星发射的终止，GLONASS-K2系列卫星将逐渐替代现存的卫星。

L3OC信号的中心频率为1202.025MHz，其数据和导频信道均使用BPSK(10)调制，测距码传输速率为10.23Mchip/s。开放信号L1OC和受限信号L1SC的中心频率为1600.995MHz，开放信号L2OC和受限信号L2SC的中心频率为1248.06MHz，与FDMA信号频率有所重叠。在同一频段内的开放信号和受限信号以相位正交的方式进行传输。根据现有GPS、Galileo和BDS系统使用的信号，将于2025年发射的GLONASS-KM卫星上会增加一些其他的开放信号，以实现与其他GNSS系统卫星信号兼容互操作，例如中心频率为1575.42MHz的开放信号L1OCM，类似于GPS L1C信号、Galileo E1信号和BDS B1C信号，中心频率为1176.45MHz的开放信号L5OCM，类似于GPS L5信号、Galileo E5a信号和BDS B2a信号，中心频率为1207.14MHz的开放信号L3OCM，类似于Galileo E5b信号和BDS B2b信号。这样的安排将使得多标准GNSS接收机的实现变得更简单和廉价。

（三）BDS系统

中国北斗卫星导航系统（BeiDou navigation satellite system，BDS）经历了3个发展阶段：2000年底，建成了北斗一号系统，由3颗卫星向中国境内提供服务，2012年12月，随着北斗一号卫星设计寿命到期，北斗一号系统停止了运行；2012年年底，建成了北斗二号系统，包含16颗卫星为亚太地区用户提供服务；2020年，建成了北斗三号系统，包含30颗卫星向全球用户提供服务。

目前已建成的北斗三号系统使用最多的RNSS服务通过5个开放信号提供：B1C、B2a、B2b、B1I、B3I。各信号的射频特征如表2-4所示。

表2-4　BDS空间信号射频特征

信号	中心频(MHz)	码速率(Mcps)	带宽(MHz)	数据调制	导频调制	极化方式
B1C	1575.42	1.023	32.736	BOC(1,1)	QMBOC(6,1,4/33)	RHCP
B2a	1176.45	10.23	20.46	BPSK(10)	BPSK(10)	RHCP
B2b	1207.14	10.23	20.46	—	—	RHCP
B1I	1561.098	2.046	4.092	—	—	RHCP

续表

信号	中心频(MHz)	码速率(Mcps)	带宽(MHz)	数据调制	导频调制	极化方式
B3I	1268.52	10.23	20.46	—	—	RHCP

除了RNSS服务，北斗导航系统还提供星基增强系统(satellite-based augmentation system，SBAS)、区域短报文通信、国际短报文通信、国际搜救、精密单点定位等服务，各服务需要的信号和卫星情况如表2-5所示。

表2-5　北斗三号系统服务规划

服务类别		信号频率	卫星
RNSS	开放	B1I，B3I，B1C，B2a，B2b	3GEO+3IGSO+24MEO
	授权	B1A，B3Q，B3A	
SBAS	开放	B1C，B2a	3GEO
	授权	B1A	
区域短报文通信	授权	L(用户发射)，S(用户接收)	3GEO
国际短报文通信		L(上行)，B2b(下行)	14MEO
国际搜救		406MHz(上行) 1544～1545MHz(下行)	6MEO
精密单点定位		B2b	3GEO

(四) Galileo系统

欧盟伽利略卫星导航系统(Galileo navigation satellite system，Galileo)的第一颗试验卫星GIOVE-A于2005年12月28日发射，第一颗卫星于2011年10月发射，并于2016年12月开始提供早期运营能力，截至2023年12月，共有23颗已发射卫星在星座中运行，其中5颗无法使用，预计下一代卫星将在2025年后开始投入使用。Galileo系统一直发送3种独立CDMA和RHCP信号(E1、E5、E6)，其中E5信号可以进一步细分为E5a和E5b两种信号。Galileo系统信号参数如表2-6所示。

表2-6　Galileo系统信号参数表

信号	中心频率(MHz)	码速率(Mcps)	带宽(MHz)	调制方式
E1	1575.42	1.023	24.552	CBOC(6,1,1/11)
E5a	1176.45	10.23	20.46	AltBOC(15,10)
E5b	1207.14	10.23	20.46	AltBOC(15,10)
E5	1191.795	10.23	51.150	AltBOC(15,10)
E6	1278.75	5.115	40.920	BPSK(5)

为了提高信号在多径以及噪声干扰下的导航定位性能，Galileo系统引入了Ku频段星间链路技术和多种新兴的MBOC(multiplexed binary offset carrier)信号设计方案。Galileo E1频段与GPS L1频段中心频率相同(Galileo系统很长一段时间内都与GPS系统一样将E1称为L1，直到2008年Galileo OS SIS ICD发布，Galileo系统才将L1更名为E1)。为了实现频带复用，Galileo系统在调制方式中引入了子载波，将频谱主瓣分裂至E1频点的两侧，降低与GPS系统间的频谱干扰。E1频段基带信号采用CBOC(composite binary offset carrier)调制，对数据通道$e_{E1\text{-}B}$与导频通道$e_{E1\text{-}C}$的两路信号进行时域相加。$e_{E1\text{-}B}$和$e_{E1\text{-}C}$均采用MBOC(6，1，1/11)调制，差异在于$e_{E1\text{-}B}$由导航电文$D_{E1\text{-}B}$和测距码$C_{E1\text{-}B}$产生，子载波$SC_{E1\text{-}B,a}$和$SC_{E1\text{-}B,b}$调制方式分别为BOC(1，1)与BOC(6，1)按权重α、β相加；而$e_{E1\text{-}C}$中无数据信息参与调制，由测距码$C_{E1\text{-}C}$产生，子载波$SC_{E1\text{-}C,a}$和$SC_{E1\text{-}C,b}$调制方式分别为BOC(1，1)与BOC(6，1)按权重α、β相减。其信号生成方式如图2-27所示。

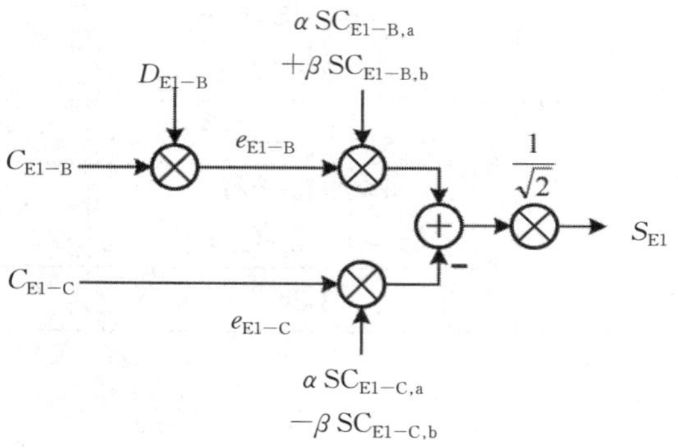

图2-27　Galileo E1 CBOC信号调制方案

权重$\alpha=\sqrt{10/11}$、$\beta=\sqrt{1/11}$，表明两种不同频率子载波的功率比为10:1。Galileo E1频段e_{E1-B}的MBOC(6，1，1/11)调制信号与GPS L1频段BPSK信号的功率谱密度如图2-28所示。二者主瓣中心频率不同，频谱间干扰较小，使得Galileo的E1信号与GPS的L1信号可以共存，表明BOC调制方式实现了频段共享而提高了带宽利用率。

Galileo系统主要提供4项主要服务：①开放服务(OS)。Galileo开放服务自2016年12月开始提供，通过Galile开放服务空间信号(OS signal-in-space)为人们提供免费的全球测距、定位和授时服务(双频条件下，水平精度为4m，垂直精度为8m)。②高精度服务(HAS)。HAS针对的是需要比OS提供的更高性能的市场应用，是对前Galileo商用服务重新界定的结果(水平精度20cm，垂直精度40cm)。③公共监管服务(PRS)。PRS为政府授权用户提供某些敏感应用高水平持续性的位置和时间服务，它经过加密，设计得更加稳健，具有抗干扰和可靠的问题检测机制。④搜索和救援服务(SAR)。作为国际卫星救援计划的一部分，Galileo卫星能够接收船舶、飞机或人员发送的紧急信标信号，并最终将这些信号发送回国家救援中心，这样救援中心就可以知道事故发生的准确位置。特别是Galileo系统具备其他GNSS系统没有的反向链路，因此它能够确保用户发送的求救信号可以被接收到。

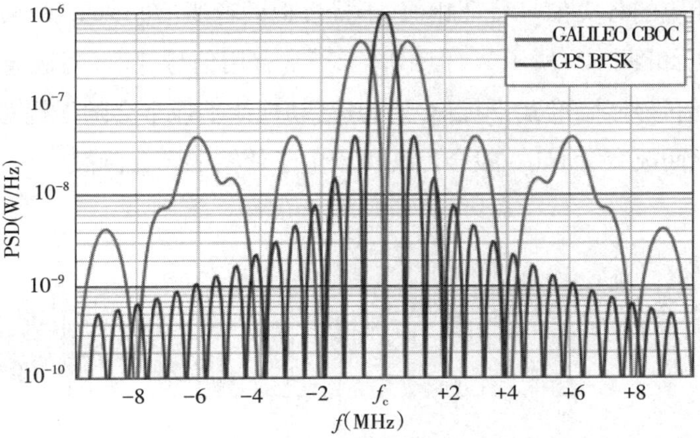

图2-28　L1频段Galileo系统与GPS系统信号功率谱密度曲线示意图

由于导航卫星信号从卫星发送到地面用户接收，会穿过地球外围的大气层，大气层会导致电磁波严重衰减，在地面接收到的导航信号强度极为微弱，通常在－125dBm左右，极易受到附近其他同邻频工作的用频台站干扰。因此，在频谱管控工作中，对于与导航卫星信号同邻频上工作的其他用频台站的信号辐射需进行合理管控。

第四节　电子对抗电磁辐射

电子对抗中的电磁辐射主要考虑电子干扰机主动辐射的不同形式的干扰信号。按干扰信号的作用性质，电子干扰分为欺骗性干扰和压制性干扰等方式。其中，欺骗性干扰中辐射的干扰信号与真实信号相似，因而通信、雷达、导航等不同类型的欺骗性干扰信号特征都与前述相应业务类型的信号特征相同；压制性干扰是发射强干扰信号，可使敌方电磁信号接收端信噪比严重降低而阻碍敌对其有用信号的正常接收，其信号形式多样，是本节研究的主要内容。按干扰信号的频谱宽度，压制性干扰可分为瞄准式干扰和阻塞式干扰。

一、瞄准式干扰信号

瞄准式干扰信号是瞄准敌方有用信号频谱(或频率)施放的一种窄带电子干扰信号。瞄准式干扰信号的中心频率要与敌信号频率基本重合，干扰调制带宽和信号的频谱宽度一般要求基本相同。对于诸如不加调制的连续波(单音)干扰等带宽远小于有用信号带宽的特殊干扰信号，很易为具有一定抗干扰体制的接收机在信号处理过程中滤除。

瞄准式干扰通常根据有用信号调制样式确定干扰信号调制样式，在明确敌方设备解调方式的情况下可选择能产生最佳干扰效果的最佳干扰样式。通常对于模拟调制的敌方信号一般采用相应的噪声调制干扰，对于数字调制的敌方信号则一般采用相应的杂乱键控干扰，对于脉冲调制信号则一般采用与其参数相应的脉冲调制干扰。瞄准式干扰信号特征与前述相应的各类信号特征相似（干扰模拟话音通信的典型噪声调幅与调频干扰信号特征示意图如图 2-29 所示）。但不同于正常有用信号，除针对固定频点（如卫星导航信号）的干扰信号外，瞄准式干扰信号在其活动规律上通常会随干扰对象的工作状态、工作频率的变化而改变，而且一般会出现用于电子侦察的干扰间隙。

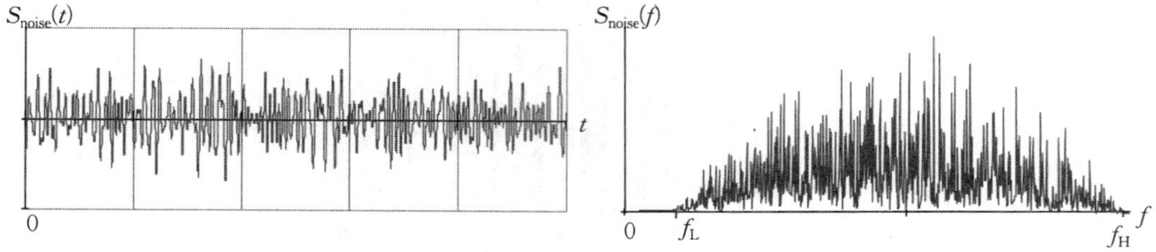

(a)模拟噪声信号波形与频谱示意图

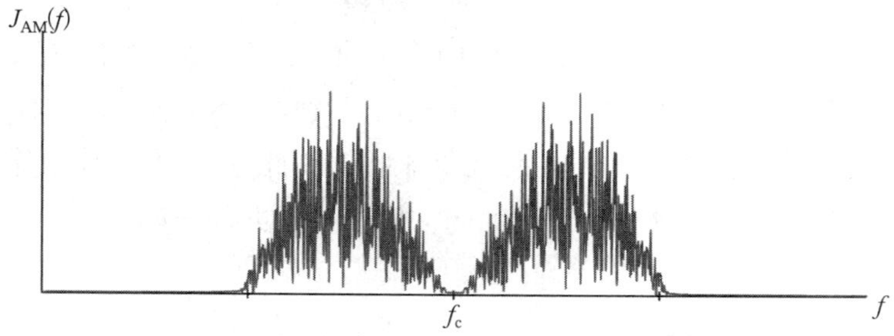

(b)噪声调幅干扰(抑制载频)频谱示意图

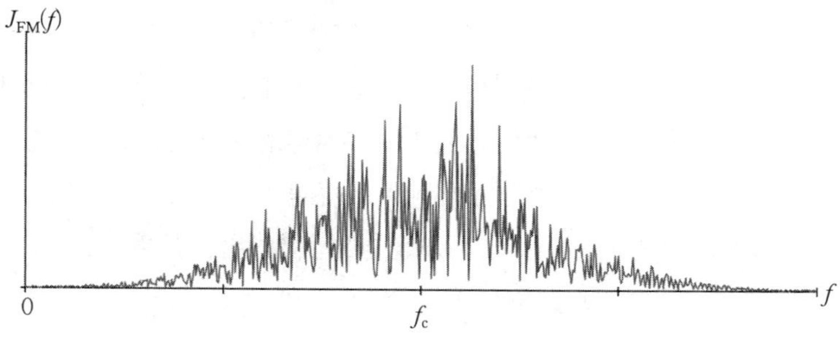

(c)噪声调频干扰频谱示意图

图 2-29　典型噪声调制干扰信号频谱示意图

二、阻塞式干扰信号

阻塞式干扰，也称拦阻式干扰，其干扰信号频谱远大于信号频谱宽度，能同时对工作在干扰频谱内的多个敌方信号实施电子干扰。拦阻式干扰又分为连续拦阻式干扰、梳形拦阻式干扰和扫频式干扰(图2-30)。

连续拦阻式干扰能同时对整个频带内的所有信号进行连续的压制,其信号频谱是连续分布的;梳形拦阻式干扰的干扰频带呈梳形,干扰时此频带是固定的或移动的,只有落入这些梳状齿形内的信号才受到干扰;扫频式干扰是干扰频率在某一频段内从一端扫到另一端,循环往复对频段内的信号实施干扰,但干扰是间断的。

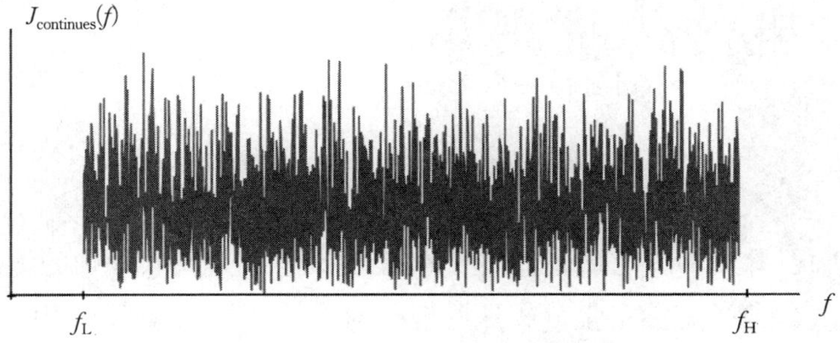

(a)连续拦阻式干扰频谱示意图

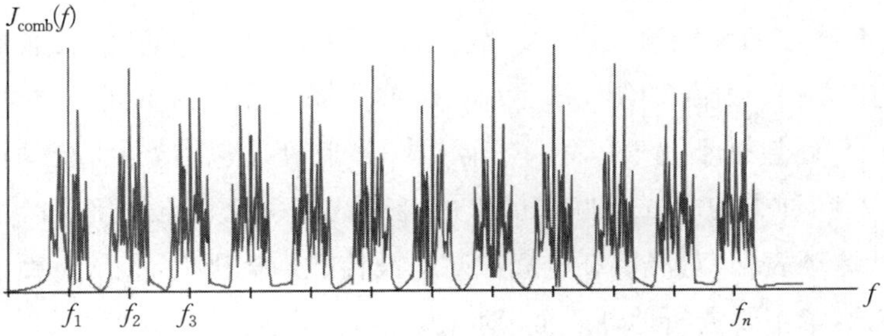

(b)梳形拦阻式干扰频谱示意图

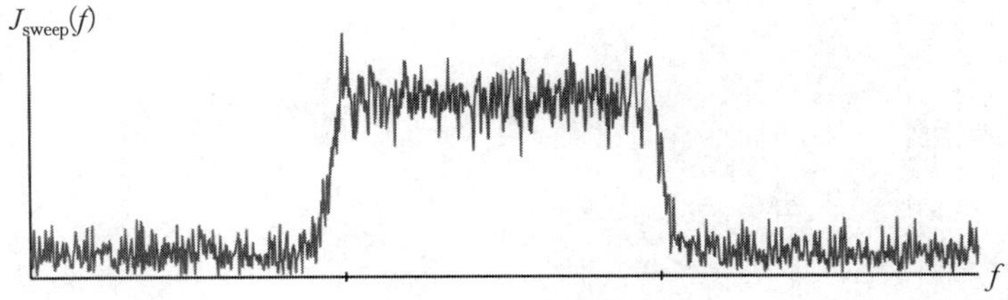

(c)扫频式干扰频谱示意图

图2-30 典型噪声调制干扰信号特征示意图

第三章
电波传播环境

从各电磁辐射源发出的电磁波,在源与特定活动空间之间媒介中的传播是形成复杂电磁环境的重要环节。定性定量分析这些媒介对电波传播和频率使用的影响是进行用频台站 间电磁兼容分析的重要环节,是开展电磁频谱管理工作的重要内容。与用频、管频工作最为紧密的基本电波传播环境是地球及其周围附近的区域(也称为近地空间),即地球表面和包围地球的大气层,其中大气层根据不同高度大气的特点,通常将细分为对流层、平流层、电离层、磁层,如图3-1所示。电波传播环境包括不同地质条件如陆地、海洋、岩石、湿地等,还包括不同气象条件如雨、雾等,此外还包括外太空环境影响如流星、太阳活动等。不同种类的大气条件和现象可能对这些系统和电波传播产生积极或消极的影响。其中,地球表面、对流层和电离层对电波传播影响极大而复杂,而平流层对电波传播影响很小,本章主要分析地球表面、对流层和电离层等传播环境。

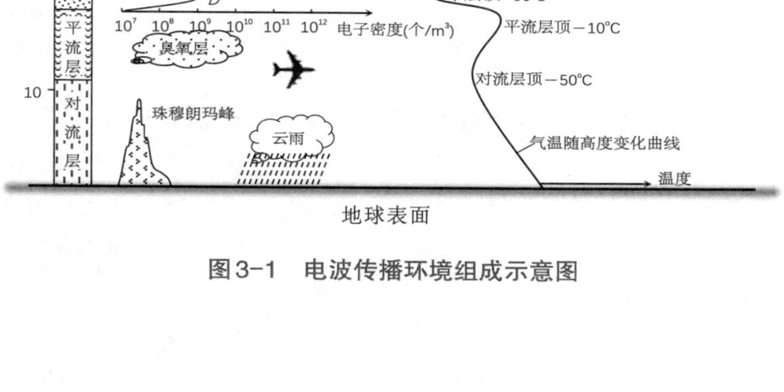

图3-1　电波传播环境组成示意图

第一节　地表传播环境

地球表面，简称地表，是地壳的表面，也是地球球体与其上大气层的交接面。地球，形似一略扁的球体，平均半径约6370km。根据地震波的传播证明，地球从里到外可分为地核、地幔和地壳三层，如图3-2所示。表层70～80km厚的坚硬部分，称为地壳，地壳各处的厚度不同，海洋下面较薄，最薄处约5km，陆地处的地壳较厚，总体的平均厚度约33km。地壳的表面是电导率较大的冲积层。由于地球内部作用（如地壳运动、火山爆发等），以及外部的风化作用，使得地球表面形成高山、深谷、江河、平原等地形地貌，再加上人为所创建的城镇田野等，这些不同的地质结构、地形地物在一定程度上影响着电磁波的传播。

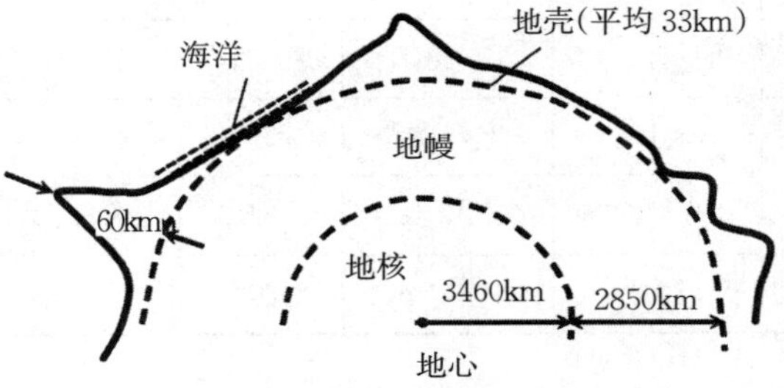

图3-2　地球结构示意图

一、地表电磁特性

不同地质的电磁特性在地表对电磁波的影响过程中起着重要作用。描述大地电磁特性的主要参数是介电常数ε（或相对介电常数ε_r）、电导率σ和磁导率μ。根据实际测量，绝大多数地质（磁性体除外）的磁导率都近似等于真空中的磁导率μ_0，表3-1给出了几种不同地质的电参数。

表3-1　几种典型地质的电参数

地面类型	相对介电常数ε_r		电导率σ(S/m)	
	平均值	变化范围	平均值	变化范围
海水	80	80	4	1～4.3
淡水	80	80	10^{-3}	10^{-3}～2.4×10^{-2}
湿土	10	10～30	10^{-2}	3×10^{-3}～3×10^{-2}
干土	4	2～6	10^{-4}	1.1×10^{-5}～2×10^{-3}

为了既反映媒质的介电性ε_r，又反映媒质的导电性σ，可采用相对复介电常数：

$$\widetilde{\varepsilon_r}=\varepsilon_r-j\frac{\sigma}{\omega\varepsilon_0}=\varepsilon_r-j60\lambda\sigma \tag{3-1}$$

式中，$\varepsilon_0=1/36\pi\times10^{-9}\mathrm{F/m}$，$\lambda$是自由空间波长。

判断某种地质是呈现导电性还是介电性对于分析地面对电波传播的影响具有重要意义，通常把传导电流密度J_f与位移电流密度J_D之比作为衡量标准。

$$\frac{J_f}{J_D}=\frac{\sigma}{\omega\varepsilon_0\varepsilon_r}=60\lambda\sigma/\varepsilon_r \tag{3-2}$$

当传导电流比位移电流大得多即$60\lambda\sigma/\varepsilon_r>>1$时，则大地具有良导体性质。反之，当位移电流比传导电流大得多即$60\lambda\sigma/\varepsilon_r<<1$时，可将大地视为电介质，而二者相差不大时，称为半电介质。表3-2给出了各种地质中$60\lambda\sigma/\varepsilon_r$随频率的变化情况。

表3-2　几种典型地质的$60\lambda\sigma/\varepsilon_r$值

频率地质	300MHz	30MHz	3MHz	300kHz	30kHz	3kHz
海水($\varepsilon_r=80,\sigma=4$)	3	3×10	3×10^2	3×10^3	3×10^4	3×10^5
湿土($\varepsilon_r=20,\sigma=10^{-2}$)	3×10^{-2}	3×10^{-1}	3	3×10^1	3×10^2	3×10^3
干土($\varepsilon_r=4,\sigma=10^{-3}$)	1.5×10^{-2}	1.5×10^{-1}	1.5	1.5×10^1	1.5×10^2	1.5×10^3
岩石($\varepsilon_r=6,\sigma=10^{-7}$)	10^{-6}	10^{-5}	10^{-4}	10^{-3}	10^{-2}	10^{-1}

由表可见，对海水来说，在中、长波波段它是良导体，只有到微波波段才呈现介质性质；湿土和干土在长波波段呈良导体性质，在短波以上就呈现介质性质；而岩石则几乎整个无线电波段都呈现介质性质。

二、地表吸收

当天线设置在紧靠地面上时，天线辐射的电波是沿着半导电性质和起伏不平的地表面进行传播的。此时，除了地表障碍物引起的电磁波绕射现象外，不同地质还会对电磁场产生不同程度的能量吸收作用。

（一）地表吸收的形成

由于地表面的半导电性质，会使电波的场结构不同于自由空间传播的情况而发生变化并引起电波吸收。电波传播时在地表的场分量是造成能量吸收损耗的重要原因，被吸收的能量大小与地表特性和电波特性密切相关。低架直立天线辐射的垂直极化波将在传播方向上存在电场分量，各分量如图3-3所示，yoz面为地平面，波沿z轴方向传播，下标“1”表示在空气内，下标“2”表示在大地内，利用边界条件，有

$$\left.\begin{aligned} E_{1z} &= E_{2z} \\ H_{1y} &= H_{2y} \\ E_{1x} &= \tilde{\varepsilon}_r E_{2x} \\ B_{1x} &= B_{2x} = 0 \end{aligned}\right\} \tag{3-3}$$

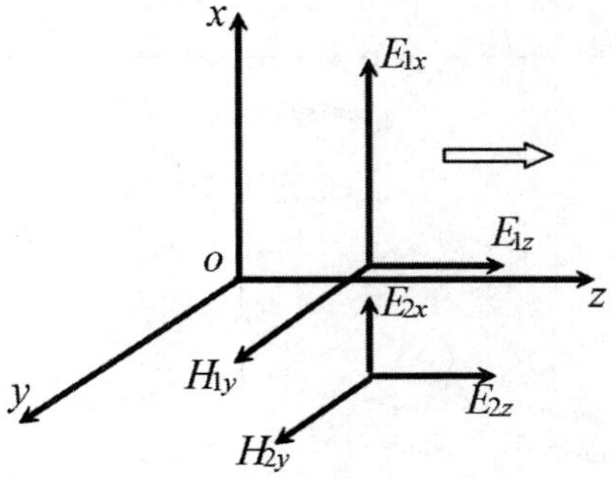

图3-3　地面波的场结构

通常空气一侧的电场强度E_{1x}可以通过实地测量获得，当E_{1x}已知时，可根据边界条件关系得到其余各场关于E_{1x}的表达式如下：

$$E_{1z} = \frac{E_{1x}}{\sqrt{\tilde{\varepsilon}_r}} = \frac{E_{1x}}{\sqrt{\varepsilon_r - j60\lambda\sigma}} \tag{3-4}$$

$$E_{2x} = \frac{E_{1x}}{\tilde{\varepsilon}_r} = \frac{E_{1x}}{\varepsilon_r - j60\lambda\sigma} \tag{3-5}$$

为了更加直观地表示场强各分量之间的幅度与相位关系，上述各分量亦可写成(四次方根)：

$$E_{1z} = E_{2z} = \frac{E_{1x}}{\sqrt[4]{\varepsilon_r^2 + (60\lambda\sigma)^2}} e^{j\frac{\varphi}{2}} \tag{3-6}$$

$$E_{2x} = \frac{E_{1x}}{\sqrt{\varepsilon_r^2 + (60\lambda\sigma)^2}} e^{j\varphi} \tag{3-7}$$

$$H_{1y} = H_{2y} \approx \frac{E_{1x}}{120\pi} \tag{3-8}$$

式中，

$$\varphi = \tan^{-1}\frac{60\lambda\sigma}{\varepsilon_r} \tag{3-9}$$

上述场强是在满足列翁托维奇条件下得出的，对于中波、长波的地面波传播情况，沿一般地质传播时该条件是满足的。

不同极化的电波在沿地表传播时所受的吸收作用差异很大，理论计算和实际使用均证明地面波不宜采用水平极化波传播。图3-4给出了一组计算曲线，图中横坐标为传播距离，由图可见，水平极化波的吸收衰减远大于垂直极化波的吸收衰减。这是因为，当电场为水平极化时，电场平行地面，传播中在地面上引起较大的感应电流，致使电波产生很大的衰减。对于垂直极化波(通常由直立天线辐射)，其电波能量同样要被吸收，但由于电场方向与地面垂直，它在地面上产生的感应电流远比水平极化波的要小，故地面的吸收小。因此在地面波传播中通常采用垂直极化波。

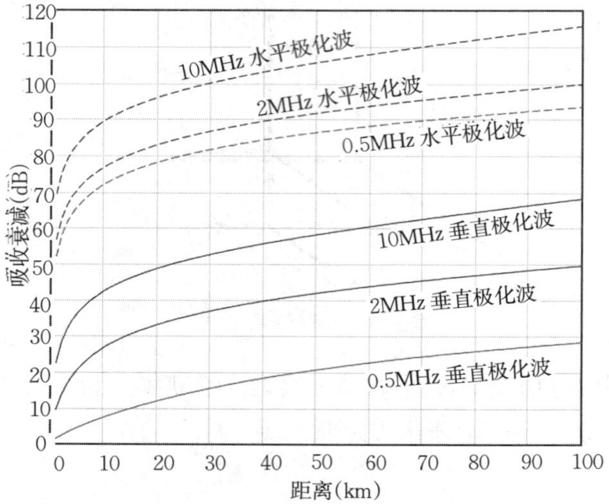

图 3-4 中度干燥土壤(ε_r=15，σ=10^{-3}S/m)水平极化和垂直极化波的地面波衰减

(二) 地表吸收损耗

平面地电波传播中损耗主要考虑地表吸收的作用，其损耗用地表衰减因子A来表示。只有电波传播距离较近，地球曲率影响较小时，才可将大地视为平面地。平面地吸收损耗计算的临界距离与电波频率有关：

$$der = 80 / \sqrt[3]{f(\mathrm{MHz})} \quad (\mathrm{km}) \tag{3-10}$$

在电波传播小于该临界距离时，地表衰减因子计算方法较为简单，可用舒莱金-范•德•波尔公式，在近距离上具有较好的计算精度，但适用范围较窄，距离超过一定范围后，计算误差越来越大，将与绕射损耗一并计算。

地表衰减因子A的近似公式计算：

$$A = \frac{2 + 0.3\rho}{2 + \rho + 0.6\rho^2} \tag{3-11}$$

式中，

$$\rho = \frac{\pi d}{\lambda_0} \cdot \frac{\sqrt{(\varepsilon_r - 1)^2 + (60\lambda_0\sigma)^2}}{{\varepsilon_r}^2 + (60\lambda_0\sigma)^2} \tag{3-12}$$

当$60\lambda_0\sigma \gg \varepsilon_r$，即地表呈良导体时，上式可简化为

$$\rho \approx \frac{\pi d}{60\lambda_0{}^2\sigma} = \frac{50\pi d(\mathrm{km})}{3\lambda_0{}^2(\mathrm{m})\sigma} \tag{3-13}$$

当$\rho > 25$时，地表衰减因子A简化为

$$A = \frac{1}{2\rho} \tag{3-14}$$

可见，良导体特性地表上的吸收衰减值与传播距离成反比(图3-5)。

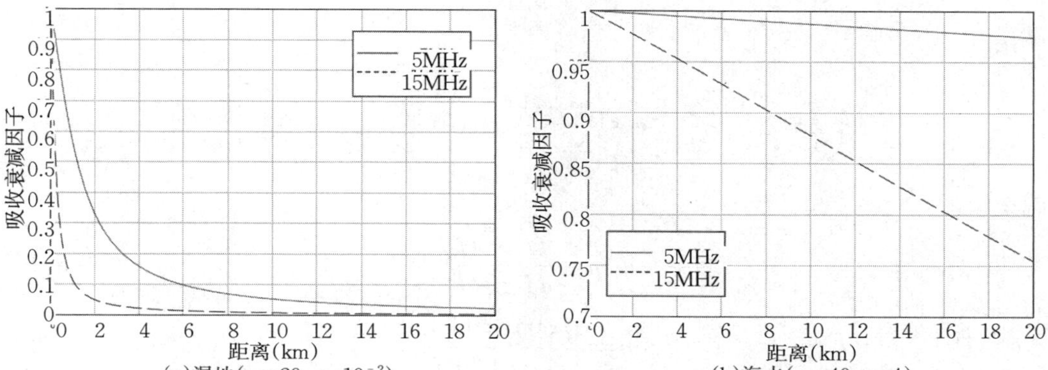

(a)湿地($\varepsilon_r=20, \sigma=10^{-2}$)　　(b)海水($\varepsilon_r=40, \sigma=4$)

图3-5　地表衰减因子与距离关系

三、地表反射

当有电磁波投射到地表时，由于地表的半导体性质，会有部分能量被反射而形成反射波。当收发天线处于视线距离之内时，发射的电磁波还会通过地表反射而传播到接收天线。

(一) 地表反射的形成

地球表面对电波的反射过程如图3-6所示。图中，A、B、C分别为发射天线、接收天线和反射点位置，H_1和H_2分别为发射和接收天线架高，d_1和d_2分别为发射和接收天线至反射点的距离，R_e为有效地球半径(effective radius of the earth)。

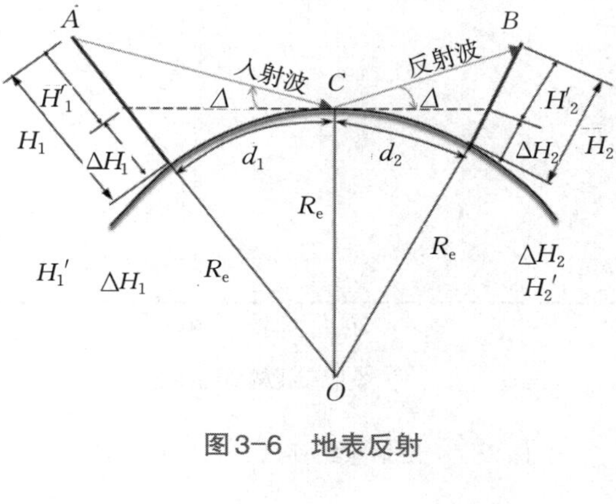

图3-6　地表反射

形成反射的前提必须在视距之内，这样才有反射点。考虑地表反射对电波传播的影响，需要计算反射点的位置（发射和接收天线至反射点的距离d_1和d_2）和投射角Δ（也称擦地角、掠射角，即传播方向与地面的夹角）等参数。

1. 反射点

因为$R_a \gg d_1$、d_2，可求得发射天线到反射点的距离：

$$d_1 = \frac{d}{2}(1+b) \tag{3-15}$$

式中，

$$b = 2\sqrt{\frac{m+1}{3m}}\cos\left\{\frac{\pi}{3} + \frac{1}{3}\arccos\left[\frac{3p}{2}\sqrt{\frac{3m}{(m+1)^3}}\right]\right\} \tag{3-16}$$

式中，

$$p = \frac{H_1 - H_2}{H_1 + H_2} \tag{3-17}$$

$$m = \frac{0.0294d^2(\text{km})}{(H_1 + H_2)(\text{m})} \tag{3-18}$$

则接收天线到反射点距离为

$$d_2 = d - d_1 \tag{3-19}$$

显然，$H_1 = H_2$时，$p=0$，$b=0$，有$d_1 = d_2 = \frac{d}{2}$。

图3-7为接收天线架高$H_2 = 15\text{m}$、收发距离$d = 15\text{km}$时，发射天线至反射点距离d_1随其架高H_1的变化情况。可见，反射点偏向架高小的天线一边。

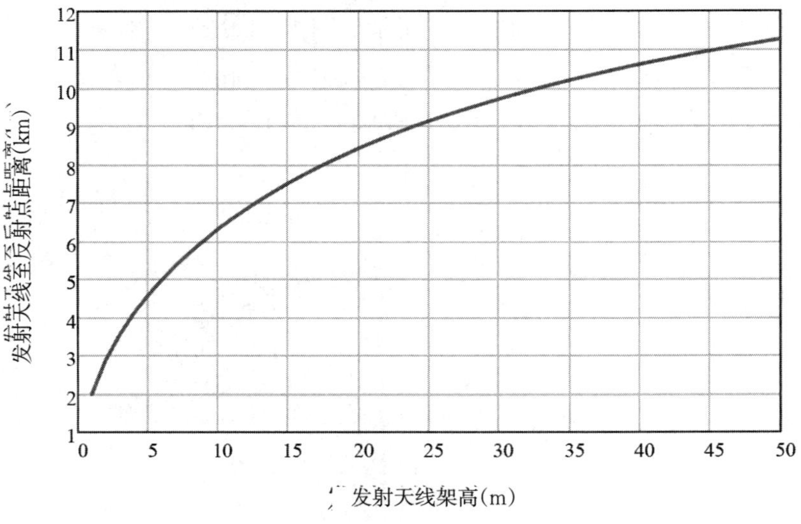

图3-7 反射点距离与天线架高关系

2. 投射角

图3–7中，发射天线等效高度H_1'和接收天线等效高度H_2'计算如下：

$$H_1' \approx H_1 - \Delta H_1 = H_1(\mathrm{m}) - \frac{d_1^2(\mathrm{km})}{2R_a(\mathrm{km})} \quad (\mathrm{m}) \tag{3-20}$$

$$H_2' \approx H_2 - \Delta H_2 = H_2(\mathrm{m}) - \frac{d_2^2(\mathrm{km})}{2R_a(\mathrm{km})} \quad (\mathrm{m}) \tag{3-21}$$

因为通常$d_1 \gg H_1$，则电波投射角：

$$\Delta = \arcsin\left(\frac{H_1'}{d_1}\right) \tag{3-22}$$

因为$\frac{H_1'}{d_1} \ll 1$，所以投向角通常很小。

（二）地表反射损耗

电波投射到达地面反射点后，除一部分能量被地面反射而可能到达接收天线外，还会有另一部分能量被折射而进入地面内部转化为热能被消耗掉；同时由于地球的球面作用，会使部分能量被扩散。因此，电波在反射过程中会有能量损耗，这些反射损耗用反射系数和扩散系数来衡量。

1. 反射系数

地面对电波的反射系数Γ与电波的投射角、电波的极化和波长λ以及地面的电参数ε_r、σ有关，一般可表示为$\Gamma = |\Gamma| e^{-j\phi}$。对于水平极化波：

$$\Gamma_H = \frac{\sin\Delta - \sqrt{(\varepsilon_r - j60\lambda\sigma) - \cos^2\Delta}}{\sin\Delta + \sqrt{(\varepsilon_r - j60\lambda\sigma) - \cos^2\Delta}} \tag{3-23}$$

对于垂直极化波：

$$\Gamma_V = \frac{(\varepsilon_r - j60\lambda\sigma)\sin\Delta - \sqrt{(\varepsilon_r - j60\lambda\sigma) - \cos^2\Delta}}{(\varepsilon_r - j60\lambda\sigma)\sin\Delta + \sqrt{(\varepsilon_r - j60\lambda\sigma) - \cos^2\Delta}} \tag{3-24}$$

图3–8和图3–9分别计算了陆地和海水的反射系数图中V代表垂直极化，H代表水平极化）。由此图中的计算曲线可以看出，水平极化波反射系数的幅度在低投射角约为1，相角几乎可以被看作180°常量，也就是说，对于水平极化波来讲，实际地面的反射比较接近于理想导电地，特别是在波长较长或投射角较小的区域近似程度更高。因此在估计地面反射的影响时，可粗略地将实际地面等效为理想导电地。但是对于垂直极化波情况就比较复杂。垂直极化波反射系数的幅度存在着一个最小值，对应此值的投射角称为布鲁斯特角（Brewster），记作Δ_B，在Δ_B两侧，反射系数的相角180°突变。尽管垂直极化波的反射系数随投射角的变化起伏较大，但在很低投射角时，仍然可以将其视为-1。

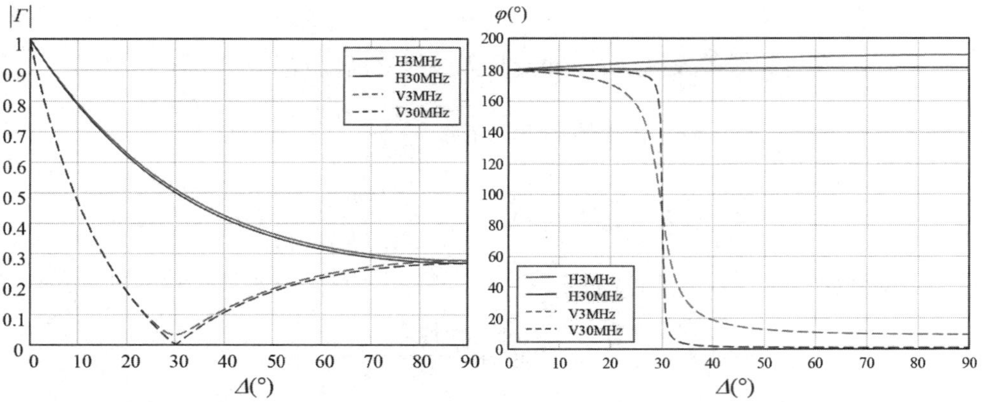

(a)反射波振幅随投射角的变化　　(b)反射波相位随投射角的变化

图3-8　干土(ε_r=3,σ=10^{-4}S/m)的反射系数

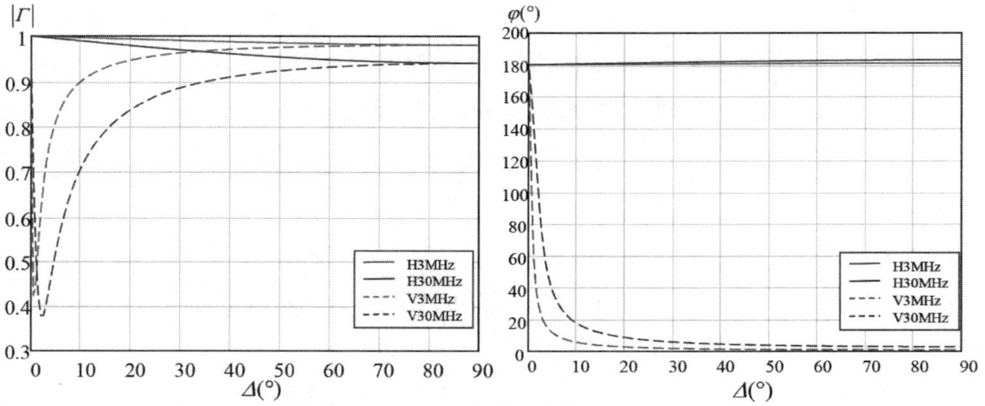

(a)反射波振幅随投射角的变化　　(b)反射波相位随投射角的变化

图3-9　海水(ε_r=80,σ=1S/m)的反射系数

2. 扩散系数

由于球面地的反射有扩散作用,电波经球面地反射后的反射波场强比在平面上反射时小。如图3-10所示,由Q点发出的波束,经平面地反射后,能量分布在面积为$S_{平}$的截面内,而经球面地反射后,能量将分布到更大的$S_{球}$截面内,因此经球面反射后的电波场强会比平面反射时的场强更小。

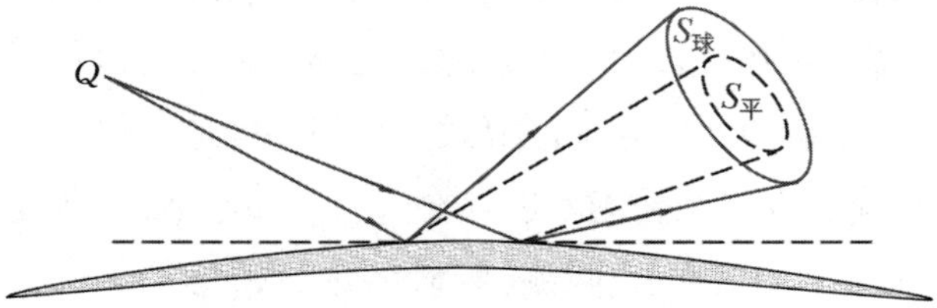

图3-10　球面地的扩散

描述这种扩散程度的物理量称为扩散系数或扩散因子，定义为

$$D_f = \sqrt{\frac{S_{平}}{S_{球}}} \tag{3-25}$$

如果平面地反射时的场强为E_r，球面地反射时的场强为E_{dr}，入射波场强为E_i，$|\Gamma|$为平面地反射系数的模值，则有扩散因子：

$$D_f = \frac{1}{\sqrt{1+\dfrac{2d_1^2 d_2}{KRdH_1'}}} = \frac{1}{\sqrt{1+\dfrac{2d_2^2 d_1}{KRdH_2'}}} \tag{3-26}$$

其中，d_1、d_2分别为发射天线和接收天线到反射点的距离，d为收发距离，H_1'、H_2'分别为发射天线和接收天线的等效高度，R为地球半径，K为考虑大气折射效应对地球半径的修正系数，通常按标准大气取$K=\dfrac{4}{3}$。

对于收、发天线架等效高度同为H'、标准大气折射时，扩散系数与距离d的关系为

$$H' \approx H(\mathrm{m}) - 0.0147d(\mathrm{km})$$

$$D_f = \frac{1}{\sqrt{1+\dfrac{0.0294d(\mathrm{km})^2}{H'(\mathrm{m})}}} \text{或} D_f = \frac{1}{\sqrt{1+\dfrac{2}{68\dfrac{H(\mathrm{m})}{d(\mathrm{km})^2}-1}}} \tag{3-27}$$

图3-11所示为扩散系数与距离的关系。可见，近距离时可认为无扩散，但随着距离靠近视线距离，扩散愈发严重。

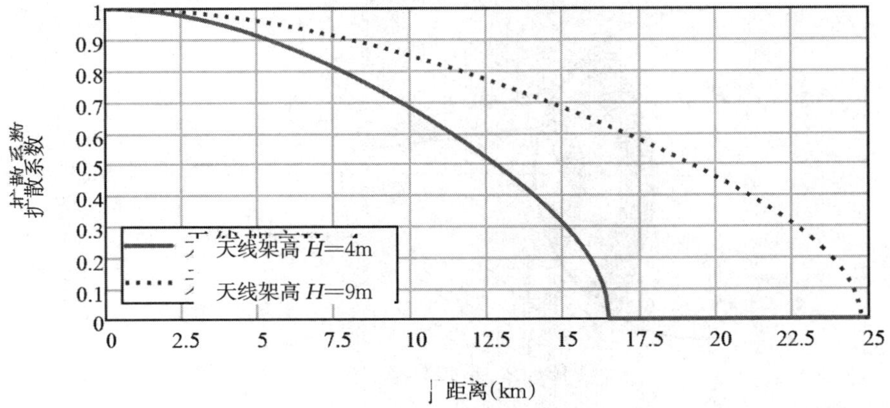

图3-11　扩散系数与距离的关系

在引进扩散因子之后，如将视距传播中的反射系数Γ替换成$D_f\Gamma$，就完成了对球面地反射系数的修正。

四、地表绕射

地表曲面和障碍物对电波都有绕射作用，电波可通过绕射从一点传播到有障碍物间隔的另一点。

（一）地表绕射的形成

根据惠更斯－菲涅耳原理，波前的每一个小面元，都可以看作是能够产生球面子波的二次辐射源中心，波在传播过程中，空间任何一点的辐射场，是波前上所有二次辐射源发射的球面波在该点互相干涉叠加的结果。如图3-12示，空间A处有一球面波源，为了讨论其辐射场的大小，根据惠更斯－菲涅耳原理，可以做一个与之同心、半径为R的球面，该球面上所有的同相惠更斯源对于远区观察点P来说，可以视为二次波源。如果P点与A点相距$d=R+r_0$，r_0为P点到二次波源的距离，为了计算方便起见，将球面S分成许多环形带$N_n(n=1, 2, 3, \cdots)$，并使相邻两带的边缘到观察点的距离相差半个波长[物理学上称这种环带为菲涅耳带(Fesnel zone)]，即

$$\left.\begin{aligned} R+r_1&=R+r_0+\lambda/2 \\ R+r_2&=R+r_0+2(\lambda/2) \\ &\vdots \\ R+r_n&=R+r_0+n(\lambda/2) \end{aligned}\right\} \tag{3-28}$$

在这种情况下，相邻两带的对应部分的惠更斯源在P点的辐射将有$\lambda/2$的波程差，因而具有180°的相位差，起着互相削弱的作用。

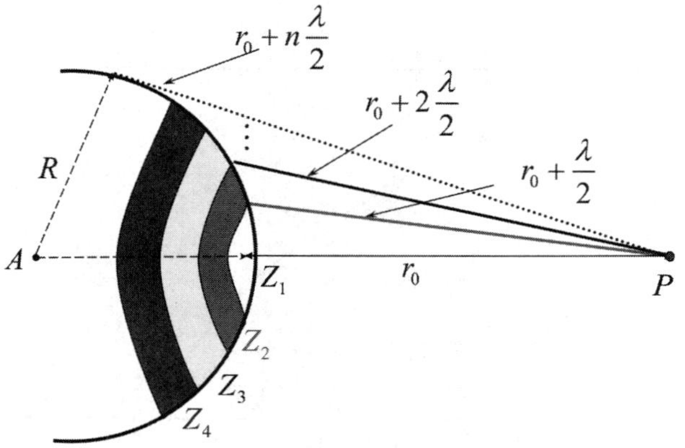

图3-12　菲涅耳半波带

可以证明，当$r_0 \gg \lambda$时各带的面积大致相等。设第n个菲涅耳半波带在P点产生的场强振幅为$E_n(n=1, 2, 3, \cdots)$，由于每个菲涅耳半波带的辐射路径不一样，因此有以下的关系式：

$$E_1>E_2>E_3>\cdots E_n>E_{n+1}>\cdots \tag{3-29}$$

从平均角度而言，相邻两带对P点的贡献反相，于是P点的合成场振幅为

$$E=E_1-E_2+E_3-E_4+\cdots \tag{3-30}$$

如果将上式的奇数项拆成两部分，即$E_n=E_n/2+E_n/2$，则式(3-30)可以重新写为

$$E=\frac{E_1}{2}+(\frac{E_1}{2}-E_2+\frac{E_3}{2})+(\frac{E_3}{2}-E_4+\frac{E_5}{2})+(\frac{E_5}{2}-E_6+\frac{E_7}{2})+\cdots \tag{3-31}$$

仔细观察上式，如果总带数足够大，利用式(3-29)的结论，可以认为

$$E\approx\frac{E_1}{2} \tag{3-32}$$

式(3-32)给我们一个重要的启示，尽管在自由空间从波源A辐射到观察点P的电波，从波动光学的观点看可以认为是通过许多菲涅耳区传播的，但起最重要作用的是第一菲涅耳区。

假设第一菲涅耳区的半径为F_1，则当各参数如图3-13所示时，根据第一菲涅耳区半径的定义

$$\sqrt{F_1^2+d_1^2}+\sqrt{F_1^2+d_2^2}=d+\lambda/2 \tag{3-33}$$

通常$d_1\gg F_1$、$d_2\gg F_1$，因此将上式作一级近似，可得

$$F_1=\sqrt{\frac{d_1d_2\lambda}{d}} \tag{3-34}$$

或

$$F_1=550\sqrt{\frac{d_1d_2}{df}} \tag{3-35}$$

式中，距离d_1、d_2、d单位为km，频率f单位为MHz。

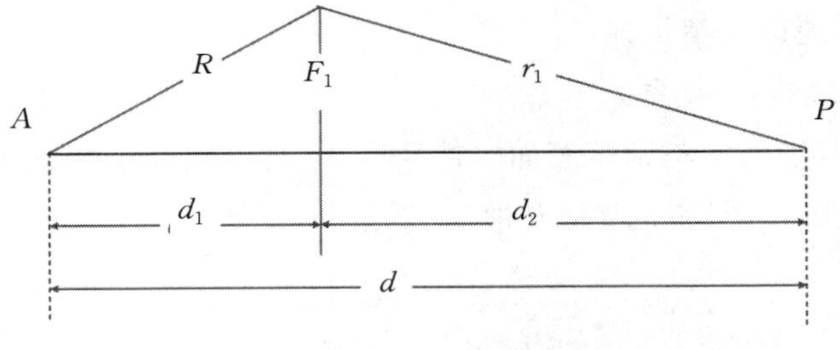

图3-13　第一菲涅耳区半径

实际上，划分菲涅耳半波带的球面是任意选取的，因此当球面半径R变化时，尽管各菲涅耳区的尺寸也在变化，但是它们的几何定义不变。而它们的几何定义恰恰就是以A、P两点为焦点的椭圆定义。如图3-14所示，如果考虑到以传播路径为轴线的旋转对称性，不同位置的同一菲涅耳半波带的外围轮廓线应是一个以收、发两点为焦点的旋转椭球。我们称第一菲涅耳椭球为电波传播的主要通道。

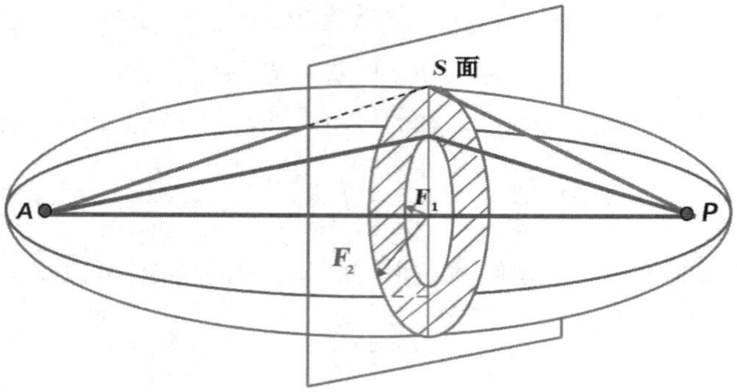

图3-14 菲涅耳椭球

由于电波传播的主要通道并不是一条直线，所以即使某凸出物并没有挡住收、发两点间的几何射线，但是已进入了第一菲涅耳椭球，此时接收点的场强已经受到障碍物的影响。而当凸出物未进入第一菲涅耳椭球，即电波传播的主要通道，此时可以认为该收、发两点之间不受绕射作用。

由式(3-34)可知，对于障碍物的尺寸一定时，波长越长，电波传播的主要通道横截面积越大，障碍物相对遮挡面积就越小，接收点的场强就越大，因此频率越低绕射能力越强。

（二）地表绕射损耗

绕射发生于大地或其他障碍物的表面，其作用与位于传播路径中垂直面内的几何参数(绕射角、曲率半径、障碍高度)有关。不同类型的绕射特点不一，精确计算较为复杂，不同文献所用方法和结果也不尽相同。国际电联ITU-R P.526建议书将绕射分为圆形球面地绕射、孤立障碍物绕射、薄屏蔽物绕射、有限传导楔绕射等类型。其中圆形球面地绕射是一种最基本的绕射，光滑地面对电波的阻挡是一个典型的球面绕射问题。

1. 绕射损耗计算的基本步骤

1）计算地表导纳归一化系数

当存在绕射损耗时，它与地球表面电特性有关，其影响程度可通过计算地表导纳的归一化系数K予以确定，对于水平极化波：

$$K_{\mathrm{H}}=\frac{1}{\sqrt[3]{\frac{2\pi R_{\mathrm{e}}}{\lambda}}\cdot\sqrt[4]{(\varepsilon_{\mathrm{r}}-1)^2+(60\lambda\sigma)^2}} \tag{3-36}$$

对于垂直极化波：

$$K_{\mathrm{V}}=K_{\mathrm{H}}\sqrt{\varepsilon_{\mathrm{r}}{}^2+(60\lambda\sigma)^2} \tag{3-37}$$

式中，ε_{r}、σ、λ、R_{e}分析为地表相对介电常数、电导率(S/m)、波长(m)和有效地球半径(m)。或

$$K_{\mathrm{H}}=\frac{0.36}{\sqrt[3]{R_{\mathrm{e}}f}\cdot\sqrt[4]{(\varepsilon_{\mathrm{r}}-1)^2+(18000\sigma/f)^2}} \tag{3-38}$$

$$K_V = K_H \sqrt{\varepsilon_r^{\ 2} + (18000\sigma/f)^2} \tag{3-39}$$

式中，有效地球半径单位为km，频率单位为MHz。

如图3–15所示为不同地表条件下K值与频率的关系。

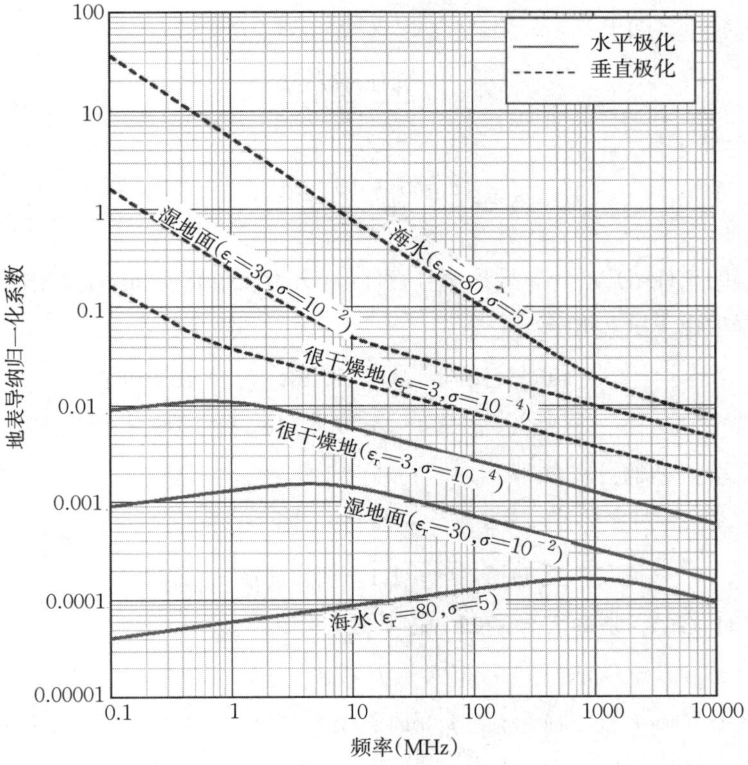

图3–15 典型K值

对于垂直极化，陆地上的20MHz之下或者海面上的300MHz之下，K值与ε_r无关，可简化表示为

$$K_V = \sqrt{\frac{6.89\sigma}{\sqrt[3]{k^2}\ \sqrt[3]{f^5}}} \tag{3-40}$$

式中，k为有效地球半径因子。

用β表示与地面类型和极化方式有关的参数，它由地球表面导纳归一化系数K进行计算：

$$\beta = \frac{1 + 1.6K^2 + 0.67K^4}{1 + 4.5K^2 + 1.53K^4} \tag{3-41}$$

显然，$K \ll 1$时，$\beta = 1$。因此，对于水平极化，在所有频率上β值可取为1；对于垂直极化，陆地上的20MHz之上或者海面上的300MHz之上，β值可取为1。

2）计算各绕射损耗项

用绕射衰减因子A_d来表示绕射损耗大小，它是距离数据项$F(X)$和发射、接收天线的高度增益项$G(Y_1)$、$G(Y_2)$之积，即：

$$A_d = F(X) + G(Y_1) + G(Y_2) \quad (\mathrm{dB}) \tag{3-42}$$

式中，参数X、Y计算如下：

$$X = \frac{2.188\beta d\sqrt[3]{f}}{\sqrt[3]{R_e^{\ 2}}} \tag{3-43}$$

$$Y = \frac{9.575\times 10^{-3}\beta h\sqrt[3]{f^2}}{\sqrt[3]{R_e}} \tag{3-44}$$

式中，d为传播距离(km)，R_e为有效地球半径(km)，h为天线高度(m)，f为电波频率(MHz)。

距离数据项由下式得出：

$$F(X) = \begin{cases} 11 + 10\log(X) - 17.6X, & X \geqslant 1.6\text{时} \\ -20\log(X) - 5.6488X^{1.425}, & X < 1.6\text{时} \end{cases} \tag{3-45}$$

天线高度增益项的计算如下：

对于$B=\beta Y>2$时，

$$G(Y) \cong 17.6\sqrt{B-1.1} - 5\log(B-1.1) - 8 \tag{3-46a}$$

当$B\leqslant 2$时，$G(Y)$是地表导纳归一化系数K值的函数：

$$G(Y) \cong \begin{cases} 20\log(B+0.1B^3), & 10K < B \leqslant 2 \quad (3\text{-}46\text{b}) \\ 2 + 20\log K + 9\log(B/K)\left[\log(B/K)+1\right], & K/10 < B \leqslant 10K \quad (3\text{-}46\text{c}) \\ 2 + 20\log(K), & B \leqslant K/10 \quad (3\text{-}46\text{d}) \end{cases}$$

显然，上式中假定$K<0.2$。如果$K>0.2$时，则界定每个公式适用性的不等式意味着从式(3-46b)至式(3-46c)或式(3-46d)的转换。因为Y会随K值而变化，使得$G(Y)$值在转化时会出现不连续状况。对于Y和K，由于从不等式可以看出在式(3-46a)～式(3-46d)当中有多个公式适用，建议首先选用式(3-46a)，而不是式(3-46b)～至式(3-46d)。请注意，即使数值$K<2.0$，也可能在式(3-46b)～式(3-46d)之间出现高达3dB的不连续状况。

2. 10MHz或更高频率的绕射损耗

对于10MHz及以上绕射损耗的计算时需考虑电波视线距离及传播余隙的影响。

1）视线距离

视距是由于地球是球面曲率引起的，因为凸起的地面会挡住视线，视线所能到达的最远距离就是视线距离d_{los}。如图3-16所示，在给定发射天线和接收天线高度的情况下，由于地球表面的弯曲，当收发两点之间的直视线与地球表面相切时，存在着一个极限距离。在工程中常常把这种由收发天线高度限定的极限地面距离称为视线距离。

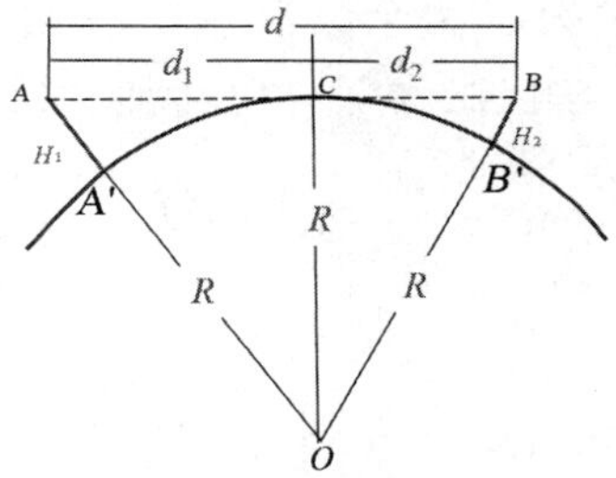

图3-16　视线距离

图3-16中，R为地球半径，H_1和H_2分别为发射和接收天线架高，d_1和d_2分别为发射和接收天线至切点的距离，d_0为地面最远距离。由于在实际工作中总是满足$R \gg H_1$、H_2，视线距离可根据下式近似计算：

$$d_{los} \approx d = d_1 + d_2 \approx \sqrt{2R}\left(\sqrt{H_1} + \sqrt{H_2}\right) \tag{3-47}$$

将地球半径代入式(3-47)并且天线高度均以米为单位时，

$$d_{los} \approx 3.57\left(\sqrt{H_1(\mathrm{m})} + \sqrt{H_2(\mathrm{m})}\right) \quad (\mathrm{km}) \tag{3-48}$$

在标准大气折射时，视线距离将增加到：

$$d_{los} \approx 4.12\left(\sqrt{H_1(\mathrm{m})} + \sqrt{H_2(\mathrm{m})}\right) \quad (\mathrm{km}) \tag{3-49}$$

收、发天线架高相同时的视线距离与天线架高关系如图3-17所示。可见，天线架高增大到一定程度，对视线距离的提高作用减缓。

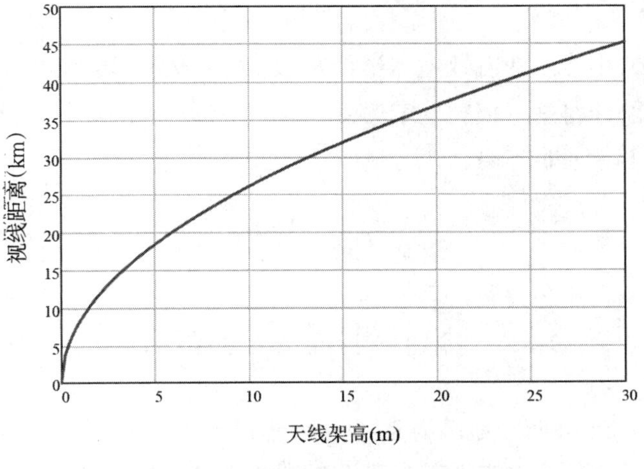

图3-17　视线距离与天线架高关系

当传播距离超出视距d_{los}时，不用计算电波传播余隙的影响，直接按上述基本步骤进行绕射损耗的计算。

2）最小传播余隙

当收发距离在视线距离之内时，即电波可从发射天线直达接收天线时，需考虑传播路径与球面地的最小间隔，即最小传播余隙H_{min}（图3-18）与所要求的最小无损耗间距，即必要余隙H_{req}后进行绕射损耗计算。H_{min}、H_{req}按如下公式计算：

$$H_{min}=\frac{(H_1-\frac{d_1^{\ 2}}{2R_e})d_2+(H_2-\frac{d_2^{\ 2}}{2R_e})d_1}{d} \tag{3-50}$$

$$H_{req}=0.552\sqrt{\frac{d_1d_2\lambda}{d}} \tag{3-51}$$

式中，R_e为有效地球半径，d为地表距离，d_1、d_2按前述公式（3-47）进行计算。

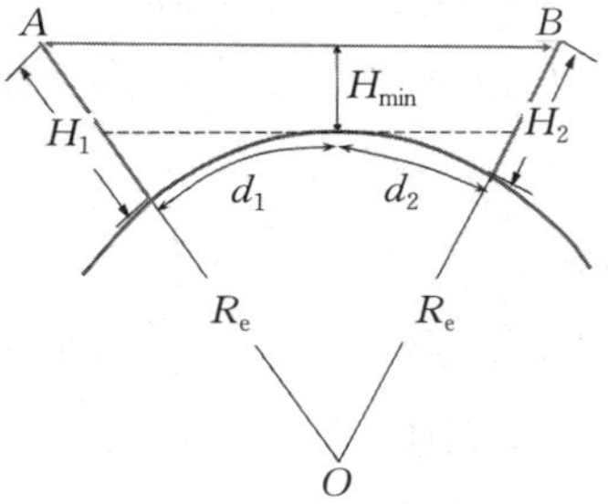

图3-18　电波传播余隙

$H_{min}\geqslant H_{req}$时，不用考虑绕射损耗，即绕射损耗为0dB。

当$H_{min}<H_{req}$时，则需将有效地球半径R_e修改为R_{em}进行损耗计算：

$$R_{em}=0.5(\frac{d}{\sqrt{H_1}+\sqrt{H_2}})^2 \tag{3-52}$$

利用后续方法，用修改的有效地球半径R_{em}取代有效地球半径R_e的路径按前述基本步骤计算绕射损耗，并将这一损耗确定为A_{Hmin}。如A_{Hmin}为正，路径的绕射衰耗因子则为0dB。否则内插计算衰耗因子A：

$$A=(1-\frac{H_{min}}{H_{req}})A_{Hmin}\quad (dB) \tag{3-53}$$

第二节　对流层传播环境

在离地面10～12km（两极地区为8～10km，赤道地区达15～18km）的空间里，大气是相互对流的，称为对流层。由于地面吸收太阳辐射能量，转化为热能而向上传输，引起强烈的对流。对流层空气的温度是下面高上面低，顶部气温约为−50℃。对流层集中了约3/4的全部大气质量和90%以上的水汽，几乎所有的气象现象如下雨、下雪、打雷闪电、云、雾等都发生在对流层内，这些复杂的气象变化对电波传播影响特别大。

一、对流层电磁特性

研究对流层对电波传播的作用，首先需要分析对流层的电磁特性参数，其中最能用于描述电磁波传播的物理参数就是折射指数n，或介电常数ε或者相对介电常数ε_r。对流层大气及其中沉降粒子中电磁波的传输、散射特性主要与传输介质的复折射指数或复介电常数有关，其虚部主要引起能量损失，实部主要引起色散和传输延迟效应。

对流层可描述为随机连续介质。随机介质的特性由介电常数，是时间和位置的随机函数，可表示为

$$\varepsilon(\mathrm{r},t)=\langle\varepsilon(\mathrm{r},t)\rangle[1+\varepsilon_1(\mathrm{r},t)] \tag{3-54}$$

式中，$\langle\varepsilon(\mathrm{r},t)\rangle$表示平均值，$\varepsilon_1(\mathrm{r},t)$是均值为零的随机起伏量。

用折射指数(refractive index)n表示传播介质对无线电波的折射程度[①]：

$$n(\mathrm{r},t)=\sqrt{\varepsilon(\mathrm{r},t)/\varepsilon_0}=\sqrt{\varepsilon_r(\mathrm{r},t)} \tag{3-55}$$

如果介质是平稳的，折射指数就只是位置的函数，不是时间的函数。大量的实验证实大气折射指数与大气压强、大气的绝对温度、大气的水汽压强等参数有关。假定大气沿水平方向是均匀的，温度、湿度、压力只随高度而变化，通常气压及水汽压随高度的增加下降很快，而温度则下降得较为缓慢，所以折射指数将随高度的增加而减小，因此当电波射线斜向空中辐射时，传播方向会向地面方向弯曲。

实际上，大气折射指数n只比1稍稍大一点，例如临近地面的一个典型值是$n=1.0003$。于是工程上又引入另一个物理量N——折射率(refractivity)，其定义为

$$N=(n-1)\times10^6 \tag{3-56}$$

对于无线电波，大气折射率依赖于大气压P(hPa)、温度T(K)和水汽压e(hPa)，其关系为

$$N=\frac{77.6P}{T}+\frac{3.73\times10^5 e}{T^2} \tag{3-57}$$

由于P、T、e均是时间和空间的函数，因而折射率N也是时间和空间的函数，更为关心的是在某一高度范围内折射率N随高度的变化梯度。

对于整个对流层，折射率与高度关系可以近似地表示为

$$N(h)=N_s\exp(-h/h_s) \tag{3-58}$$

式中，N_s为临近地面折射率，h_s为大气折射指数标高(折射率减小为原来$1/e$时的高度

---

①本书中折射指数n和折射率N的定义引自国际电联建议书《有关非电离介质传播的术语定义》(ITU-R P310)和中国电波传播研究所研究员谢益溪所著《无线电电波传播与应用》，国内部分文献定义n为折射率，N为折射指数。

值）。地区不同，邻近地面的折射率也不同。表3-3给出了我国具有代表性的8个地区的地面折射率年平均值。

表3-3　折射指数数据

地区	N
海南岛	350～380
华南、华东	330～360
四川盆地	320～340
华北	310～330
华东	280～320
云南、贵州	260～320
内蒙古、新疆	260～300
青海、西藏	170～220

工作中常常把具有“平均状态”的大气称为“标准大气”。1925年国际航空委员会规定：当海面上气压P=1013mb，气温T=288K，$dT/dh=-6.5$℃/km，相对湿度为60%，e=10mb，$de/dh=-3.5$mb/km时的大气叫作“标准大气”。在标准大气条件下，折射率与高度关系为

$$N(h)=315\exp(-h/7.36) \tag{3-59}$$

式中，h单位为km。

大气折射率N随高度h变化的梯度为$dN/dh\approx-0.039$/m。

二、大气折射

大气折射是一个重要的电波传播现象。对流层是一个不均匀的介质，无线电波在其中传播时，射线路径不是直线，而是一条曲线或折线。由于对流层的折射率随高度而变，因此电波在对流层中传输时会不断地发生折射，从而导致轨迹弯曲，形成被称为大气折射的物理现象。

（一）大气折射类型

设想把对流层分成无数个极薄的与地球同心的球层，由于不同高度处的大气折射率不同，因而射线在不同层之间传播时，射线会发生弯曲，如图3-19所示。对于大多数情况而言，射线的曲率半径为

$$\rho \approx -\frac{1}{\mathrm{d}n/\mathrm{d}h} \tag{3-60}$$

根据射线弯曲的情况可以将大气折射分为3类：

(1) 电波射线向远离地面的方向上翘，此时$\rho<0$，称为负折射；

(2) 电波射线不发生弯曲，意味着对流层大气为均匀大气，电波射线轨迹为直线，此时$\rho=\infty$，称为零折射；

(3) 电波射线向地面方向弯曲，此时$\rho>0$称为正折射。

以上3种折射情况中，负折射和零折射实际上很少发生，通常情况下都是射线向地面弯曲的正折射。正折射中又存在3种特殊情况：标准大气折射，此时大气的折射指数随高度增加均匀减小，$\mathrm{d}n/\mathrm{d}h=-4\times10^{-8}1/\mathrm{m}$，射线的曲率半径$\rho=2.5\times10^{7}\mathrm{m}$；临界折射，$\mathrm{d}n/\mathrm{d}h=-15.7\times10^{-8}1/\mathrm{m}$，此时射线的曲率半径刚好等于地球的半径$\rho=6.37\times10^{6}\mathrm{m}$，水平发射的电波射线将与地球同步弯曲，形成一种临界状态；超折射，此时大气的折射能力特别强，$\mathrm{d}n/\mathrm{d}h<-15.7\times10^{-8}1/\mathrm{m}$射线的曲率半径小于地球半径，电波靠大气折射与地面反射向前传播，构成所谓的大气波导。临界折射和超折射可使电波传播距离远远超过视距，特别是海上的大气波导，这也是有时能收到远地的超短波信号的主要原因。

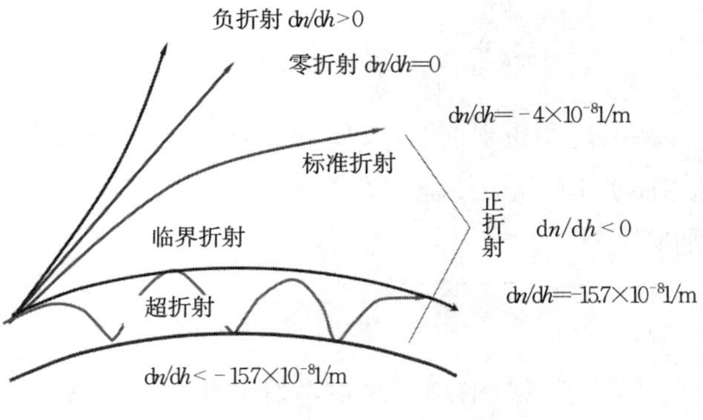

图3-19 折射类型

(二) 有效地球半径

当考虑到对流层的不均匀性后，电波的轨迹为曲线。然而，电波传播有关计算公式均是在假设电波轨迹为直线的前提下推导的。为了修正电波轨迹的变化带来的影响，直接应用相应的公式，仍然假定电波按直线传播，只不过不是位于实际地球上空，而是位于等效地球上空。为了保证二者的等效性，必须保持等效地球上直射线上的任一点到等效地面的距离，与实际地球上弯曲射线上的同一点到真实地面的距离相等(图3-20)。从几何学可知，如果两组曲线的曲率之差相等，则这两组曲线之间的距离也相等。

(a)实际地球上的电波射线　　(b)等效地球上的电波射线

图3-20　有效地球半径示意图

由图3-20所示，

$$\frac{1}{R}-\frac{1}{\rho}=\frac{1}{R_e}-\frac{1}{\infty} \tag{3-61}$$

式中，ρ、ρ_e分别为实际射线曲率和等效射线（直线）曲率，R、R_e为实际地球半径和有效地球半径。

$$R_e=\frac{R}{1+R\frac{\mathrm{d}n}{\mathrm{d}h}} \tag{3-62}$$

定义有效地球半径因子K为

$$K=\frac{R_e}{R}=\frac{1}{1+R\frac{\mathrm{d}n}{\mathrm{d}h}} \tag{3-63}$$

正折射时，通常$K>1$，其中在标准大气条件时$K=\frac{4}{3}$，临界折射时$K=\infty$，但超折射时$K<0$；零折射时，$K=1$；负折射时，$0<K<1$。在考虑对流层折射时，利用有效地球半径的概念，将电波在均匀大气中传输的有关公式中的地球半径R修正为有效地球半径R_e，会使得计算更加简便有效。

三、大气吸收

一方面对流层大气中的云、雾、雨等小水滴会对电波产生热吸收作用，以及水分子、氧分子会对电波产生谐振吸收作用，而引起无线电波场强和能量的衰减；另一方面，大气中云、雾、雨等小水滴对电波的散射，会导致对原方向传播的电波衰减。

（一）气体衰减

当电磁波在大气中传播时，大气气体的分子吸收电磁波光子的能量，实现了分子内能能级的向上跃迁，而电磁波则损失了光子及其能量。相反，当气体分子的内能从高能级跃迁到低能级时，气体会向外辐射电磁波。所以，大气气体的吸收和辐射是其能量交换的两个相反过程。对于1000GHz以下频率的电磁波，大气衰耗主要考虑空气中氧气和水汽对电磁波能量的吸收作用。大气吸收作用具有明显的频率选择性，而且氧气和水汽具有不同的频率选择性。国际电联ITU-R P.676-13建议书中列出了主要的44条氧气吸收谱线(表3-4)和35条水汽吸收谱线(表3-5)。吸收谱线实际上是个频带,均具有相当的频带宽度,而且谱线的尾翼可以远离谱线的中心频率。

表3-4 氧气衰减率的谱线参数

序号	f_0	a_1	a_2	a_3	a_4	a_5	a_6
1	50.474214	0.975	9.651	6.690	0.0	2.566	6.850
2	50.987745	2.529	8.653	7.170	0.0	2.246	6.800
3	51.503360	6.193	7.709	7.640	0.0	1.947	6.729
4	52.021429	14.320	6.819	8.110	0.0	1.667	6.640
5	52.542418	31.240	5.983	8.580	0.0	1.388	6.526
6	53.066934	64.290	5.201	9.060	0.0	1.349	6.206
7	53.595775	124.600	4.474	9.550	0.0	2.227	5.085
8	54.130025	227.300	3.800	9.960	0.0	3.170	3.750
9	54.671180	389.700	3.182	10.370	0.0	3.558	2.654
10	55.221384	627.100	2.618	10.890	0.0	2.560	2.952
11	55.783815	945.300	2.109	11.340	0.0	−1.172	6.135
12	56.264774	543.400	0.014	17.030	0.0	3.525	−0.978
13	56.363399	1331.800	1.654	11.890	0.0	−2.378	6.547
14	56.968211	1746.600	1.255	12.230	0.0	−3.545	6.451
15	57.612486	2120.100	0.910	12.620	0.0	−5.416	6.056
16	58.323877	2363.700	0.621	12.950	0.0	−1.932	0.436
17	58.446588	1442.100	0.083	14.910	0.0	6.768	−1.273
18	59.164204	2379.900	0.387	13.530	0.0	−6.561	2.309
19	59.590983	2090.700	0.207	14.080	0.0	6.957	−0.776
20	60.306056	2103.400	0.207	14.150	0.0	−6.395	0.699
21	60.434778	2438.000	0.386	13.390	0.0	6.342	−2.825
22	61.150562	2479.500	0.621	12.920	0.0	1.014	−0.584
23	61.800158	2275.900	0.910	12.630	0.0	5.014	−6.619
24	62.411220	1915.400	1.255	12.170	0.0	3.029	−6.759
25	62.486253	1503.000	0.083	15.130	0.0	−4.499	0.844
26	62.997984	1490.200	1.654	11.740	0.0	1.856	−6.675
27	63.568526	1078.000	2.108	11.340	0.0	0.658	−6.139
28	64.127775	728.700	2.617	10.880	0.0	−3.036	−2.895
29	64.678910	461.300	3.181	10.380	0.0	−3.968	−2.590

续表

序号	f_0	a_1	a_2	a_3	a_4	a_5	a_6
30	65.224078	274.000	3.800	9.960	0.0	−3.528	−3.680
31	65.764779	153.000	4.473	9.550	0.0	−2.548	−5.002
32	66.302096	80.400	5.200	9.060	0.0	−1.660	−6.091
33	66.836834	39.800	5.982	8.580	0.0	−1.680	−6.393
34	67.369601	18.560	6.818	8.110	0.0	−1.956	−6.475
35	67.900868	8.172	7.708	7.640	0.0	−2.216	−6.545
36	68.431006	3.397	8.652	7.170	0.0	−2.492	−6.600
37	68.960312	1.334	9.650	6.690	0.0	−2.773	−6.650
38	118.750334	940.300	0.010	16.640	0.0	−0.439	0.079
39	368.498246	67.400	0.048	16.400	0.0	0.000	0.000
40	424.763020	637.700	0.044	16.400	0.0	0.000	0.000
41	487.249273	237.400	0.049	16.000	0.0	0.000	0.000
42	715.392902	98.100	0.145	16.000	0.0	0.000	0.000
43	773.839490	572.300	0.141	16.200	0.0	0.000	0.000
44	834.145546	183.100	0.145	14.700	0.0	0.000	0.000

表3-5　水汽衰减率的谱线参数

序号	f_0	b_1	b_2	b_3	b_4	b_5	b_6
1	22.235080	0.1079	2.144	26.38	0.76	5.087	1.00
2	67.803960	0.0011	8.732	28.58	0.69	4.930	0.82
3	119.995940	0.0007	8.353	29.48	0.70	4.780	0.79
4	183.310087	2.273	0.668	29.06	0.77	5.022	0.85
5	321.225630	0.0470	6.179	24.04	0.67	4.398	0.54
6	325.152888	1.514	1.541	28.23	0.64	4.893	0.74
7	336.227764	0.0010	9.825	26.93	0.69	4.740	0.61
8	380.197353	11.67	1.048	28.11	0.54	5.063	0.89
9	390.134508	0.0045	7.347	21.52	0.63	4.810	0.55
10	437.346667	0.0632	5.048	18.45	0.60	4.230	0.48
11	439.150807	0.9098	3.595	20.07	0.63	4.483	0.52
12	443.018343	0.1920	5.048	15.55	0.60	5.083	0.50
13	448.001085	10.41	1.405	25.64	0.66	5.028	0.67
14	470.888999	0.3254	3.597	21.34	0.66	4.506	0.65

续表

序号	f_0	b_1	b_2	b_3	b_4	b_5	b_6
15	474.689092	1.260	2.379	23.20	0.65	4.804	0.64
16	488.490108	0.2529	2.852	25.86	0.69	5.201	0.72
17	503.568532	0.0372	6.731	16.12	0.61	3.980	0.43
18	504.482692	0.0124	6.731	16.12	0.61	4.010	0.45
19	547.676440	0.9785	0.158	26.00	0.70	4.500	1.00
20	552.020960	0.1840	0.158	26.00	0.70	4.500	1.00
21	556.935985	497.0	0.159	30.86	0.69	4.552	1.00
22	620.700807	5.015	2.391	24.38	0.71	4.856	0.68
23	645.766085	0.0067	8.633	18.00	0.60	4.000	0.50
24	658.005280	0.2732	7.816	32.10	0.69	4.140	1.00
25	752.033113	243.4	0.396	30.86	0.68	4.352	0.84
26	841.051732	0.0134	8.177	15.90	0.33	5.760	0.45
27	859.965698	0.1325	8.055	30.60	0.68	4.090	0.84
28	899.303175	0.0547	7.914	29.85	0.68	4.530	0.90
29	902.611085	0.0386	8.429	28.65	0.70	5.100	0.95
30	906.205957	0.1836	5.110	24.08	0.70	4.700	0.53
31	916.171582	8.400	1.441	26.73	0.70	5.150	0.78
32	923.112692	0.0079	10.293	29.00	0.70	5.000	0.80
33	970.315022	9.009	1.919	25.50	0.64	4.940	0.67
34	987.926764	134.6	0.257	29.85	0.68	4.550	0.90
35	1780.000000	17506	0.952	196.3	2.00	24.15	5.00

计算整个电波传播路径上的大气衰耗,需要计算电波在大气中每通过单位距离时被衰减的分贝数,即大气对电波的衰减率。然后沿传播路径对衰减率进行积分便可得到该电路上大气衰减的总效果。在工程实践中,可以采用ITU-R P.676-13建议书《无线电波在大气气体中的衰减和相关效应》中大气气体衰减模型快速近似计算。该方法是基于逐线计算的曲线拟合,拟合参数可由表3-5和表3-6中数据确定。根据这些参数,结合气压、水汽密度、温度等大气条件,可分别计算出氧气吸收和水汽吸收的各谱线强度、谱线宽度和任一频率点的形状因子,拟合成衰减率与频率的关系式,可由其得出任一频率处的衰减率。计算过程如下。

设p为气压(单位hPa),ρ为水汽密度(单位g/m^3),T为温度(单位K),则有水汽分压:

$$e=\frac{\rho T}{216.7} \tag{3-64}$$

温度因子：

$$\theta=\frac{300}{T} \tag{3-65}$$

1. 计算谱线强度

$$S_i=\begin{cases}a_1\times 10^{-7}p\times\theta^3\exp[a_2(1-\theta)], 对于氧气\\ b_1\times 10^{-1}e\times\theta^{3.5}\exp[b_2(1-\theta)], 对于水汽\end{cases} \tag{3-66}$$

2. 计算谱线宽度

$$\Delta f_i=\begin{cases}a_3\times 10^{-4}(p\times\theta^{0.8-a_4}+1.1e\times\theta), 对于氧气\\ b_3\times 10^{-4}(p\times\theta^{b_4}+b_5e\times\theta^{b_6}), 对于水汽\end{cases}$$

由于各谱线$a_4=0$，即

$$\Delta f_i=\begin{cases}a_3\times 10^{-4}(p\times\theta^{0.8}+1.1e\times\theta), 对于氧气\\ b_3\times 10^{-4}(p\times\theta^{b_4}+b_5e\times\theta^{b_6}), 对于水汽\end{cases} \tag{3-67}$$

标准大气条件下的氧气吸收和水汽吸收谱线宽度分别如图3-21和图3-22所示。

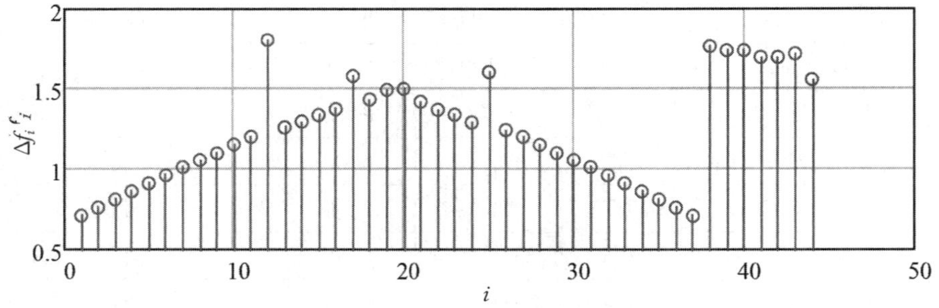

图3-21　氧气吸收谱线宽度

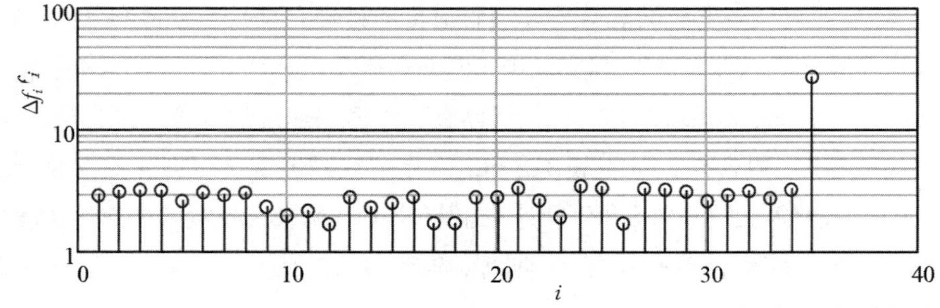

图3-22　水汽吸收谱线宽度

考虑氧气谱线的塞曼分裂和水汽谱线的多普勒展宽，谱线宽度修正为

$$\Delta f_i=\begin{cases}\sqrt{\Delta f_i^{\,2}+2.25\times 10^{-6}}\text{，对于氧气}\\ 0.535\Delta f_i+\sqrt{0.217\Delta f_i^{\,2}+\dfrac{2.1316\times 10^{-12}f_i^2}{\theta}}\text{，对于水汽}\end{cases} \tag{3-68}$$

通常大气条件下，对于氧气吸收，满足$\Delta f_i^{\,2}\gg 2.25\times 10^{-6}$；对于水汽吸收，满足$0.217\Delta f_i^{\,2}\gg\dfrac{2.1316\times 10^{-12}f_i^2}{\theta}$，则谱线宽度修正可不予考虑。

3. 计算形状因子

形状因子反映了各条吸收谱线对频率为f(单位GHz)的谱线的影响程度，按如下公式计算：

$$F_i(f)=\frac{f}{f_i}\left[\frac{\Delta f_i-\delta\times(f_i-f)}{(f_i-f)^2+\Delta f^2}+\frac{\Delta f_i-\delta\times(f_i+f)}{(f_i+f)^2+\Delta f_i^{\,2}}\right] \tag{3-69}$$

式中，δ是考虑氧气线干扰影响的修正因子：

$$\delta=\begin{cases}(a_5+a_6\theta)\times 10^{-4}(p+e)\theta^{0.8}\text{，对于氧气}\\ 0\text{，对于水汽}\end{cases} \tag{3-70}$$

4. 计算大气吸收衰减率

干空气吸收衰减率γ_{O}(dB/km)为

$$\gamma_{\mathrm{O}}(f)=0.1820\times f\times\left[\sum\nolimits_{i(\mathrm{O})}S_iF_i(f)+N''_{\mathrm{D}}(f)\right] \tag{3-71}$$

式中，$N''_D(f)$考虑干空气连续带来自于10GHz以下的氧气的非共振德拜频谱以及100GHz以上由气压造成的氮衰减：

$$N''_{\mathrm{D}}(f)=f\times p\times\theta^2\left[\frac{6.14\times 10^{-5}}{d\left[1+\left(\dfrac{f}{d}\right)^2\right]}+\frac{1.4\times 10^{-12}p\times\theta^{1.5}}{1+1.9\times 10^{-5}f^{1.5}}\right] \tag{3-72}$$

式中，d是德拜谱的谱宽度参数：

$$d=5.6\times 10^{-4}(p+e)\theta^{0.8} \tag{3-73}$$

水汽吸收衰减率γ_{W}(dB/km)为

$$\gamma_{\mathrm{W}}(f)=0.1820\times f\times\sum\nolimits_{i(\mathrm{W})}S_iF_i(f) \tag{3-74}$$

大气气体的总吸收衰减率

$$\gamma=\gamma_{\mathrm{O}}+\gamma_{\mathrm{W}} \tag{3-75}$$

从水平面到10km高度范围内，在气压为1013hPa、温度为15℃、水汽密度为7.5g/m^{3}的条件下，大气对电波的衰减率γ(dB/km)与频率f(GHz)的关系如图3-23所示。

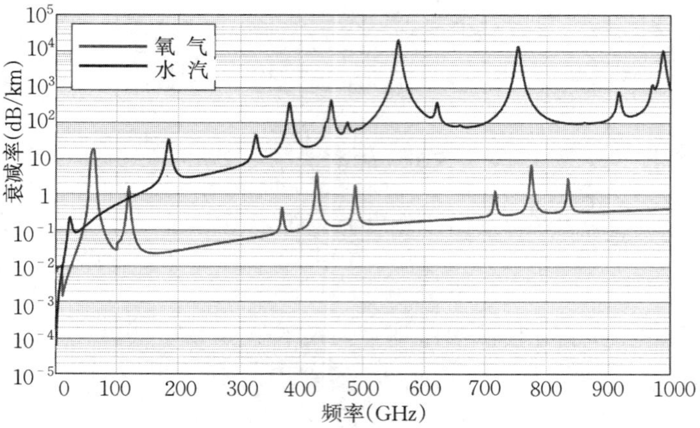

图3-23 典型大气衰减率与频率关系曲线

(二)雨滴衰减

雨滴对电波的散射和吸收使电波衰减,在微波频段,雨对电波的散射与吸收衰减是一个必须考虑的重要传播效应,特别是对于10GHz以上的频率,雨滴衰减非常严重。降雨引起的电波衰减与频率、雨滴的大小、雨的强度和雨区长度等有关,工程上常采用经验公式$\gamma_w = aR^b$(dB/km),其中,R为降雨率,a、b为与频率、电波极化有关的经验系数。对于垂直极化波,系数a、b与频率(GHz)的关系为

$$a = 2.3053 \times 10^{-7} f^{5.8370 - 1.2509\lg f} \tag{3-76a}$$

$$b = 2.2142 - 1.1765\lg f + 0.2239\lg^2 f \tag{3-76b}$$

如图3-24所示,为不同降雨率时衰减率与频率的关系。可见,降雨对1GHz以下频率的影响通常可忽略不计,重点需考虑对10GHz以上频率电波的衰减影响。

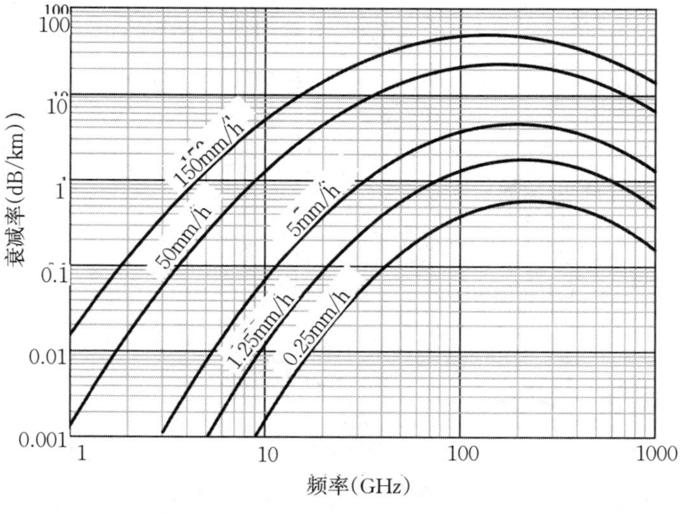

图3-24 降雨衰减率与频率关系曲线

四、大气散射

由于季节、昼夜、气象等因素，对流层中大气持续运动，使得任何一点的气压、温度和湿度以及该点的折射指数，在时间分布上随机起伏变化，在空间分布上形成不均匀的、随机的尺度不一的不均匀体，电磁波照射到这些不均匀体上，就会向四周扩散，这些扩散到四周的无线电波在接收点被接收，这样就完成了散射通信。为了提高散射通信质量，就要求发射天线与接收天线对准同一块不均匀散射体。对流层散射传播是无线电波利用对流层大气中存在的分层结构和形状、尺度不一的大气湍流现象进行数百至上千千米传播的一种超视距传播方式。对流层湍流散射既是一种重要的无线电通信和侦测手段，也是一种潜在的干扰来源。当投射的能量很大且湍流很强时，这种散射会对别的台站产生严重的干扰，是同频无线系统间产生超视距干扰的重要原因。对流层散射可分为湍流散射、中小尺度层结的非相干反射和大尺度渐变层结的相干反射三种，而且这三种机理都可能单独或同时存在，本节以ITU-R P.617建议文件为依据对散射损耗进行分析。

（一）对流层散射损耗

对于无线电波在对流层湍流大气中的散射传播，$q\%$时间不被超过的平均年散射损耗($q>50$)可用如下经验公式表示：

$$L(q)=M+30\lg f+10\lg d+30\lg\theta+L_N+L_c-Y(q)(\mathrm{dB}) \tag{3-77}$$

式中，M是气象气候参数，单位为dB；f是频率，单位为MHz；d是距离，单位为km；θ是散射角，单位为mrad；L_N是与公共散射体积高度相关的损耗，单位为dB；L_c是天线口径与介质耦合损耗，单位为dB；$Y(q)$是q%时间不被超过的变换因子Y，单位为dB。

（二）气象参数和大气结构参数

不同气候区，有不同的气象结构参数M与大气结构参数（也称高度分布指数）γ值，见表3-6。其中，气候区编号1～8分别代表赤道地区、大陆亚热带、近海亚热带、沙漠地区、地中海、大陆温带、海上温带（陆地）、海上温带（水面）、极区。

表3-6 气象参数和大气结构参数

气候区	1	2	3	4	5	6	7a	7b	8
M(dB)	39.60	29.73	19.30	38.50	3 8.50	29.73	33.20	26.00	33.20
γ(1/km)	0.33	0.27	0.32	0.27	0.27	0.27	0.27	0.27	0.27

（三）散射角

散射角，又称电路角距离，是发射方向与接收方向的实际地平线之间的夹角，可由下式计算：

$$\theta = \theta_e + \theta_t + \theta_r \quad (\text{mrad}) \tag{3-78a}$$

$$\theta_e = \frac{1000d}{R_e} \quad (\text{mrad}) \tag{3-78b}$$

式中，θ_t、θ_r分别为发射天线地平角和接收天线地平角（电波与地面的夹角），单位为mrad；d是散射路径长度，单位为km；R_e是有效地球半径，单位为km，标准大气条件下为8500。

（四）公共体积高度因子

与公共散射体积高度相关的损耗表示为

$$L_N = 20\lg(5 + \gamma H) + 4.34\gamma h \quad (\text{dB}) \tag{3-79}$$

式中，H、h分别为公共体积相对于收发端连线和地面的高度：

$$H = \frac{\theta d}{4000} \quad (\text{km}) \tag{3-80a}$$

$$h = \frac{10^{-6}\theta^2 R_e}{8} \quad (\text{km}) \tag{3-80b}$$

（五）时间变换因子

散射损耗q%时间不被超过的时间变换因子，即出现概率为$(100-q)$%的衰落深度：

$$Y(q) = C(q)Y(90) \tag{3-81a}$$

式中，$C(q)$为对数正态分布的逆函数，典型值如表3-7所示。$Y(90)$是90%的时间变换因子（图3-25），确定如下：

$$Y(q) = \begin{cases} -2.2 - (8.1 - 2.3 \times 10^{-4} f)\exp(-0.137h)，气候区2、6、7a、8 \\ -9.5 - 3\exp(-0.137h)，气候区\ 7b \\ 查图，气候区1、3、4 \end{cases} \tag{3-81b}$$

表3-7　气象参数和大气结构参数

q	50	90	99	99.9	99.99
$C(q)$	0	1	1.82	2.41	2.9

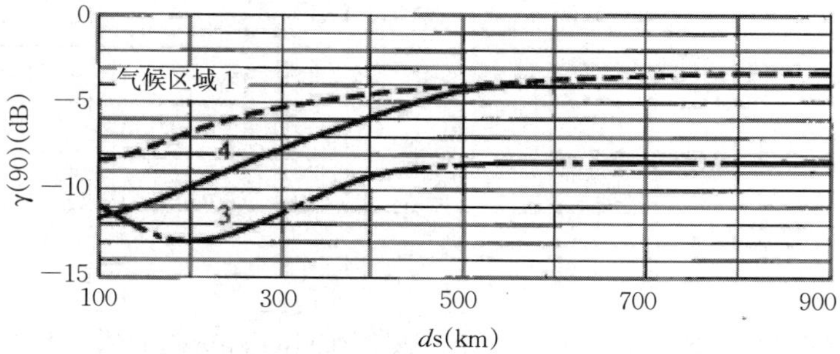

图3-25　90%的时间变换因子

图3-25中，d_s通过下式计算：

$$d_s = \frac{\theta R_e}{1000} \quad (\text{km}) \tag{3-82}$$

（六）天线口面介质耦合损耗

由于散射体内不同区域的散射信号，其幅度和相位都是随机变化的，到达接收天线口面后，相干效应减弱，会导致天线增益的降低：

$$L_C = 0.07e^{0.055(G_t + G_r)} \quad (\text{dB}) \tag{3-83}$$

式中，G_t、G_r分别为发射和接收天线增益。

第三节 电离层传播环境

从平流层以上直到1000千米的区域称为电离层，是由自由电子、正离子、负离子、中性分子和原子等组成的等离子体。使高空大气电离的主要电离源有太阳辐射的紫外线、X射线、高能带电微粒流、为数众多的微流星、其他星球辐射的电磁波以及宇宙射线等。其中最主要的电离源是太阳光中的紫外线。该层虽然只占全部大气质量的2%左右，但因存在大量带电粒子，所以对电波传播有极大影响。

一、电离层电磁特性

由于电离层中空气的密度很大，以致分子、原子、离子之间的平均距离远小于波长，因此可以将电离层等效为具有一定电特性参数ε和σ的媒质来研究。当电波通过电离层时，电离层中的自由电子在电场作用下产生运动，也有是在原来无规则热运动加上有规则的运动，形成传导电流。设v为电子运动速度，e为电子电量，m为电子质量，ν为碰撞频率（表示一个电子在1s内与中性分子的平均碰撞次数），并设碰撞时电子原有动量全部转移给中性分子，则有电离层等效相对介电常数为

$$\varepsilon_r = 1 - \frac{Ne^2}{\varepsilon_0 m(\omega^2 + \nu^2)} \approx 1 - 80.8\frac{N}{f^2} < 1 \tag{3-84}$$

电离层等效电导率为

$$\sigma = \frac{Ne^2\nu}{m(\omega^2 + \nu^2)} \tag{3-85}$$

电离层的等效相对复介电常数为

$$\tilde{\varepsilon}_r = \varepsilon_r + \frac{\sigma}{j\omega\varepsilon_0} \tag{3-86}$$

可见，电离层的介电常数小于真空中的介电常数，即$\varepsilon_r < 1$，且是频率的函数，说明电离层是色散媒质。在电波传播中，把电波等相位面传播的速度称为相速，组成信号的

波群的传播速度称为群速。在不失真的情况下，群速等于能速。在电离层内，相速$\nu_p=c/\sqrt{\varepsilon_r}$大于光速c，群速$\nu_g=c\sqrt{\varepsilon_r}$恒小于光速。在讨论电波在电离层中的传播轨迹时，要用相速来决定，而讨论信号从电离层反射回来的往返时间，就要由群速来决定了。在讨论无线电波在电离层中的传播问题时，为了使问题简化而又能建立起基本概念，可做如下假设：①不考虑地磁场的影响，即电离层是各向同性媒质；②电子密度N随高度h的变化较之沿水平方向的变化大得多，即认为N只是高度的函数；③在各层电子密度最大值附近，$N(h)$分布近似为抛物线状。

二、电离层折射与反射

电离层中空气物质呈电离状态，而且形成了不同电子密度和不同性质的介质层，电磁波由一种均匀各向同性介质中传播到与另一种均匀各向同性介质的分界平面上，就分向两种介质中传播，向第一种介质中传播的是反射波，向第二种介质中传播的是折射波。

（一）电离层折射率

当不考虑地磁场影响时，电离层等效相对介电常数为一标量ε_r，电离层的折射率n为

$$n=\sqrt{\varepsilon_r}=\sqrt{1-80.8\frac{N}{f^2}} \tag{3-87}$$

式中，f为频率(Hz)，N为电子密度($1/m^3$)。

假设电离层是由许多厚度极薄的平行薄片构成，每一薄片内电子密度是均匀的。设空气中电子密度为零，而后由低到高，在N_{max}以下空域，各薄片层的电子密度依次为$0<N_1<N_2<N_3<\cdots<N_n<N_{n+1}$，则相应的折射率为$n_0>n_1>n_2>n_3>\cdots>n_n>n_{n+1}$。

如图3-26当频率为f的无线电波以一定的入射角θ_0由空气射入电离层后，电波在通过每一薄片层时折射一次，当薄片层数目无限增多时，电波的轨迹变成一条光滑的曲线。

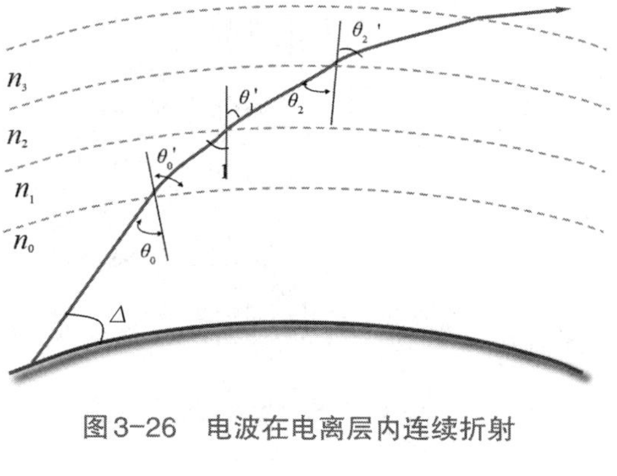

图3-26　电波在电离层内连续折射

（二）临界反射频率

由于随着高度的增加n值逐渐减小，因此电波将连续地沿着折射角大于入射角的轨迹传播。当电波深入到电离层的某一高度h_n时，恰使折射角$\theta_n=90°$，即电波经过折射后其传播方向成了水平的，它的等相位面成为垂直的。这时电波轨迹到达最高点。在等相位面的高处相速大，而在等相位面的低处相速小，这就会形成电波向下弯曲的传播轨迹，继续应用折射定律，射线沿着折射角逐渐减小的轨迹由电离层深处逐渐折回。由于电子密度随高度变化是连续的，所以电波传播的轨迹是一条光滑的曲线。根据折射定理，可得电波从电离层内反射下来的条件是

$$\sin\theta_0=\sqrt{\varepsilon_n}=\sqrt{1-80.8N_n/f^2} \tag{3-88}$$

式中，N_n是反射点的电子密度。式(3-88)表明了电波能从电离层返回地面时，电波频率f、入射角θ_0和反射点的电子密度N_n之间必须满足的关系。由该式可得出如下结论。

(1)电离层反射电波的能力与电波频率有关。在入射角θ_0一定时，电波频率越低，越易反射。因为当频率越低时，所要求的反射点电子密度就越小，因此电波可以在电子密度较小处得到反射。与此相反，频率越高，反射条件要求的N_n越大，电波需要在电离层的较深处才能折回，如图3-27所示。如果频率过高，致使反射条件所要求的N_n大于电离层的最大电子密度N_{max}值，则电波将穿透电离层进入太空而不再返回地面。一般而言，长波可在D层反射下来，在夜晚由于D层消失，长波将在E层反射；中波将在E层反射，但白天D层对电波的吸收较大，故中波仅能夜间由E层反射；短波将在F层反射；而超短波则穿出电离层。

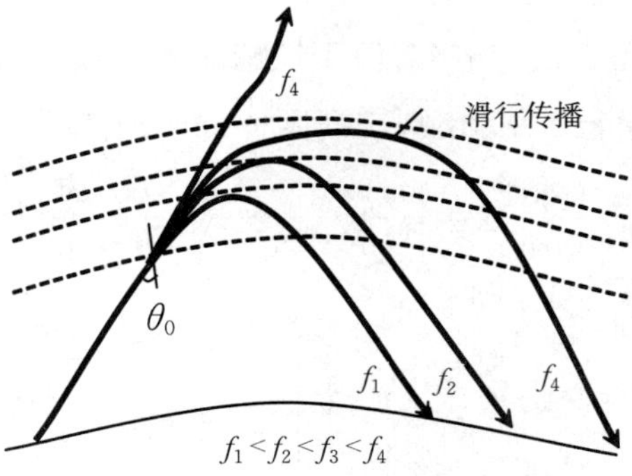

图3-27 不同频率的电波传播轨迹

(2)电波在电离层中的反射情况还与入射角θ_0有关。当电波频率一定时，入射角越大，越易反射。这是因为入射角越大，则相应的折射角也越大，稍经折射电波射线就能满足$\theta_n=90°$的条件，从而使电波从电离层中反射下来，如图3-28所示。

当电波垂直向上发射即$\theta_0=0°$时，能从电离层反射回来的最高频率称为临界频率(critical frequency)，用f_c表示，可得临界频率为

$$f_c = \sqrt{80.8N_{max}} \tag{3-89}$$

对于以某一θ_0斜入射的电波，能从电离层最大电子密度N_{max}处反射回来的最高频率由式(3-88)和式(3-89)可得

$$f_{max} = \sqrt{\frac{80.8N_{max}}{\cos^2\theta_0}} = f_c \sec\theta_0 \tag{3-90}$$

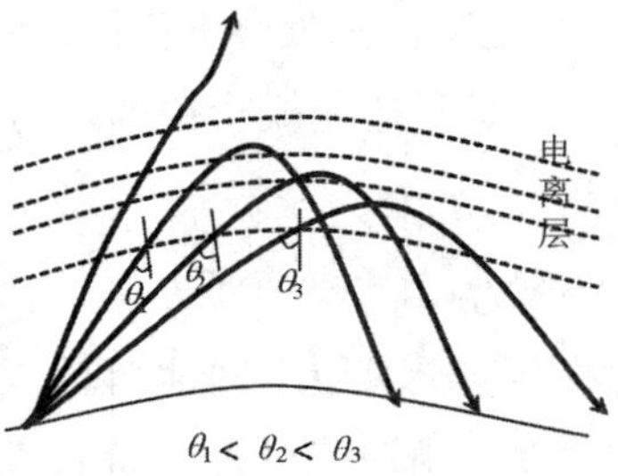

图3-28　不同入射角时电波的轨迹(电波频率相同)

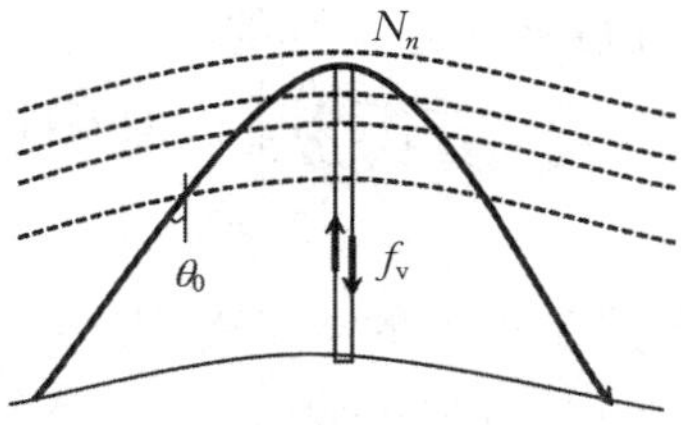

图3-29 正割定律

对于一般的斜入射频率f及在同一N处反射的垂直入射频率f_v之间，也有类似的关系

$$f = f_v \sec\theta_0 \tag{3-91}$$

式(3-91)称为电离层的正割定律，如图3-29所示。它表明当反射点电子密度一定时(f_v一定时)，传播距离越大(即θ_0越大)，允许频率越高。

临界频率是一个重要的物理量，所有频率低于f_c的电波，都能从电离层反射回来。而$f > f_c$的电波，若入射角大于式(3-80)入射角θ_0，或者f小于式(3-80)最高频率f_{max}，则能从电离层反射下来，否则穿出电离层。

通常总是以一定仰角来投射电波，由于地球曲率关系，入射角θ_0与射线仰角Δ的关系见图3-30，设R为地球半径，h为电离层高度，由正弦定律得

$$\frac{\sin\theta_0}{R} = \frac{\sin(90^0 + \Delta)}{R + h} = \frac{\cos\Delta}{R + h} \tag{3-92}$$

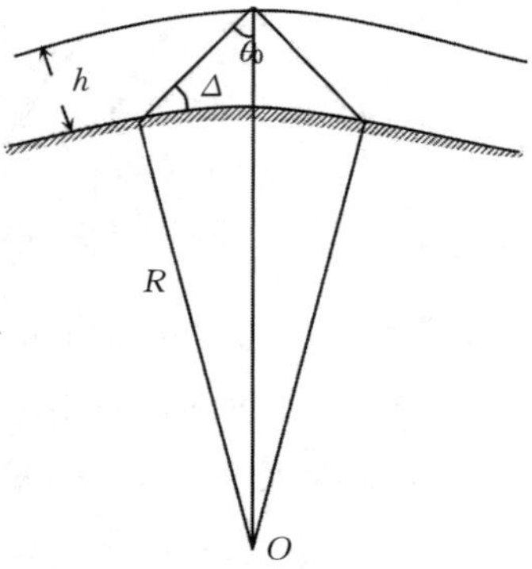

图3-30　入射角θ_0与射线仰角Δ的关系

$$\cos^2\theta_0 \approx \frac{\sin^2\Delta + \dfrac{2h}{R}}{1 + 2h/R} \tag{3-93}$$

在仰角为Δ的条件下，电离层能反射的最高频率为

$$f_{max} = \sqrt{\frac{80.8N_{max}(1 + 2h/R)}{\sin^2\Delta + 2h/R}} \tag{3-94}$$

由于仰角不能小于0，可得最大入射角为

$$\theta_{max} = \arcsin\left(\frac{R}{R+h}\right) \tag{3-95}$$

当频率高于$\dfrac{f_c}{\arccos(\theta_{max})} \approx f_c\sqrt{1+\dfrac{R}{2h}}$后，则在任意入射角都无法反射。

(3)由于电离层的电子密度有明显的日变化规律。白天电子密度大，临界频率高，则允许使用的频率就高；夜间电子密度小，则必须降低频率才能保证天波传播。如表3-8所示为电离层主要参数。

表3-8 电离层主要参数

层的名称	D层	E层	F_1层	F_2层
夏季白天高度(km)	60~90	90~150	170~200	200~450
夏季夜间高度(km)	消失	90~140	消失	150以上
冬季白天高度(km)	60~90	90~150	160~180(经常消失)	170以上
冬季夜间高度(km)	消失	90~140	消失	150以上
白天最大电子密度(个/m^3)	2.5×10^9	2×10^{11}	$(2\times10^{11})\sim(4\times10^{11})$	$(8\times10^{11})\sim(2\times10^{12})$
夜间最大电子密度(个/m^3)	消失	5×10^9	消失	$10^{11}\sim(3\times10^{11})$
电子密度最大值的高度(km)	80	115	180	200~350
碰撞频率(次/s)	$10^6\sim10^8$	$10^5\sim10^6$	10^4	$10\sim10^3$
白天临界频率(MHz)	<0.4	<3.6	<5.6	<12.7
夜间临界频率(MHz)	—	<0.6	—	<5.5
半厚度(km)	10	20~25	50	100~200
中性原子及分子密度(个/m^3)	2×10^{21}	6×10^{18}	10^{16}	10^{14}

三、电离层吸收

在电波未射入电离层之前，电离层中的中性分子和离子与电子一起进行着漫无规律

的热运动。当电波进入电离气体时,自由电子在入射波电场作用下作简谐运动。一般情况下,运动中的电子还将与中性分子等发生碰撞,将它由电波得来的能量转移给中性分子,变成热能损耗,这种损耗叫作媒质的吸收损耗。

(一)电离层吸收的形成

电离层对不同频率的电波呈现出不同的电导率,电导率主要与电离层中粒子碰撞频率有关。在电离层中,碰撞频率主要取决于大气分子热运动速度及气体密度,因而它是随高度而变化的。D层,$v=10^6\sim10^7$次/s;E层,$v=10^5$次/s;F层,$v=10^2\sim10^3$次/s;而在更高的高度上如800km处碰撞频率约为1次/s。当短波在电离层内传播时,D层对短波呈现的电导率最大,E层次之,故电离层的吸收损耗主要由D层引起,有时称D层、E层为吸收层。

当考虑地磁场的影响时,电子不仅受到入射电场的作用,还要受到地磁场的作用,因此,当电子沿入射波电场方向运动时,若电场方向与地磁场方向一致,地磁场对电子运动不产生任何影响。若电场方向与地磁场方向垂直,电子将围绕地磁场的磁力线以磁旋角频率做圆周运动。显然,不同的电波传播方向和不同的极化形式,都会引起不同的电子运动情况,表现出不同的电磁效应。这时电离层就具有各向异性的媒质特性,等效介电常数具有张量的性质。

在电离层中,除了自由电子外还有大量的中性分子和离子的存在,它们都处于不规则的热运动中,当受电场作用的电子与其他粒子相碰撞时,就将从电波得到的动能传递给中性分子或离子,转化为热能,这种现象称为电离层对电波的吸收。电离层吸收可分为偏移吸收(反射吸收)和非偏移吸收(穿透吸收)。

非偏移区是指电离层中折射率n接近1的区域,在这个区域电波射线几乎是直线,故得名非偏移区。例如在短波波段,当电波由F_2层反射时,D、E、F_1层便是非偏移区。在D层、E层和F层下缘,特别是D层,虽然电子密度较低,但存在大量中性分子和离子,碰撞频率v很高,因此电波通过D层时受到的吸收较大,也就是说,D层吸收对非偏移吸收有着决定性的作用。非偏移吸收,可根据电磁场理论进行计算。一般来说,这个吸收比较小,由电离层参数的中值计算结果表明,电离层吸收损耗仅为几个分贝,通常是在10dB以下。

偏移区主要是指接近电波反射点附近的区域,在该区域内射线轨迹弯曲,故称为偏移区,其电离层中折射率n很小,F层或E层反射点附近的吸收就称为偏移吸收(又称反射吸收)。对于短波天波传播,通常在F层反射,该层碰撞频率很低,因此它比非偏移吸收小得多。因此,在工程计算中,通常把该项吸收和其他一些随机因素引起的吸收合在一起进行估算。

(二)电离层吸收损耗

计算非偏移吸收,可根据电磁场理论,已知有耗媒质的ϵ_r和σ,则衰减常数:

$$\alpha=\omega\sqrt{\frac{\mu_0\varepsilon_0}{2}\left[\sqrt{\varepsilon_r^2+(60\lambda\sigma)^2}-\varepsilon_r\right]} \tag{3-96a}$$

对于短波频段，通常满足$\sigma/(\omega\varepsilon_r)\ll 1$，则有

$$\alpha\approx\frac{\sigma}{2}\sqrt{\frac{\mu}{\varepsilon}}=\frac{60\pi\sigma}{\sqrt{\varepsilon_r}}=\frac{60\pi Ne^2 v}{\sqrt{\varepsilon_r}\,m(\omega^2+v^2)} \tag{3-96b}$$

在非偏移区通常有$\varepsilon_r\approx 1$，电波在电离层内传播时衰减因子为

$$A_{\text{iono}}=e^{-\int\alpha dl} \tag{3-97}$$

式中，l为电波在电离层中所经的路径。一般来说，非偏移吸收比较小，由电离层参数的中值计算结果表明，吸收损耗仅为几个分贝，通常是在10dB以下。

偏移区主要是指接近电波反射点附近的区域，在该区域内射线轨迹弯曲，故称为偏移区，其电离层中折射率n很小，F层或E层反射点附近的吸收就称为偏移吸收（又称反射吸收）。对于短波，通常在F层反射，该层碰撞频率很低，因此它比非偏移吸收小得多。因此，在工程计算中，通常把该项吸收和其他一些随机因素引起的吸收合在一起进行估算。

综上所述，电离层对电波的吸收与电波频率、电波入射角及电离层电子密度等有关，其基本规律总结如下。

（1）电离层的碰撞频率越大或者电子密度越大，则电离层对电波的吸收就越大。这是由于总的碰撞机会增多则吸收也就越大。一般而言，夜晚电离层对电波的吸收小于白天的吸收。

（2）电波频率越低，吸收越大。这是由于电波的频率越低，其周期（$T=1/f$）就越长，自由电子受单方向电场力的作用时间越长，运动速度也就越大，走过的路程也更长，与其他粒子碰撞的机会也越大，碰撞时消耗的能量也就越多，因此电离层对电波的吸收就越大。所以短波天波工作时，在能反射回来的前提下，尽量选择较高的工作频率。

四、电离层闪烁

电离层闪烁是指无线电波穿过电离层电子密度不均匀体产生的幅度、相位、极化和到达角的变化。它表现为信号电平的快速起伏，信号的峰-峰起伏可达1～10dB，起伏可持续几分钟甚至几小时，有时可使电波传播中断。

（一）电离层闪烁的形成

电离层闪烁现象由两种类型的电离层不均匀体产生：①尺度与传播路径非涅耳区尺度相近的电子密度不均匀体；②强电子密度梯度的不均匀体，尤其是垂直于传播路径方向的电子密度梯度不均匀体。电离层不均匀体会引起折射率的变化而出现前向散射和衍射，它使得接收机端信号不再稳定，在幅度、相位和到达方向上产生波动。在一定的太阳、地磁和大气条件下，上述两种不均匀体都可能出现，所产生的闪烁效应会严重限制电

波传播能力，对 10MHz～12GHz 频率的电波都可能有影响。一个典型的闪烁事件从当地电离层日落时开始，并能持续 30min～1h。在太阳活动极大值的年份，对于赤道区域的台站，电离层闪烁几乎每天晚上日落后都会发生，4GHz 信号幅度的峰—峰波动将超过 10dB。闪烁对用频台站性能的影响主要取决于信号的调制方式。

（二）闪烁指数

闪烁可以用衰落深度和衰落周期两个参数来表征，通常用闪烁指数 S_4 定量表示闪烁的严重程度，它定义为一定时间间隔内接收功率的标准偏差与平均接收功率之比：

$$S_4^2 = \frac{\langle I^2 \rangle - \langle I \rangle^2}{\langle I \rangle^2} \tag{3-98}$$

式中，I 为信号强度，符号＜•＞ 表示统计平均。

闪烁的衰落周期变化范围非常宽，从不到 0.1s 到几分钟，它取决于不均匀体对于传播路径的运动，在强闪烁情况下它还取决于闪烁强度。吉赫兹频率上电离层闪烁的衰落周期为 1～10s，而且闪烁（闪烁指数趋于 1 时）达几十秒量级的长期衰落分量，在 VHF 和 UHF 频段也有观测记录。闪烁大小与频率、几何位置及太阳活动有关。

通常将闪烁强度分为 3 个等级：弱闪烁、中等强度闪烁和强闪烁。$S_4 < 0.3$ 为弱闪烁，0.3～0.6 为中等强度闪烁，大于 0.6 为强闪烁。对于弱闪烁和中等强度闪烁而言，S_4 与频率 $f^{-\upsilon}$ 的相关性非常好，对于大部分多频观测而言，υ 的取值为 1.5。此外，对弱闪烁而言，幅度呈现对数正态分布。在强闪烁中，已观测到 υ 因子降低，因为多次散射的强烈影响会引起闪烁的饱和。当 S_4 趋近于 1.0，强度呈瑞利分布。有时 S_4 的值可能超过 1 而达到 1.5。当 $0 \leqslant S_4 < 1.0$ 时，根据经验值，S_4 和信号峰-峰波动值 P_{fluc}（dB）的对应转换关系如图 3-31 所示，可用公式近似表示为

$$P_{\text{fluc}} = 27.5 S_4^{1.26} \tag{3-99}$$

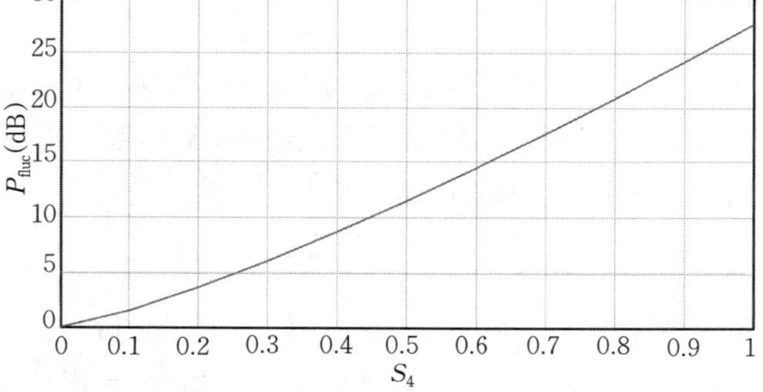

图 3-31　闪烁指数与信号峰-峰波动值关系

相位闪烁呈现零均值的高斯分布。用标准偏差表示相位闪烁（σ_φ）特征。对于弱闪烁和中等强度闪烁类型而言，在赤道区域的大多数观测显示，相位和强度闪烁具有强相

关性；S_4和σ_φ(以弧度表示时)具有相似值。

第四节 电波传播主要方式

电波传播特性同时取决于媒介结构特性和电波特征参量。对于一定频率和极化的电波与特定媒介条件相匹配，将具有某种占优势的传播方式。根据电波从发射源到接收点所经历路径和媒介的不同，电波传播方式可分为自由空间传播、地波传播、天波传播、视距传播、散射传播、大气波导传播等，其中地波传播、天波传播和视距传播是最为常见的传播方式，研究自由空间传播是研究其他几种电波传播方式的基础。

一、自由空间传播

自由空间传播(free space propagation)是指电波的传播介质是自由空间，是最简单、最理想的电波传播方式。自由空间严格来说是指真空，是一种理想情况，实际上来说是不可能达到这种情况的。自由空间通常是指充满均匀、各向同性、无损耗的无限大空间。即该空间具有电导率为零，相对介电常数和相对磁导率均为1等特点。实际工作中，严格的自由空间传播并不存在，但当传播空间中媒质对电波产生的吸收、散射和反射等作用很微弱时，可按自由空间传播进行处理。

(一) 自由空间扩散损耗

虽然自由空间是一种不会吸收电波能量的理想介质，但是随着电波传播距离的增大会导致发射天线辐射的电磁能量分布在更大的球面上，功率密度会不断减小，作用在同样有效面积接收天线上的电磁能量会相应减少而造成能量的扩散损耗。

假设某天线在各个方向上的辐射功率均相同，即方向系数$D=1$，其辐射的是均匀球面波，则天线在球面各点的功率密度为

$$S_{av}=\frac{P_t}{4\pi d^2} \tag{3-100}$$

式中，P_t表示发射天线的辐射功率，d表示距离发射天线的距离，S_{av}表示距离发射天线d处的功率密度。从功率密度的表达式可以看出，随着传播距离r的增加，功率密度与传播距离的平方成反比。

自由空间传播损耗(free space propagation loss)的定义是：当发射天线与接收天线的方向系数都为1时，发射天线的辐射功率P_t与接收天线的最佳接收功率P_L的比值，记为L_0，即

$$L_0=\frac{P_t}{P_L} \tag{3-101}$$

或

$$L_0=10\lg\frac{P_t}{P_L}\quad(\mathrm{dB})\tag{3-102}$$

$D=1$的无方向性接收天线的有效接收面积为

$$A_e=\frac{\lambda^2}{4\pi}\tag{3-103}$$

所以该接收天线的接收功率为

$$P_L=S_{av}A_e=\left(\frac{\lambda}{4\pi d}\right)^2P_t\tag{3-104}$$

于是自由空间传播损耗为

$$L_0(\mathrm{dB})=10\lg\frac{P_t}{P_L}=20\lg\left(\frac{4\pi d}{\lambda}\right)\tag{3-105}$$

或

$$\begin{aligned}L_0(\mathrm{dB})&=32.45+20\lg f(\mathrm{MHz})+20\lg d(\mathrm{km})\\&=121.98+20\lg d(\mathrm{km})-20\lg\lambda(\mathrm{cm})\end{aligned}\tag{3-106}$$

（二）自由空间电波传播场强

由于自由空间损耗的存在，电波场强会随着传播距离d的增加而逐渐减小。根据能流密度与电场强度以及自由空间波阻抗之间的关系，对于方向系数为D的天线，最大辐射方向上的电场强度有效值E与天线辐射功率P_t满足如下关系

$$S=\frac{P_tD}{4\pi d^2}=\frac{E^2}{120\pi}\tag{3-107}$$

因此最大辐射方向的场强有效值为

$$E=\frac{\sqrt{30P_tD}}{d}\tag{3-108}$$

或

$$E=P_t(\mathrm{dBW})+10\lg D-20\lg d(\mathrm{km})+74.77\ (\mathrm{dB\mu V/m})\tag{3-109}$$

（三）自由空间电波传播特性

根据前述自由空间传播过程和结果，自由空间电波传播具有如下特性。

1. 传播损耗小

因为设定自由空间是指充满无损媒质的无限大空间，对电波传播不会产生能量的吸收效应，总的电波能量在自由空间中不会产生任何损耗，只是随着传播距离的增加，由于能量的自然扩散会带来功率密度的减小。因此，相对于其他实际电波传播方式中的单一路径，自由空间电波传播损耗是同等路径长度上最小的(衰减系数最大)。其他传播方式的单一路径损耗都是在自由空间电波传播损耗基础上附加各具特点的损耗模型进行计算的。

2. 传播损耗与工作频率有关

从式(3-94)可见,自由空间传播损耗不仅与传播距离有关,还与频率的平方成正比。当电波频率提高一倍或传播距离增加一倍时,自由空间传播损耗都会增加6dB,如图3-32和图3-33所示。

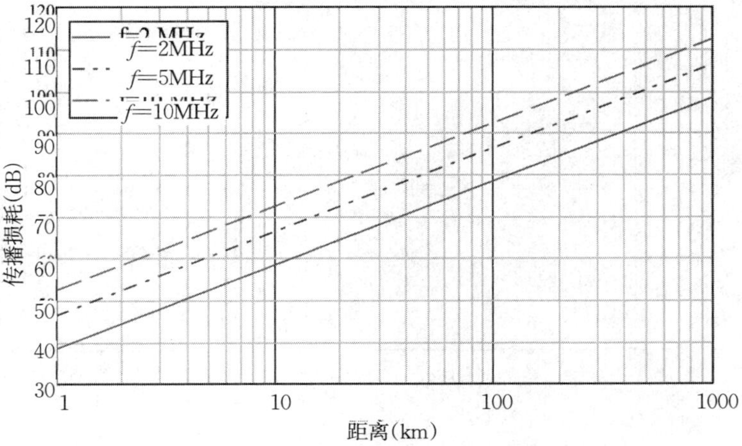

图3-32 自由空间传播损耗与距离的关系

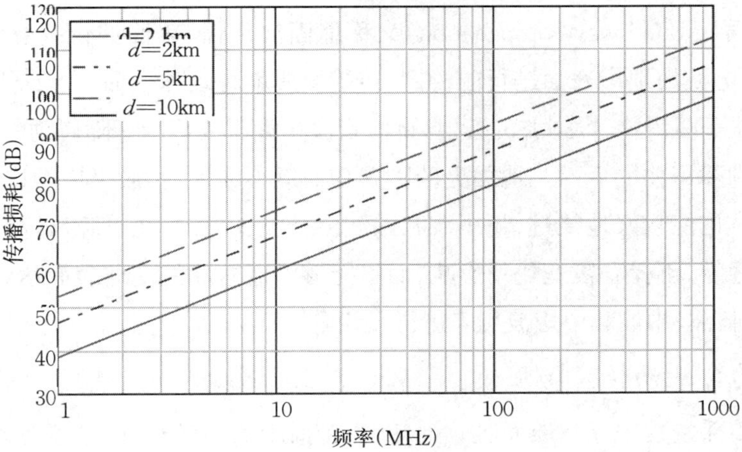

图3-33 自由空间传播损耗与频率的关系

对于波长$\lambda=30\text{m}$(频率$f=10\text{MHz}$),传播距离$d=10\text{km}$而言,$L_0=72.45\text{dB}$,这是一个不小的数据。

3. 接收场强与工作频率无关

由式(3-98)可见,自由空间传播场强随传播距离增加呈对数下降,而与工作频率无关。传播距离每增加一倍场强减小6dB,辐射功率每增加一倍,场强增加3dB。如图3-34所示为自由空间中方向系数为3的天线,辐射功率分别为1kW、3kW、10kW时场强随传播距离的变化情况。

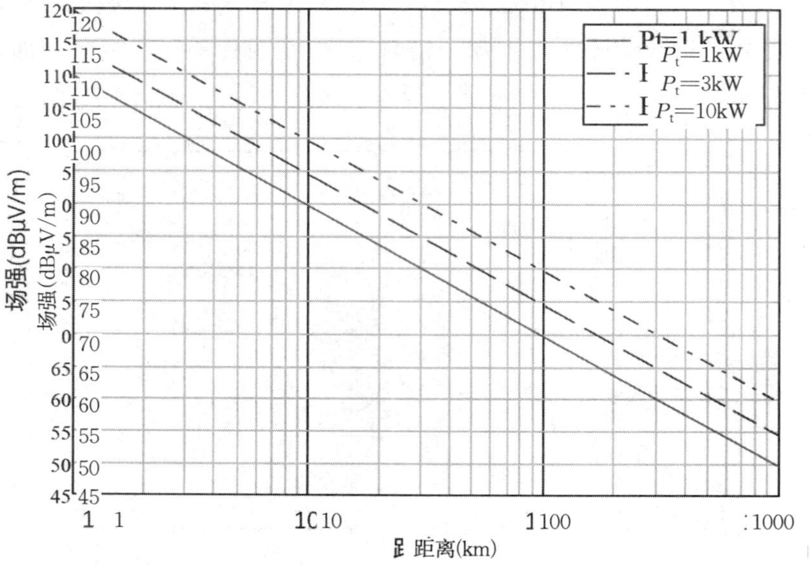

图3-34　自由空间场强与传播距离的关系

二、地波传播

地波传播(ground wave propagation)又称地面波传播、表面波传播、地表面绕射传播，是指无线电波沿地球表面进行的传播，传播媒质就是地球表面。地面上有高低不平的山坡和房屋等障碍物，根据波的衍射特性，当波长大于或相当于障碍物的尺寸时，波才能明显地绕到障碍物的后面。地面上的障碍物一般不太大，长波可以很好地绕过它们。中波和中短波也能较好地绕过，超短波和微波由于波长过短，绕过障碍物较困难。地波的传播比较稳定，不受昼夜变化的影响，而且能够沿着弯曲的地球表面达到地平线以外的地方，所以长波、中波和中短波用来进行无线电广播。

(一) 均匀地面传播场强

地面波传播过程中存在地面吸收损耗，当传播距离较远时，还必须考虑球面地造成的绕射损耗。计算E_{1x}有效值的通用表达式为

$$E_{1x}=\frac{173\sqrt{P_t(\text{kW})D}}{d(\text{km})}A\ (\text{mV/m}) \tag{3-110}$$

式中，A为地面的衰减因子，P_t为辐射功率，D为方向系数，d为传播距离。

1. 平面地传播场强

当电波传播距离较近时，地球曲率的影响较小，可将大地视为平面地来计算场强，平面地衰减因子A按式(3-11)进行计算。

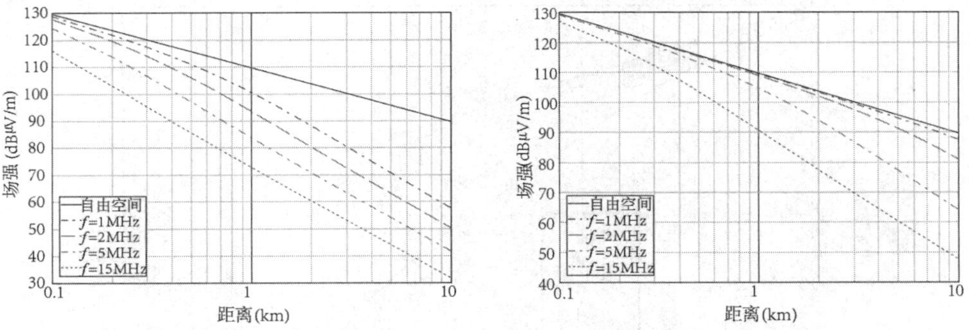

(a)干地表面(ε_r=4，σ=10^{-4})　　(b)湿地表面(ε_r=20，σ=10^{-2})

图3-35　平面地传播场强与距离的关系

图3-35分别表示不同频率在干地(ε_r=4，σ=10^{-4})和湿地(ε_r=20，σ=10^{-2})两类地表上场强与传播距离的关系。由此可见，在近距离上，良导体地表对低端频率电波的吸收作用很小，场强值接近于自由空间的场强值。对于海水表面，在近距离上对短波以下频段可以不考虑地面的吸收作用。

2. 球面地传播场强

当电波传播距离较远，超出平面地场强计算的临界距离*der*时，必须考虑球面地造成的绕射损耗，地面衰减因子*A*的严格计算非常复杂。从工程应用的观点，国际无线电咨询委员会(CCIR)在ITU-RP.368建议书《频率在10kHz和30MHz之间的地波传播曲线》中曾推荐了一组用计算机程序生成的传播曲线①，称为布雷默(Bremmer)计算曲线，用以计算E_{1x}。目前工程应用中可参考利用该建议书提供的计算机程序进行计算，如图3-36～图3-38所示分别为典型的海水、湿地、干地等地表类型时部分频率的地波传播曲线。ITU-R P.368建议书中曲线的使用条件如下。

(1) 假设地面是光滑的，地质是均匀的。

(2) 发射天线低架于地面，使用短于$\lambda/4$的直立天线(其方向系数$D\approx3$)，辐射功率P_t=1kW。

(3) 计算的是E_{1x}的有效值。

图中场强有效值已计入大地的吸收损耗及球面地的绕射损耗。从图中可以看出，传播距离超过一定值之后，场强值急剧衰减，这主要是绕射损耗增大所致。

当$P_t\neq1$kW，$D\neq3$时，则换算关系为

$$E_{1x}=E_{1x查表}\sqrt{P_t(\mathrm{kW})D/3} \tag{3-111}$$

①2022年版本ITU-R P.368-10仅附有低盐度海面和平均盐度海面上的传播示例。典型参数(包括不同天线架高)的地波传播曲线参见ITU-R-HDB-13《地波传播曲线手册》。

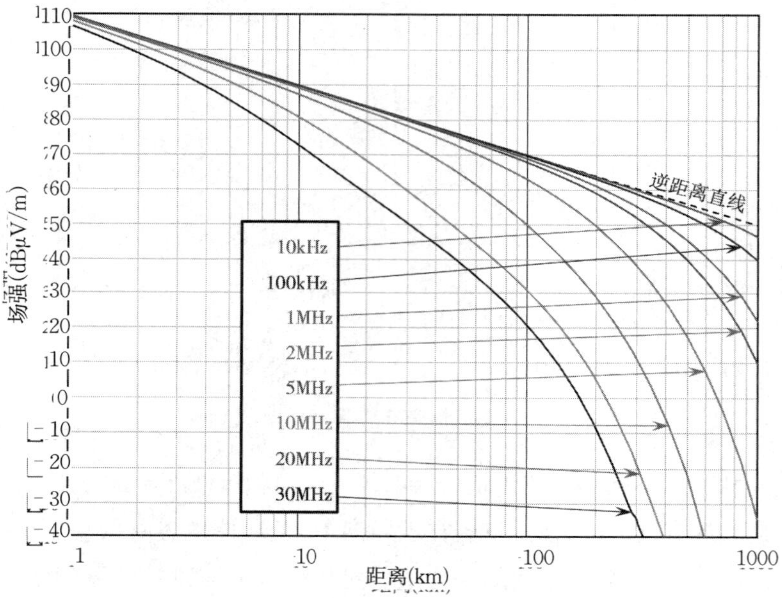

图3-36 地面波传播曲线1(海水,低盐分:σ=1S/m,ε_r=80)

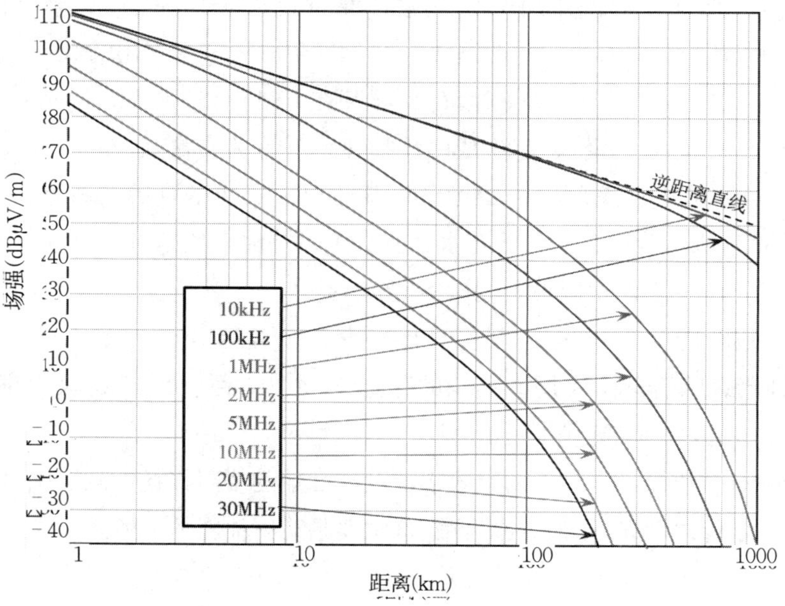

图3-37 地面波传播曲线2(湿地:σ=10^{-2}S/m,ε_r =30)

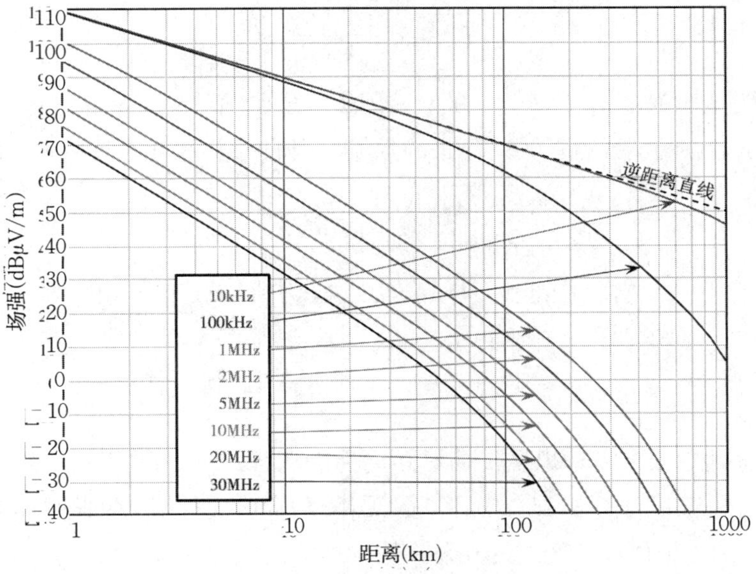

图3-38　地面波传播曲线3(干地：$\sigma=3\times10^{-4}$S/m，$\varepsilon_r=7$)

(二)不均匀地面传播场强

实际上，常常碰到地面波在几种不同性质的地面上传播的问题。例如船与岸上基站的通信，电波传播途径就经历陆地—海洋的突变。因此，必须考虑这种情况下电波传播的特点及场强计算的方法。下面介绍其近似计算方法。

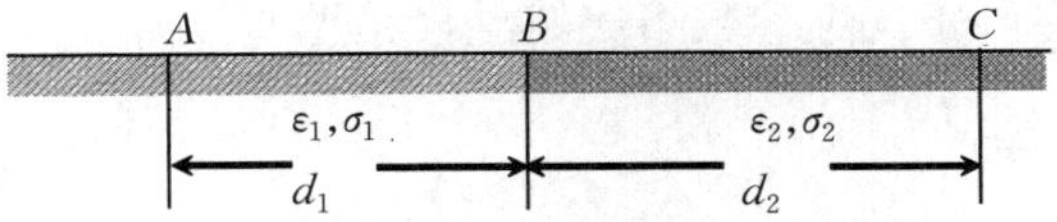

图3-39　不同性质的传播路径示意

如图3-39所示，假设电波在第2段路径遭受到的吸收与第1段的吸收无关，可以分段计算。首先按下式计算B点的场强：

$$E_B=\frac{173\sqrt{P_t(\mathrm{kW})D}}{d_1(\mathrm{km})}A_1(d_1)(\mathrm{mV/m}) \tag{3-112}$$

式中，$A_1(d_1)$是第1种地面上距离为d_1的衰减因子。如果把第1段地面用与第2段性质相同的地面代替，则要在B点保持场强不变，天线辐射功率应由原来的P_t调整到一个新的数值P_t'，其大小由下式确定：

$$\begin{aligned}E_B&=\frac{173\sqrt{P_tD}}{d_1}A_1(d_1)\\&=\frac{173\sqrt{P_t'D}}{d_1}A_2(d_1)\end{aligned} \tag{3-113}$$

$$\therefore P_t' = P_t \left[\frac{A_1(d_1)}{A_2(d_1)} \right]^2 \tag{3-114}$$

式中，$A_2(d_1)$是地质为ε_2、σ_2，距离为d_1的衰减因子。现在，辐射功率P_t'在完全是第2种地质情况下传播至C点的场强就认为是原来的数值。因而可求得图3-36中C点的场强为

$$\begin{aligned} E_C &= \frac{173\sqrt{P_t'(\text{kW})D}}{(d_1+d_2)(\text{km})} A_2(d_1+d_2) \\ &= \frac{173\sqrt{P_t(\text{kW})D}}{(d_1+d_2)(\text{km})} \frac{A_1(d_1)A_2(d_1+d_2)}{A_2(d_1)} \quad (\text{mV/m}) \\ &= E_1(d_1)\frac{E_2(d_1+d_2)}{E_2(d_1)} \end{aligned} \tag{3-115}$$

式中，$E_1(d_1)$是电波在第1种媒质传播d_1距离后的场强，$E_2(d_1)$是以第2种媒质代替第1种媒质传播d_1距离后的场强，$E_2(d_1+d_2)$是以第2种媒质代替第1种媒质传播(d_1+d_2)距离后的场强。因为地面波所经过的几种性质的地面彼此间互有影响，而不能彼此孤立起来予以考虑，所以用以上方法计算出来的结果不满足互易原理，即发射天线在A点时计算出C点的场强E_{AC}与发射天线在C点时计算出A点的场强E_{CA}不等。这是这一方法的假设前提不全面的必然结果。为了补救这一缺点，密林顿(Millington)提出取两者的几何平均作为近似解，即接收点场强为

$$E = \sqrt{E_{AC}E_{CA}} \tag{3-116}$$

用上述方法计算场强虽然不严格，但方法简便，结果符合工程要求，所以应用很广。上述方法可以推广到多种不同电参数组成的混合路径的传播。

（三）地波传播特性

根据地波传播媒介对电波的作用和地波传播场强计算，地波传播具有如下重点特性：

1. 垂直极化波远大于水平极化波的传播距离

地面波的传播损耗与波的极化形式有很大关系，计算表明，电波沿一般地质传播时，水平极化波比垂直极化波的传播损耗要高数十分贝，所以地面波传播采用垂直极化波，天线则多采用直立天线的形式。图3-40所示为采用直立天线(方向系数为3)、工作频率5MHz、功率1kW的电磁波在中等干燥地面($\varepsilon_r = 15, \sigma = 10^{-3}$S/m)上传播时接收场强与距离的关系。可见，同等距离上垂直极化波比水平极化波的场强要高近50dB，或在同等接收场强的要求下，垂直极化波远大于水平极化波的传播距离，如10dBμV/m要求时，水平极化波只能传播8km，而垂直极化波可达近100km。此外，在导电性能良好的地面对垂直极化波的吸收很小，因而在海面或湿地上传播的地面波，其传播距离远大于干燥地面上的。图3-41所示为不同地表条件下垂直极化波的接收场强与距离的关系，可见导电性质好的地表上接收场强较大。

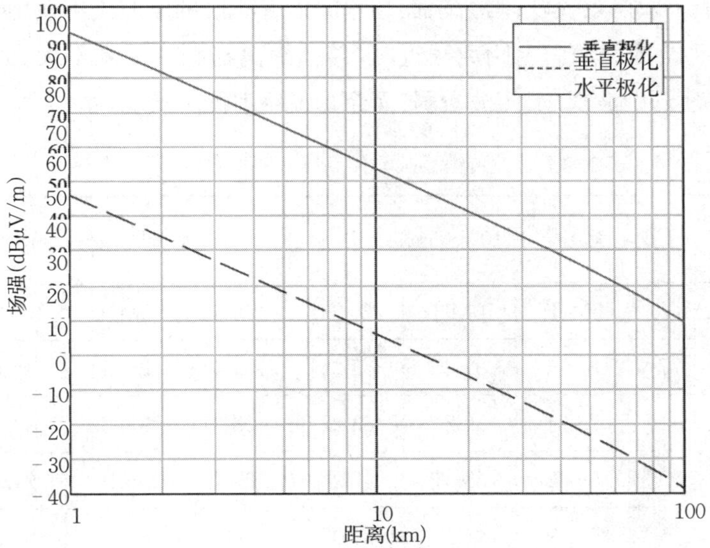

图3-40　不同极化波接收场强与距离关系

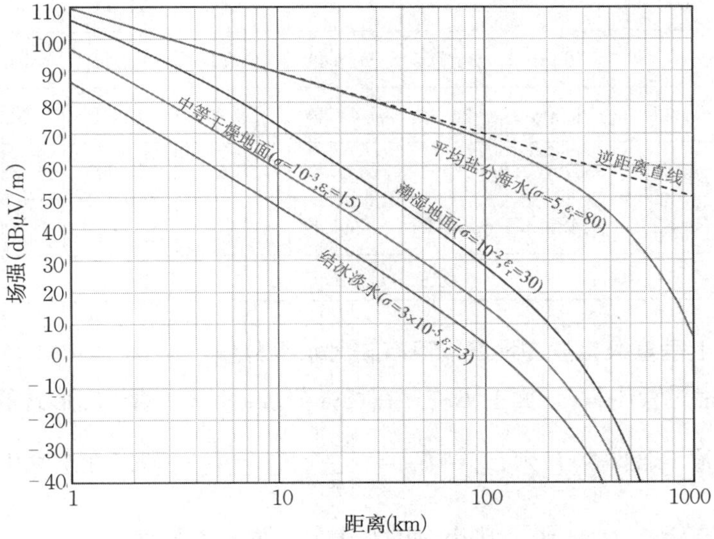

图3-41　不同地表条件下的地面波传播曲线(3MHz)

2. 电波频率越低，传播距离越远

地面波沿地表传播时，由于大地是半导电媒质，对电波能量的吸收产生了电场纵向分量E_{1z}，相应地沿$-x$方向传播的功率流密度$S_{1x}=\frac{1}{2}R_e(E_{1z}\times H_{1y}^*)$代表着电波的传输损耗，而且电波的在地表上绕射能力也与频率有关。地面电导率越大，频率越低，地面对电波的吸收越小，同时绕射能力越强，因而传播距离就越远。因此地面波传播方式特别适用于长波、超长波波段，其次是短波，而超短波以上频段的电波则不适用于地波传播。

但在导电性能良好地面上距离很近时，传播距离与频率关系不大，如表3-9所示。长波绕射能力最强，中波次之，短波较弱，而超短波绕射能力最弱。

表3-9　地波传播场强与频率、地表类型关系示例表

地表类型与频率 距离(km)	干燥地面：$\sigma=3\times10^{-4}$S/m，$\varepsilon_r=7$				海水，低盐分：$\sigma=1$S/m，$\varepsilon_r=80$			
	2MHz	5MHz	10MHz	20MHz	2MHz	5MHz	10MHz	20MHz
1	94.77	87.16	81.25	75.26	109.47	109.41	109.18	108.30
2	83.61	75.34	69.26	63.23	103.44	103.32	102.91	101.31
5	67.89	59.42	53.31	47.24	95.44	95.16	94.22	90.64
10	55.75	47.29	41.15	35.03	89.34	88.81	87.02	80.54
20	43.51	35.01	28.76	22.49	83.15	82.12	78.71	67.70
50	26.94	18.03	11.29	4.33	74.63	72.11	64.41	47.90
100	13.09	3.13	−4.79	−13.44	67.36	62.44	49.26	30.54
200	−4.15	−17.06	−28.24	−41.34	58.24	48.81	28.24	4.58
500	−43.34	−67.70	−90.64	−118.80	38.44	16.11	−23.87	−66.71
1000	−104.24	−148.46	−191.19	−244.42	9.46	−34.24	−106.99	−182.05
场强单位：dBμV/m								

3. 地表以上垂直极化波在地表以下有较大水平分量

地波在传播过程中，在地面上下均存在场强分量，可以采用相应形式的天线，有效地接收各场强分量。若$|\tilde{\varepsilon}_r|\gg1$，则$E_{1z}=E_{2z}=\dfrac{E_{1x}}{\sqrt{\tilde{\varepsilon}_r}}$，$E_{2x}=\dfrac{E_{2z}}{\sqrt{\tilde{\varepsilon}_r}}$，所以在空气中，电场的垂直分量远大于水平分量，在地面下，则电场的水平分量远大于其垂直分量。因此，地面上接收时，宜采用直立天线，接收天线附近地质宜选用湿地。若受条件限制，也可采用低架或水平铺地天线接收，并且接收天线附近地质宜选用ε_r和σ较小的干地。还可采用水平埋地天线接收，由于地下波传播随着深度的增加，场强按指数规律衰减，因此，天线的埋地深度不宜过大，浅埋为好，附近地质宜选用干地。

4. 地表特性不一致时，存在“起飞-着陆”效应

地面波传播路径各段地质对电波传播的作用影响程度不同，即邻近发射天线和接收天线附近的地质产生的影响大于路径中段地质的影响，在实际工作中需要根据地质情况

合理选择发射、接收天线地址。

根据不均匀平面地传播场强计算过程，对电波在不同性质地面上的传播进行计算，所得结果对于合理选择收发两点的地质情况具有重要意义。例如，在图3-42所示的条件下，地面波从A点出发，经混合路径到达B点，可算出衰减因子如图3-43所示。由图3-43可见，虽然总的路径是相等的，但“海洋—干地陆—海洋”的路径损耗小于“干地陆—海洋—干地陆”的路径损耗。这说明地面波路径的各段起的作用不相同，邻近发射天线和接收天线的地区，对地面波的吸收起决定性的作用，而路径中段的地质情况对整个路径衰减的影响不如两端大。因此可以把地面波的传播过程和飞机的飞行相比拟，好像电波是从发射天线地区起飞，在离开地表面一定高度上向接收天线方向飞行，然后在到达接收天线的区域降落。只有在起飞和降落时，地面对飞机才起作用。这种现象称为地面波的“起飞—着陆”效应，图3-44所示为地面波传播时的想象图像。所以在实际工作中适当选择发射、接收天线附近的地质是很重要的。

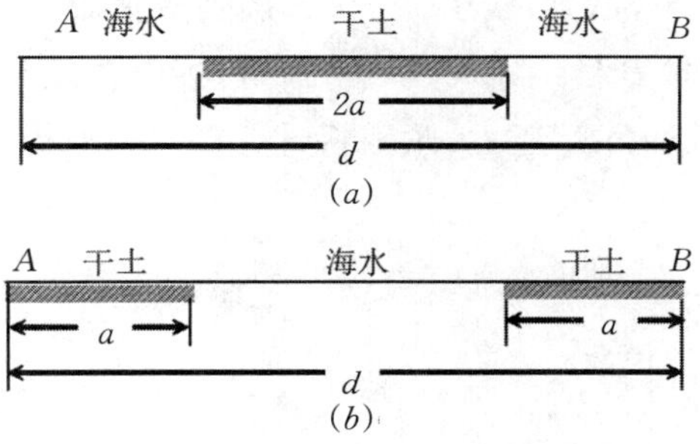

图3-42 三段不同性质地面传播示意图

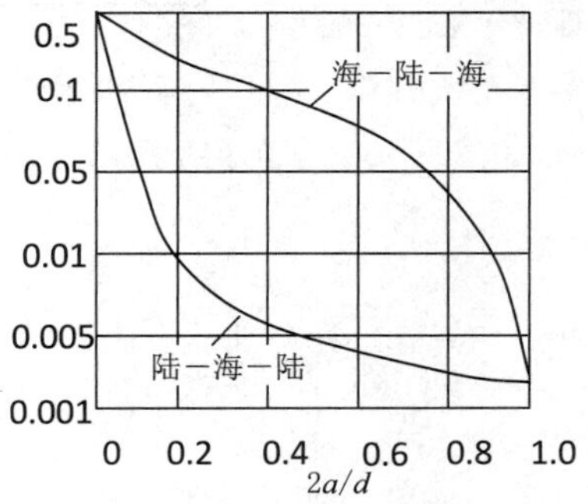

图3-43 三段不同性质地面传播的衰减因子

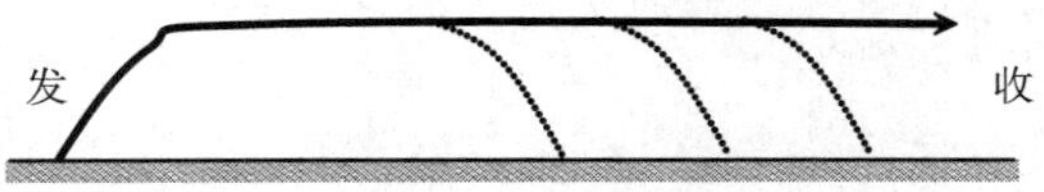

图3-44 地面波传播的“起飞—着陆”效应

5. 存在波前倾斜现象

由于地面的吸收损耗会发生电场向传播方向倾斜的现象，称为波前倾斜。波前倾斜现象可作如下解释。

设有一直立天线沿垂直地面的x轴放置，辐射垂直极化波，电波能量沿z轴方向即沿地表面传播，其辐射电磁场为E_{1x}和H_{1y}，如图3-45(a)所示。当某一瞬间E_{1x}位于A点时，在地面上必然会感应出电荷。当波向前传播时，便产生了沿z方向的感应电流，由于大地是半导电媒质，有一定的地电阻，故在z方向产生电压降，也即在z方向产生新的水平分量E_{2z}。根据边界电场切向分量连续，即存在E_{1z}，这样靠近地面的合成场E_1就向传播方向倾斜。

从能量的角度看，由于地面是半导电媒质，电波沿地面传播时产生衰减，这就意味着有一部分电磁能量由空气层进入大地内。坡印廷矢量$\boldsymbol{S}_1=\frac{1}{2}R_e(\boldsymbol{E}_1\times\boldsymbol{H}_1^*)$的方向不再平行于地面而发生倾斜，如图3-45(b)所示，出现了垂直于地面向地下传播的功率流密度S_{1x}，这一部分电磁能量被大地所吸收。由于紧贴地面大气一侧的电场横向分量E_{1x}远大于纵向分量E_{1z}，且相位不等，合成场为一狭长椭圆极化波，如图3-46所示。在短波、超短波段E_{1z}虽较大，但相位差趋于零，所以可近似认为电场是与椭圆长轴方向一致的线极化波。显然，地面吸收越大，S_{1x}越大，倾斜将越严重。只有沿地面传播的S_{1z}分量才是有用的。波前倾斜角为

$$\Psi=\tan^{-1}\sqrt[4]{\varepsilon_r^2+(60\lambda\sigma)^2} \tag{3-117}$$

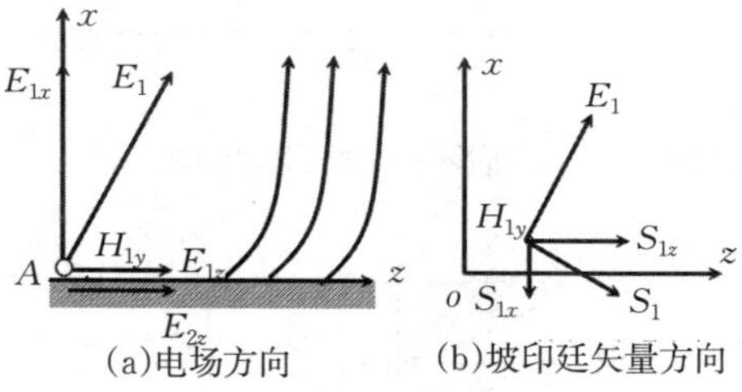

图3-45 波前倾斜现象

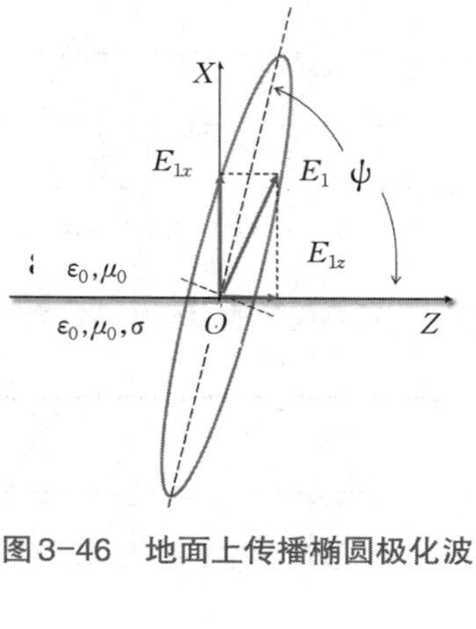

图3-46 地面上传播椭圆极化波

6. 传播较稳定

这是由于大地的电特性、地貌地物等不会随时改变，并且地面波基本上不受气候条件的影响，故地面波传播信号较为稳定。

三、天波传播

天波传播(sky wave propagation)是指电波向天空辐射并经电离层反射回到地面的传播方式，也称电离层传播(ionospheric propagation)，如图3-47所示。天波传播媒介除电离层外，还有大气层和地球表面。天波传播和电离层的关系特别紧密，同时还要受到对流层大气的折射、吸收衰减影响，还可能受地表反射的影响。由于电离层对电波的反射和吸收能力与频率密切相关，太高的频率不易反射，而太低的频率吸收损耗过大，因而频率太高太低都不宜进行天波传播，短波频段是天波传播的最佳频段。

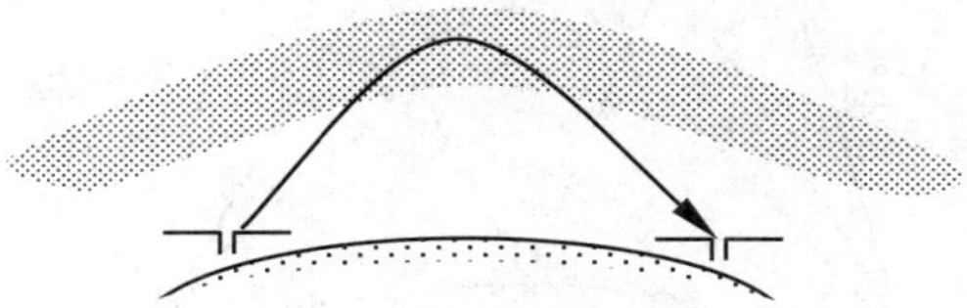

图3-47　天波传播示意

（一）天波传播模式

所谓传播模式，就是电波从发射点辐射后传播到接收点的传播路径。由于短波天线波束较宽，射线发散性较大，同时电离层是分层的，所以在一条无线电电路中存在着多种传播路径，也即存在着多种传播模式。

当电波以与地球表面相切的方向即射线仰角为零度的方向发射时，可以得到电波经电离层一次反射(称一跳)时最长的地面距离：

$$d_{1\max}=2R\arccos\left(\frac{R}{R+h}\right) \tag{3-118}$$

式中，R、h分别为地球半径和电离层反射高度。按平均情况来说，从E层反射的一跳最远距离约为2000km，从F层反射的一跳最远距离约为4000km。若传播距离更远时，必须经过几跳才能到达。传播距离小于2000km时，电波可能通过F层一次反射到达接收点，也可能通过E层一次反射到达接收点，前者称1F传输模式，后者称1E传输模式，当然也可能存在2F或2E模式，如图3-48所示。对某一无线电电路而言，可能存在的传输模式是与传播距离、工作频率、电离层的状态因素有关。表3-10列出了各种距离短波可能存在的天波传输模式。

表3-10　短波天波传输模式

传播距离(km)	可能存在的传输模式
0～2000	1E、1F、2E
2000～4000	2E、1F、2F、1F1E
4000～6000	3E、4E、2F、3F、4F、1E1F、2E1F
6000～8000	4E、2F、3F、4F、1E2F、2E2F

通常，若传播距离小于4000km，主要传播模式为1F模式。但即使是1F模式，一般也存在着两条传播路径，如图3-49所示，其射线仰角分别为：Δ_1、Δ_2。低仰角射线由于以较大的入射角投射电离层，故在较低的高度上就从电离层反射下来。

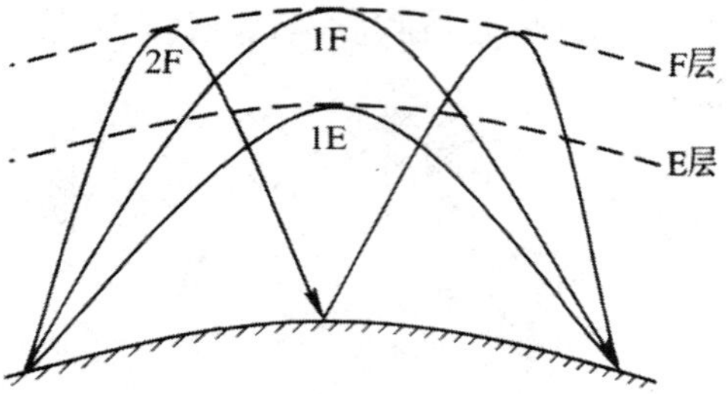

图3-48　传输模式示意图

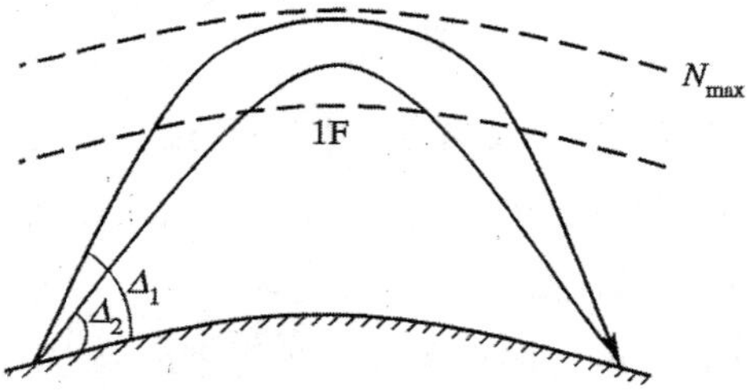

图3-49　1F模式的两条传播路径

短波传播在某特定条件下存在远距离滑行传播(sliding propagation)模式，当电波频率介于临界频率和最高频率之间时，电波可在电离层中滑行传播，如图3-19所示，通过滑行传播可到达很远距离，有可能实现离地面站很远的、在电离层极大电子密度以上或以下的卫星与地面站之间的通信。

（二）天波传播场强

天波传播路径中，对于短波频段来说，对流层的吸收损耗可以不考虑，在自由空间传输损耗基础上主要考虑电离层的吸收、地表反射，以及额外系统损耗等。

地表反射损耗L_g仅在多跳传输时地面反射产生，它与电波的极化、频率、射线仰角以及地质情况等因素有关。由于电波经电离层反射后极化面旋转且随机变化，入射地面时的电波是杂乱极化的。因此，严格计算L_g值是有困难的，工程上处理的办法是对圆极化波进行计算。假设入射电波是圆极化波，即水平极化分量和垂直极化分量相等，则地面反射衰减因子为

$$A_g=\sqrt{\frac{|\Gamma_H|^2+|\Gamma_V|^2}{2}} \text{或} A_g=10\lg\left(\frac{|\Gamma_H|^2+|\Gamma_V|^2}{2}\right)\ (\mathrm{dB}) \tag{3-119}$$

式中，Γ_H和Γ_V分别是水平极化和垂直极化的地面反射系数。

额外系统损耗L_P，包括除上述三种损耗以外的其他所有原因引起的损耗，例如偏移吸收、E_s层附加损耗、极化损耗、电离层非镜面反射损耗等。L_P是一项综合估算值，它是由大量电路实测的天波传播损耗数据，扣除已指明的三项损耗后而得到的。L_P值与反射点的本地时间T(h)有关，可按下述数值估算：

$$L_P=18.0\mathrm{dB},22<T\leqslant 04 \tag{3-120a}$$

$$L_P=16.6\mathrm{dB},04<T\leqslant 10 \tag{3-120b}$$

$$L_P=15.4\mathrm{dB},10<T\leqslant 16 \tag{3-120c}$$

$$L_P=16.6\mathrm{dB},16<T\leqslant 22 \tag{3-120d}$$

额外系统衰减因子为

$$A_p=-L_p\ (\mathrm{dB}) \tag{3-121}$$

综上所述，天波传播场强为

$$E=\frac{173\sqrt{P_t(\mathrm{kW})D}}{d(\mathrm{km})}A_{iono}\cdot A_g\cdot A_p\ (\mathrm{mV/m}) \tag{3-122}$$

或

$$E=44.76+10\lg P_tD-20\lg d+A_{iono}(\mathrm{dB})+A_g(\mathrm{dB})+A_p(\mathrm{dB})\ (\mathrm{dBmV/m}) \tag{3-123}$$

式中，P_t为发射总功率(kW)，D为发射天线方向系数，d为天波传播路径距离(km)。

（三）天波传播特性

根据天波传播的主要媒介，即电离层对电波的作用和天波传播路径的形成，天波传播具有如下重点特性。

1.传播媒体吸收损耗较小，易实现远距传播

由于天波传播是靠高空电离层反射来实现的，单跳反射不受地面吸收及障碍物的影响，因而这种传播方式的损耗主要是自由空间的能量扩散损耗，而电离层吸收及地面损耗则较小，在中等距离(1000km左右)上，电离层的平均吸收损耗不过10dB左右。因此，采用天波传播方式的短波系统是远距离作用的一种最为经济、有效的手段。例如，功率不大的短波电台即可以完成远距离通信，发射功率150W，使用64m双极天线，通信距离可达1000多km；天波超视距雷达可探测800～4000km范围内电离层以下的飞机、导弹、

舰艇等运动目标，测定其方位、距离和径向速度，是各大国战略预警体系中的重要装备。但正是因为短波装备应用广泛且作用距离远，也使接收装备可能会同时收到全球远近不同的多地短波信号，很容易造成电磁干扰，加大短波频段电磁环境的复杂性。

2. 传播途径多路并存，易形成多径时延效应

对于一定的传播距离，电波传播可能存在几种传输方式和几条射线路径，这种现象称为多径传输。多径传输会在信号接收点形成多径时延效应，而造成接收信号的快衰落，并使信道带宽受到限制。

在200～300km的短程电路上，多径时延可达8ms，这主要是因为在几百千米的短程电路上，通常都使用弱方向性天线如双极天线等，电波传播模式较多，射线仰角相差不大，吸收损耗也相差不大，故在接收到的信号分量中，各种模式都有相当的贡献，这样在短程电路中就会造成严重的多径时延。在2000～5000km的距离上，可能存在的传输模式较少，多径时延3ms左右。而在5000～20 000km的长程电路上，由于不可能有单跳模式，可能存在2E、2F、1E、lF等传输模式，传输情况更为复杂，因此多径时延又逐渐增加到6ms左右。

当频率接近最高可用频率时，多径时延最小，特别是在中午，D、E层吸收较大，多跳难以实现，容易得到真正的单跳传播。当频率降低时，传播模式的种类就会增加，因而多径时延增大。当频率进一步降低时，由于电离层吸收增强，某些模式遭到较大的吸收而减弱，可以忽略不计，多径时延有可能减小。因此，要减小多径时延，必须选用比较高的工作频率。

由于电离层电子密度的变化，造成多径时延随着时间而变化。在日出日落时刻，电离层电子密度剧烈变化，多径时延现象最严重、最复杂，而中午和子夜时多径时延一般较小且较稳定。多径时延不仅随日时变化，而且在零点几秒到几秒时间内都会有变化。如图3-50所示，图3-50(a)是地波与天波同时存在形成的多径时延效应，只发生在离发射天线不远处；图3-50(b)是由不同反射次数的天波干涉形成的多径时延效应；图3-50(c)是由于电离层的不均匀性而产生的漫射现象；图3-50(d)是由于地磁场影响而出现的双折射效应。

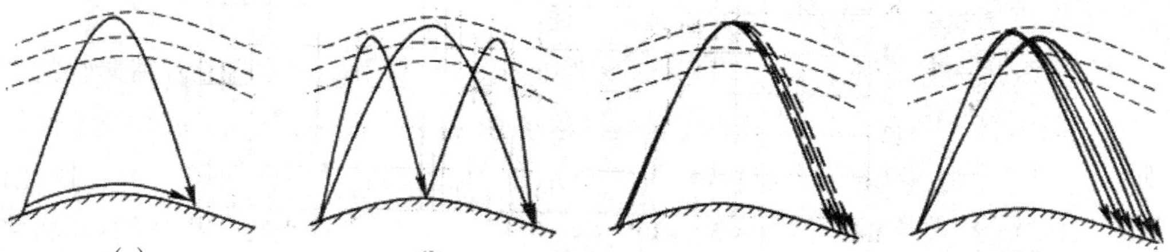

(a)　(b)　(c)　(d)

图3-50　干涉型衰落

多径时延加之电离层的随机变化性,使接收电平有严重的衰落现象,引起传输失真。多种传播模式是造成天波衰落和多径时延的重要原因。衰落(fading)现象是指接收点信号振幅忽大忽小,无次序不规则的变化现象。衰落时,信号强度有几十倍到几百倍的变化。通常衰落分为快衰落和慢衰落两种。慢衰落的周期从几分钟到几小时甚至更长,是一种吸收型衰落,主要由电离层电子密度及高度变化造成电离层吸收的变化而引起的。克服慢衰落的有效措施之一是在接收机中采用自动增益控制。快衰落的周期在十分之几秒到几秒之间,是一种干涉型衰落,产生的原因是发射天线辐射的电波是由几条不同路径到达接收点的(即多径效应),由于电离层状态的随机变化,天波射线路径随之改变,造成在接收点各条路径间的相位差随之变化,信号便忽大忽小。此外,还有极化衰落,由于受地磁场的影响,电离层具有各向异性的性质,线极化平面波经电离层反射后为一椭圆极化波,当电离层电子密度随机变化时,使得椭圆主轴方向及轴比随之相应地改变,从而影响接收点场强的稳定性。

克服干涉型快衰落方法之一是采用分集接收(diversity receiving),一方面将载有相同信息的两路或几路信号,经过统计特性相互独立的途径分散传输,另一方面设法将分散传输后到达接收的几路信号最有效地收集起来,以降低信号电平的衰落幅度,具有优化接收的含义。较普遍使用的分集方式有空间分集、频率分集、时间分集和极化分集等,其中空间分集使用尤为广泛,就是设置多个接收点,分布在相距若干个波长的地方,则同一工作频率的信号在这些接收点的衰落并不同时发生,这时因为传输衰落的随机特性,在两个足够分散的点上同时衰落的概率是很小的,这就有可能在两个以上的点同时进行接收,并采用相应的接收方法后,互相补偿信号电平,即可极大地减小在接收机输出端的信号衰落深度。

多径传输现象不仅引起信号幅度的快衰落,而且还会由于多径时延效应造成接收信号的失真,为避免信号失真,信道的传输带宽将受到限制。多径传输媒介的相关带宽 $\Delta f=1/\tau$,其中,τ 为多径时延(multipath time delay)值,即多径传输中最大的传输时延与最小的传输时延之差,其大小与传播距离、工作频率、时间等有关。

3. 电离层参数随时变化,易造成工作频率选择复杂

从前述电离层对电波的作用中可以看出,工作频率越高,电离层对其吸收作用越小,但越容易穿透电离层,而工作频率越低,越容易从电离层反射回地面,但电离层对其吸收越大。因此,工作频率 f 既不能高于最高可用频率 f_{MUF}(maximum usable frequency),也不能低于最低可用频率 f_{LUF}(lowest usable frequency):

$$f_{LUF}<f<f_{MUF} \tag{3-124}$$

短波天波工作时,在保证能反射回来的前提下,尽量选择较高的工作频率。但不能把频率选在 f_{MUF},因为电离层很不稳定,很可能穿出电离层。通常选择工作频率为最高

可用频率的0.85倍,这个频率称为最佳工作频率:

$$f_{OWF}=0.85f_{MUF} \tag{3-125}$$

因为电离层的反射和吸收作用与电离层中电子密度或碰撞频率,以及电离层结构与厚度变化都密切相关,而这些参数是随时变化的,故两地间的最高和最低可用频率也是随时变化。最高可用频率和最低可用频率的日变化如图3-51所示。电离层的这些动态变化给工作频率的选择带来了一定的复杂性,白天和夜间要更换工作频率,白天工作频率高,夜间工作频率低,而不像地波传播那样可长时间使用同一组工作频率。

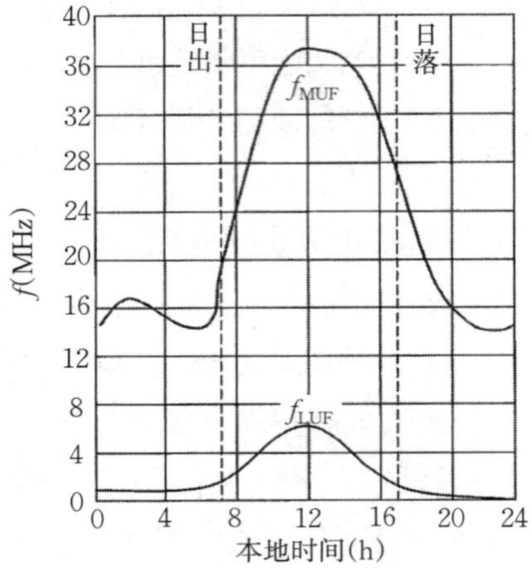

图3-51　f_{MUF}和f_{LUF}日变化示意图

此外,当太阳表面突然出现耀斑时,会辐射出强大的紫外线和大量的带电粒子,使电离层的正常结构遭到破坏,引起电离层骚扰和电离层暴等现象,电子密度剧烈增大,特别是对于最上面的F_2层影响最大(图3-52),致使短波通信、卫星通信、短波广播、航天航空、长波导航、雷达测速定位等信号质量大大下降甚至中断。例如2001年4月多次出现太阳耀斑爆发,引发地球电离层出现极为严重的电离层骚扰和电离层暴,造成我国满洲里、重庆等电波探测站发射出去的探测信号全频段消失,即较高频率部分的信号因电子密度的下降而穿透电离层飞向宇宙空间,较低频率部分的电波因遭受电离层的强烈吸收而衰减掉。其他电波探测站的最低起测频率比正常值上升3~5倍,临界频率下降了50%。为了减小电离层暴带来的不利影响,通常可采取的措施:对太阳活动和电离层暴进行预测预报,事先采取适当预防措施;选择较低工作频率,当电磁信号突然中断时,立即使用较低工作频率利用E层反射;增大发射功率,使反射回地面的电波增强;在电离层暴最严重时刻,短波通信若利用以上方法仍不能达成时,可采用转播方法以绕过暴变地区,保证信息传输顺畅。

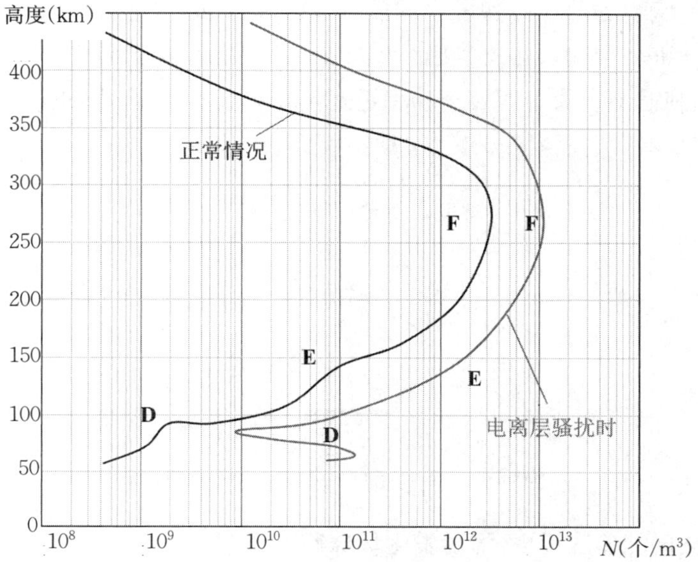

图3-52　电离层骚扰时电子密度变大示意图

4. 电离层反射存在最近距离，易形成短波通信“静区”

在天波传播中，由电离层临界反射频率与入射角关系的公式(3-115)可知，当工作频率低于或等于临界频率时，以任意角度入射都能从电离层反射回来，而当工作频率高于临界频率时，只有入射角大于某一角度才能反射回地面。在频率一定的情况下，存在着最小入射角：

$$\theta_{\min}=\begin{cases}0, f\leqslant f_c\\ \arccos\dfrac{f_c}{f},\quad f>f_c\end{cases} \tag{3-126}$$

式中，f为工作频率，f_c为电离层反射临界频率。当指定频率电波的入射角小于最小入射角时，电波将穿过电离层而不能反射回地面。有时工作频率会高于临界频率很多，因而会存在最近接收距离，小于这一距离将没有电离层反射回来的电波。最近距离与工作频率的关系为

$$d_{\min}=\begin{cases}0,\ f\leqslant f_c\\ 2R\left\{\pi/2-\arccos\dfrac{f_c}{f}-\arccos\left[\dfrac{R+h}{R}\sin\left(\arccos\dfrac{f_c}{f}\right)\right]\right\},\ f>f_c\end{cases} \tag{3-127}$$

式中，R、h分别为地球半径和电离层反射高度。可见，工作频率高于临界频率时，最近距离大于0，临界频率与电波频率比值越大，反射高度越高，反射不到的区域越大。

短波传播时，由于短波信号的地波传播距离有最远距离限制，天波传播有最近距离限制，当地波最远距离小于天波最近距离时，会导致中间地带上天波和地波覆盖不到，而

在离发射机较近或较远的地区均可收到信号，这种现象称为越距，收不到任何信号的地区称为“静区”(silent zone)，也称“哑区”，如图3-53所示。降低工作频率，增大发射功率，可使静区范围缩小。对于短波小功率近距离传播(0~300km)，通常选用较低的工作频率，并采用主要向高空辐射的天线(又称高射天线)。

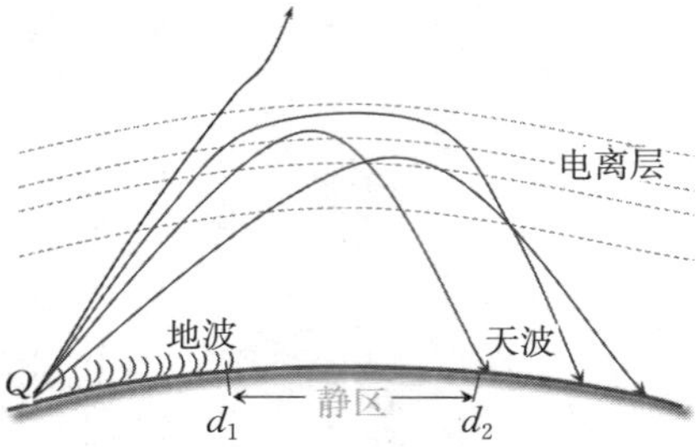

图3-53　电波传播“静区”形成示意图

5. 电离层之间能多次反射，可能发生环球回波现象

在适当的条件下，电波可经电离层多次反射，或者在地面与电离层之间来回反射，可能环绕地球再度出现，称为环球回波。环球回波有反向回波和正向回波两种，如图3-54所示。滞后时间较大的回波信号将使接收机中出现不断的回响，影响正常通信，故应尽可能地消除回波的发生。采用单方向性辐射的收发天线可以消除反向回波，去除正向回波比较困难，可以通过适当降低辐射功率和选择适当的工作频率来防止回波的发生。

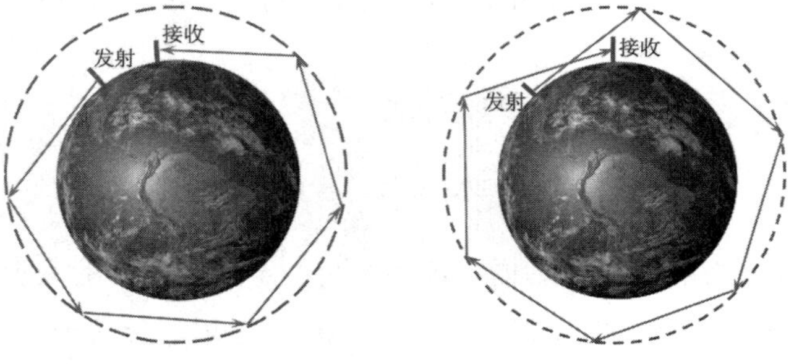

(a)反向回波　　(a)正向回波

图3-54　环球回波示意图

四、视距传播

在超短波及以上波段，地波传播衰减极大，电离层对其又是透明的，因此所采用的传播方式主要为视距传播(propagation over the line of sight)，即直接的、对视的传播方式，此时发射天线和接收天线处于在能相互“看见”的距离内。

(一)视距传播的类型

从不同的角度，对视距传播有不同的分类方法，按在视距收发天线间电波所通过的传播路径来说，可分为两类：一类是直射波(direct wave)传播，由发射天线辐射的电波，像光线一样按直线行进，直接传到接收点，一般认为地—空、空—空视距传播就是这种类型；另一类是地表反射波(ground reflected wave)传播，电波由发射天线发射、经地面反射到达接收天线，通常地—地视距传播中存在这一类型，接收点的信号为直射波与反射波的合成波。因此，视距传播中，即要考虑大气的吸收作用，还可能要考虑地面的反射作用。本节主要讨论地面无障碍物下的视距合成波情况。

(二) 光滑平面地条件下视距传播场强

如图3-55所示，假设发射天线A的架高为H_1，接收点B的高度为H_2。直接波的传播路径为r_1，地面反射波的传播路径为r_1、与地面之间的投射角为Δ。收、发两点间的水平距离为d。

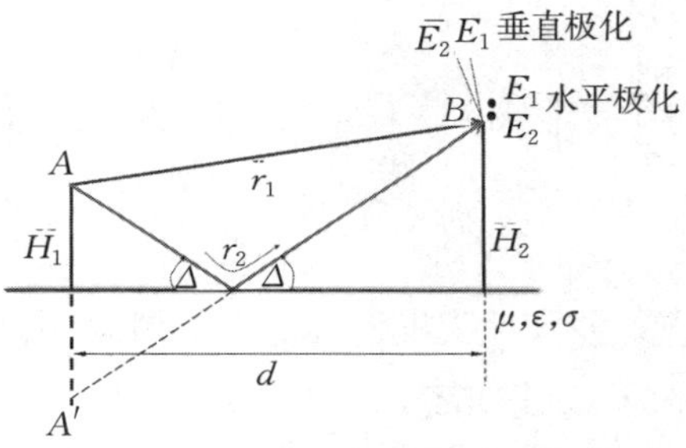

图3-55 平面地视距传播示意图

在忽略方向系数的差异后，接收点B场强应为直射波与地面反射波的叠加。在传播路径远大于天线架高的情况下，两路波在B处的场强视为相同极化。在实际问题中，在忽略方向系数的差异，忽略强度上的差异后，B处的总场强为

$$E=E_1+E_2=E_1\left(1+\Gamma \mathrm{e}^{-jk(r_2-r_1)}\right) \tag{3-128}$$

式中，E_1为沿r_1路径在B处产生的场强振幅，E_2为沿r_2路径在B处产生的场强振幅，Γ为地面的反射系数。地面对水平极化波和垂直极化波的反射系数按式(3-23)和式(3-24)进行计算。

当Δ很小时，反射系数近似为-1，则合成场强大小可以简化如下的反射公式：

$$E=|E_1+E_2|=\left|E_1\left(1-\mathrm{e}^{-jk(r_2-r_1)}\right)\right|=\left|E_1 2\sin\left(\frac{k\Delta r}{2}\right)\right|=2\left|\sin\left(\frac{2\pi H_1 H_2}{\lambda d}\right)\right|E_1 \tag{3-129}$$

式中，$2\left|\sin\left(\frac{2\pi H_1 H_2}{\lambda d}\right)\right|$称为衰减因子。以上分析反映了直接波与地面反射波的干涉情况，由于这两束波之间存在着相位差，而相位差又与天线的架高、电波波长以及传播距离有关，因此波的干涉体现在随着上述3个参量的变化干涉。在实际的视距传播分析中，应该考虑到这种直射波与反射波的干涉效应。

当$\frac{2\pi H_1H_2}{\lambda d}\leqslant\frac{\pi}{9}$时，$\sin\frac{2\pi H_1H_2}{\lambda d}\approx\frac{2\pi H_1H_2}{\lambda d}$，$E_1=\frac{\sqrt{60P_rD}}{d}$，则维建斯基反射公式为

$$E(\mathrm{mV/m})=\frac{2.18}{\lambda(\mathrm{m})d^2(\mathrm{km})}H_1(\mathrm{m})H_2(\mathrm{m})\sqrt{P_r(\mathrm{kW})D} \tag{3-130}$$

（三）光滑球面地条件下视距传播场强

当传播距离相对于天线架高较大时，必须考虑地球球面对视线距离、天线等效高度和扩散系数的影响。视线距离d_{los}、发射天线等效高度H_1'、接收天线等效高度H_2'和扩散系数D_f分别按前述式(3–20)、式(3–21)、式(3–25)、式(3–47)进行计算，则接收点合成场强演变为

$$E=E_1+E_2=E_1\left(1+D_f\Gamma e^{-jk(r_2-r_1)}\right) \tag{3-131}$$

当投射角很小时，上式即

$$|E|=|E_1+E_2|=\left|E_1(1-D_f e^{-jk\Delta r})\right|=\left|E_1\left(1-D_f e^{-j\frac{2\pi H_1'H_2'}{\lambda d}}\right)\right| \tag{3-132}$$

（四）视距传播特性

根据视距传播中影响直射波和地表反射波的主要因素，视距传播具有如下重点特性。

1. 地—地传播距离受限于天线架高

视线距离由前述公式(3–49)确定，在一定大气条件下，只与收发天线架设高度有关。在收发天线架高一定的情况下，地面上视距传播实际距离d与视距d_{los}相比，可分为以下3种情况。

(1) $d<0.7d_{los}$，接收点处于阴影区。

(2) $0.7d_{los}<d<1.2d_{los}$，接收点处于半阴影区。

(3) $d>1.2d_{los}$，接收点处于亮区。

光滑平面地和球面地视距传播场强计算方法只适用于亮区情况。在实际的视距传播工程应满足亮区条件，否则地面绕射损失将会加大电波传播的总损耗。

2. 频率越高，场强受地形影响越大

视距传播中所讨论的光滑地面意味着地面足够平坦，这只是一种理想情况，实际地面却是起伏不平的。如果地面的电参数相同，粗糙地面的反射系数将小于光滑地面的反射系数。如图3–56所示，假设地面起伏高度为Δh，对于投射角为Δ方向的反射波，在凸出部分(c处)反射的电波a与原平面地(c'处)反射的电波b之间具有相位差：

$$\Delta\varphi=k\Delta r=\frac{2\pi}{\lambda}\cdot 2\Delta h\sin\Delta \tag{3-133}$$

为了能将反射波近似视为平面波，即需有足够强的定向反射，通常要求$\Delta\varphi<\frac{\pi}{2}$，即

$$\Delta h < \frac{\lambda}{8\sin\Delta} \tag{3-134}$$

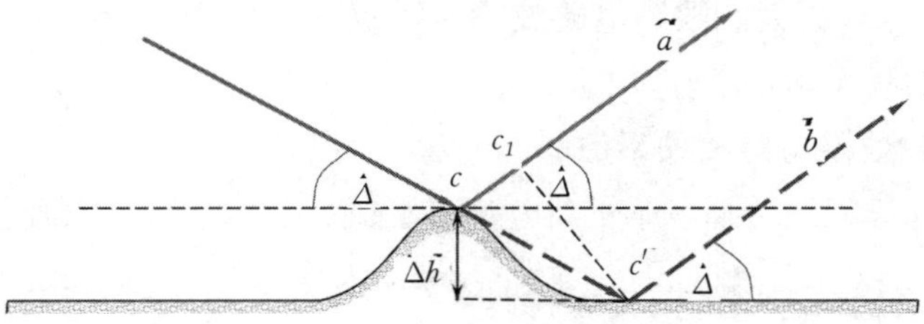

图 3-56 不平坦地面的反射

该式为判别地面光滑与否的标准，也称瑞利准则。当不满足瑞利准则时，地面被视为粗糙，反射具有漫散射特性，反射能量呈扩散性。如图 3-57 所示，波长越短，投射角越大，越难视为光滑地面，地面起伏高度的影响也就越大。

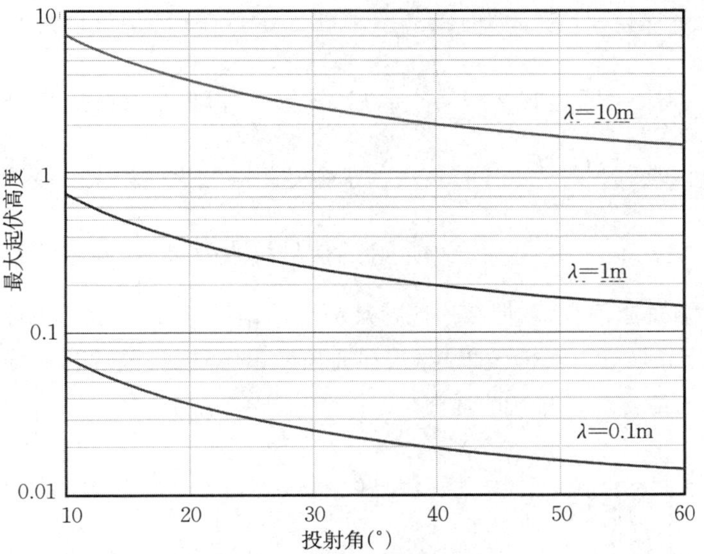

图 3-57 最大起伏高度与投射角关系

3. 10GHz 以上气体吸收及雨衰严重

视距传播信号的频率一般较高，从前述大气吸收的图 3-23 中，可以看出，大气层中的气体吸收及雨衰对视距传播中的超短波频段影响较小，主要考虑 10GHz 以上的频段，严重的大气衰减会大大限制电波在这些频段的传播。大气层中空气(主要是氧气)和水汽能够吸收电磁波的能量，而且这种吸收具有明显的频率选择性，实际的气体分子的辐射和吸收频谱是多条谱线、多种增宽效应叠加的总效果。对于 1000GHz 以下频率，氧气具有 44 条主要的谱线，在 60GHz、118.75GHz 等一系列频率上具有两条强烈的吸收谱线；而水汽则具有34条主要的谱线，在22.235GHz、183.310GHz和325.153GHz等一系列频率上具有强烈的吸收谱线（见前述大气衰减图3-23）。其中350GHz以上频率，大气气体的吸收衰减很严重，会大大限制电磁波的传播范围。在频率指配中，用频台站应避免在这些吸收较大的频率附近工作。

4. 近距时接收效果与距离关系敏感

根据常用的计算视距传播场强的维建斯基公式，天线高度越高，传播距离越近，接收场强会越大。但该公式应用的前提条件是$\frac{2\pi H_1 H_2}{\lambda d} \leqslant \frac{\pi}{9}$，即传播距离$d \geqslant \frac{18H_1 H_2}{\lambda}$。当收发距离较近时，则不能利用维建斯基公式来计算接收场强。从光滑平面地的场强计算公式（3-128）可以看出，地面视距传播的接收场强中有衰减因子$2\left|\sin\left(\frac{2\pi H_1 H_2}{\lambda d}\right)\right|$，该因子是个非单调函数，并非距离越大，数值越小。距离在$d=\frac{2H_1 H_2}{n\lambda}$时有极小值0，$d=\frac{4H_1 H_2}{(2n-1)\lambda}$（n为正整数）时有极大值2，如图3-58所示。在$n$取值最小为1时，有距离最大的一个极大值$\frac{4H_1 H_2}{\lambda}$，即只有$d>\frac{4H_1 H_2}{\lambda}$后，该因子才随$d$递减；距离最大的零点出现在$d=\frac{2H_1 H_2}{\lambda}$，该点到$\frac{4H_1 H_2}{\lambda}$之间，衰减因子会随距离增大而增大。视距通信的实际运用中，通常能满足$d>\frac{4H_1 H_2}{\lambda}$，为取得最好的信号接收效果，在满足接收机配置要求的情况下，应尽量缩短通信距离；但在一些特殊情况下，需要近距离进行电磁信号的视距传播时，则不一定距离越近，通信效果越好，在通信效果不佳时，前后移动配置位置或适当升降天线，就有可能提高信号接收质量。

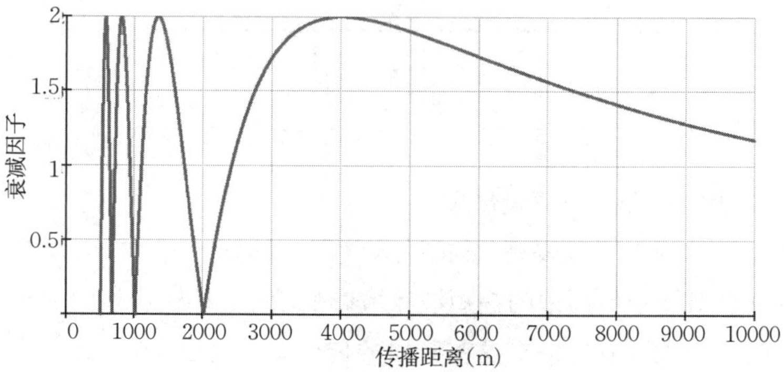

图3-58　视距传播衰减因子与传播距离关系（$H_1=H_2=20$m，$\lambda=0.4$m）

第四章 用频台站间电磁兼容

从20世纪开始，随着无线电技术迅猛发展，无线电设备在人类活动的各个领域得到了广泛运用，特别是军事上用频台站的大量部署使用，对战争形态的发展演变产生了巨大作用。但同时这些用频台站在工作时发射的电磁信号有可能会恶化其他电子设备的正常工作条件，削弱其正常工作效能。为保障不同用频台站在同一电磁环境中的共存运用，必须分析用频台站间电磁兼容问题。用频台站间电磁兼容分析，也可称为用频台站间电磁干扰分析，是对部署在特定用频空间内用频台站之间电磁干扰的形成和电磁兼容性进行分析、预测的活动。通过用频台站间电磁兼容分析，准确认识用频台站间用频设备之间存在的电磁干扰及其相互影响，有利于采取削弱和消除用频台站间电磁干扰的措施，为科学分析用频台站间电磁环境和实施用频台站间电磁频谱管控提供依据。

第一节 用频台站间电磁兼容概述

用频台站间电磁兼容分析主要研究用频设备在组织运用中的相互干扰及其消除问题，分析用频台站间电磁兼容问题，必须理清用频台站间电磁兼容等相关概念，把握电磁干扰的形成原因及用频台站间电磁兼容的主要研究内容。

一、电磁兼容相关概念

分析用频台站间电磁兼容问题必须从用频台站间电磁干扰这一根本性问题入手，并把握用频台站间电磁兼容相比于通用电磁兼容问题的侧重点，因此理解电磁干扰、电磁兼容、用频台站间电磁兼容等基本概念，是分析用频台站间电磁兼容问题的基点。

（一）电磁干扰

造成用频台站间电磁兼容问题的根本原因是用频台站间电磁干扰，即用频台站间设备和系统产生的电磁干扰以及遭遇到的电磁干扰。根据国家军用标准《电磁干扰和电磁兼容性术语》(GJB 72A—2002)的定义,电磁干扰(electro magnetic interference,EMI)是指“任何可能中断、阻碍,甚至降低、限制无线电通信或其他电气电子设备性能的传导或辐射的电磁能量”。电磁干扰产生于干扰源,它是一种来自外部的、并有损于有用信号的电磁现象。由电磁干扰源发出的电磁能,经某种传播途径传输至敏感设备,敏感设备又对此表现出某种形式的“响应”,并产生干扰的“效果”,这个作用过程及其结果,称为电磁干扰效应。在人们的生活中,电磁干扰效应普遍存在,形式各异。为保证信息化电子设备或系统的正常工作,必须分析预测干扰,限制人为干扰强度,研究消除和减少干扰的有效技术和战术手段,提高用频设备的抗干扰能力,并对电磁环境进行有效管控。

电磁干扰的分类方法很多,从用频台站间电磁兼容的角度,根据干扰结果的严重程度可分为三种:允许干扰、可接受干扰和有害干扰。允许干扰是指能够观测和预测的且满足ITU规则或建议规定的共用判决准则的干扰。从用频台站间电磁兼容的角度讲,虽然存在干扰,但这种干扰是可容忍的,系统之间可相互兼容。允许干扰一般在系统之间仿真分析、频率规划研究或系统设计初期时使用,此时不涉及具体的无线电台站或用频设备;可接受干扰指干扰电平虽然大于允许干扰电平,但经两个或多个主管部门认可且对其他主管部门不存在偏见的干扰。当用频台站之间协调时,一般使用可接受干扰,此时涉及具体的用频台站或用频设备;有害干扰指危害用频业务或其他任务,以及严重降级、阻塞甚至瘫痪设备用频的干扰。可以看出,有害干扰是不可接受的。电磁兼容性分析就是对实际存在的电磁干扰做出判断,即是允许干扰、有害干扰还是可接受的干扰。

为区分有害电磁现象和结果,国际电工委员会IECS0(161)于1990年发布后,引入了“电磁骚扰”这一术语,将有害电磁现象称为电磁骚扰,它是“任何可能引起装置、设备或系统性能降低或者对生物或非生物产生不良影响的电磁现象。(注:电磁骚扰可能是电磁噪声、无用信号或传播媒介自身的变化)”(IEC/TR 61000-2-5:2017),而电磁骚扰对装置、设备或系统的有害影响称为电磁干扰。在分析复杂电磁环境下用频设备运用的电磁频谱管理工作中,通常需要将电磁干扰问题与电磁骚扰联系在一起进行研究,因而在一些场合中仍将有害电磁现象及其对用频设备的影响统称为电磁干扰。本书按电磁频谱管理业务中的习惯用法,将电磁骚扰统称为电磁干扰,不另外使用“电磁骚扰”术语。

(二)电磁兼容

电磁兼容通常又称电磁兼容性(electro magnetic compatibility, EMC),等同采用IEC/TR 61000-2-5:2017的国家标准《电磁兼容 环境 电磁环境的描述和分类》(GB/Z 18039.1—2019)将其定义为:装置、设备或系统在其电磁环境中能正常工作且不对该环境中任何事物构成不能承受的电磁骚扰的能力。可见,电磁兼容的含义体现在两个方面:一方面是该设备不会由于受到处于同一电磁环境中其他设备电磁发射的影响而导致不允许的性能降级，另一方面也不会使同一电磁环境中其他设备因受其电磁发射影响而导致不允许的性能降级。按电磁兼容的范围可分为系统内电磁兼容和系统间电磁兼容：系统内的电磁兼容指在给定系统内部的分系统设备及部件相互之间的电磁兼容；系统间的电磁兼容指给定系统与它运行所处的电磁环境或与其他系统之间的电磁兼容，影响系统间电磁兼容性的主要因素是信号及功率传输系统与天线之间的耦合。

电磁兼容作为一门新兴的学科，已有七十多年的发展历史，涉及电子、计算机、通信、航空航天、铁路交通、电力、军事，以及人们生活的各个方面。随着现代科学技术的发展及其应用，电子、电气设备和系统的数量急剧增多，特别在军事领域，雷达、通信、导航以及电子对抗等电磁频谱应用技术的发展，用频设备频带日益加宽，功率逐渐增大，信息传输速率不断提高，使得电磁环境也日趋复杂。同时，由于用频设备和系统的性能要求越来越高，而电磁频谱资源有限，造成可供使用的工作频道拥挤，电磁干扰日益严重。大量使用中的电子设备和系统所产生的电磁干扰，不仅影响人们的身体健康，同时也对电子设备和系统相互间的安全性和可靠性产生影响与危害。

（三）用频台站间电磁兼容

在电磁环境分析和频谱管理工作中，频率使用和管理者关心的主要是用频设备组织运用阶段各台站间的电磁兼容，称为用频台站间电磁兼容，它是界定在用频台站运用场所或所处电磁环境内的电磁兼容，即在用频台站运用环境中，己方各种用频设备协调工作，不产生自扰互扰的状态。用频台站间电磁兼容要求处于同一电磁环境中的任何设备和系统（主要是各类用频设备和系统），都不对其他设备和系统产生不可承受的电磁干扰，同时也不受到其他设备和系统对其造成不可承受的电磁干扰。从电磁频谱管理的角度来说，用频台站间电磁兼容既要求无线电发射机具有电磁干扰控制能力，又要求无线电接收机具有抗电磁干扰的能力。

在复杂环境条件下，特别是敌我电磁对抗激烈的条件下，同一用频设备运用的电磁环境中部署有作战双方的各种装备和系统，但用频台站间电磁兼容只是针对作战一方内部而言的。作战一方通过采取一定的战技术措施可有效达成己方用频台站间电磁兼容，以及降低对方电磁干扰对己方的影响，而不会有意采取措施降低或消除己方对敌方的电磁干扰，而且对抗性用频台站间电磁环境的形成就是作战双方有意电磁干扰的结果，因此作战双方之间的用频台站间电磁兼容不是作战任何一方企图达到的目标。

二、用频台站间电磁兼容要素

排除或降低电磁干扰的产生和影响，是用频台站间电磁兼容分析的主要目的。为成功解决用频台站间电磁干扰问题，就必须分析用频台站间电磁兼容要素。缺少电磁能量的产生、传输和接收中的任何一个环节，就不会形成电磁干扰，即电磁兼容问题。因此，电磁干扰都是由三个基本要素组合而形成的，即电磁干扰源、耦合途径或传输通道、电磁敏感设备，也称电磁兼容三要素，如图4-1所示。

图4-1　电磁干扰形成过程

（一）电磁干扰源

电磁干扰是来自外部的、并有损于有用信号的电磁现象，用频台站间电磁干扰则是任何可能影响用频设备和其他电气电子设备性能的电磁现象，是用频台站间电磁环境的重要构成部分。产生这些电磁干扰的干扰源可以是任何元件、器件、设备、系统或自然现象，按不同性质可分为自然干扰源和人为干扰源，常见的电磁干扰源如表4-1所示。

表4-1　常见电磁干扰源

<table>
<tr><th>类别</th><th colspan="2">电磁干扰源</th></tr>
<tr><td rowspan="5">自然干扰源</td><td colspan="2">大气干扰</td></tr>
<tr><td colspan="2">雷电干扰、沉降静电</td></tr>
<tr><td colspan="2">电离层干扰</td></tr>
<tr><td colspan="2">宇宙干扰</td></tr>
<tr><td colspan="2">热噪声</td></tr>
<tr><td rowspan="12">人为干扰源</td><td rowspan="7">无意发射干扰源</td><td>交通设备</td></tr>
<tr><td>电力系统</td></tr>
<tr><td>照明器具</td></tr>
<tr><td>电动机械</td></tr>
<tr><td>家用电器</td></tr>
<tr><td>办公设备</td></tr>
<tr><td>工业、医用射频设备</td></tr>
<tr><td rowspan="5">有意发射干扰源</td><td>广播</td></tr>
<tr><td>电视</td></tr>
<tr><td>通信</td></tr>
<tr><td>雷达</td></tr>
<tr><td>导航</td></tr>
</table>

（二）电磁耦合途径

耦合是指设备（电路）与设备（电路）之间的电联系起着把电磁能量从一个设备（电路）传到另一个设备（电路）的作用（图4-2）。根据耦合途径性质的不同，电磁干扰耦合分为传导耦合和辐射耦合两大类(图4-3)。实际用频台站间上,电磁干扰的耦合途径可能是传导耦合、辐射耦合及其组合。即使是同一类耦合,也常常存在多种途径。电磁干扰耦合的多径性也是造成用频台站间电磁兼容复杂性的主要因素之一。

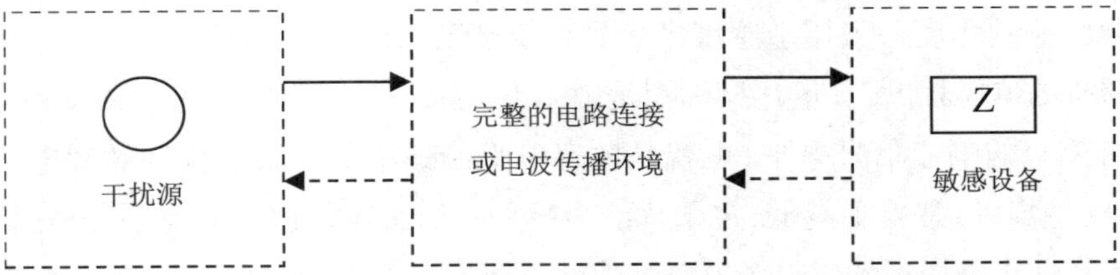

图4-2　电磁干扰耦合示意图

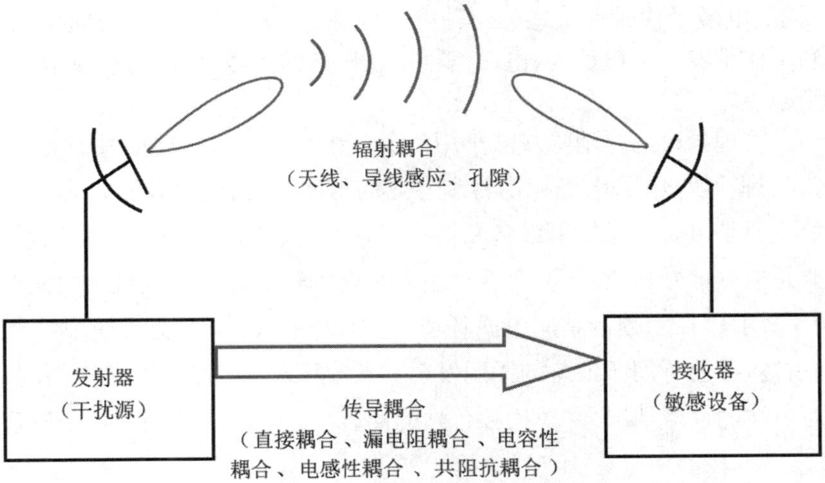

图4-3　耦合途径分类示意图

传导耦合方式要求必须在干扰源和敏感设备之间存在完整的电路连接,干扰信号沿着这个连接电路传递到敏感元件、器件等,继而发生干扰作用。这个传输电路可包括导线,设备的导电构件、供电电源、公共阻抗、接地平板、电阻、电感、电容和互感元件等。

辐射耦合方式是指干扰能量通过其周围的媒介以电磁波的形式、按电磁场的规律向周围空间发射传播。由于任何载有时变电流的导体都能向外辐射电磁场,任何处于电磁场中的导体同样都能感应出电压,因此金属导体在某种程度上都可起到发射天线和接收天线的作用,这就是导体的天线效应。除专门的天线外,架空配电线、信号线、控制线,甚至设备的金属外壳都有天线效应。起天线作用的导体在辐射电磁场中产生的感应电动势正比于电场强度。常见的辐射耦合有以下3种情形:甲天线发射的电磁波辐射传播到乙天线后被乙天线接收,称之为天线对天线耦合;空间中的电磁场辐射到导线上发生感应而耦合,称之为场对线的耦合;空间电磁场辐射到设备的孔缝中发生感应而耦合,称之为孔缝耦合。

（三）电磁敏感设备

敏感设备，指受到电磁干扰影响，或者说对电磁干扰发生响应的设备。敏感设备受电磁干扰影响的程度一般用敏感度来表示。敏感度指的是敏感设备对电磁干扰所呈现的不希望有的响应程度，其量化指标则是敏感度门限。敏感度门限指敏感设备最小可分辨的不希望有的响应信号电平，也就是敏感电平的最小值。敏感度和敏感电平的关系为：敏感度越高，敏感电平越低，抗干扰能力越差。敏感度门限的概念在分析、设计和预测电磁兼容性中是描述敏感设备电磁特性的重要参数。不同类型的敏感设备，其敏感度门限的表达式是不一样的，大多数以电压幅度进行表示，但也有以能量和功率表示的，如受静电放电干扰的设备为能量型，受热噪声干扰的设备为功率型。电磁信号接收设备是应用较广泛、对电磁干扰最为敏感的一种电子设备，其敏感度门限主要取决于设备的接收灵敏度和工作带宽。一般认为，电磁信号接收设备的灵敏度越高，接收带宽越大，敏感度门限值则越小。

电磁频谱管理的目的是消除或减小用频台站相互之间的电磁辐射干扰，保障台站用频效能正常发挥。因此，从电磁频谱管理专业的角度来说，电磁频谱管理者重点关注的电磁干扰源主要是电磁信号发射设备和辐射电磁波的非用频设备等电磁辐射源，电磁敏感设备主要是电磁信号接收机，耦合途径主要是电磁辐射源到接收机之间的电波传播途径，如图4-4所示。在用频台站间电磁环境分析和管控工作中，需要重点分析用频台站间上通信、雷达、导航等用频设备的无用发射和接收机对无用信号的敏感情况，以及各类传播媒介对电波的衰减情况，并对用频台站的部署位置和频率使用进行合理管控。

图4-4　电磁频谱管理的重点电磁兼容要素

三、用频台站间电磁兼容问题的形成原因

为成功解决用频台站间复杂电磁环境中的电磁干扰问题，就必须了解用频台站间电磁兼容问题形成的主要原因。在电磁频谱管理工作中，分析用频台站间电磁干扰的形成原因及研究实现用频台站间电磁兼容的所有方法都应从电磁辐射源、电波传播途径和电磁信号接收机这3类重点要素入手。

（一）无用电磁辐射

随着人类社会的发展进步和用频设备在用频台站间上的大量运用，信息化用频台站间空间中的无用电磁信号强度越来越大、频段越来越宽，从源头上对形成用频台站间电磁兼容问题起到了根本作用。①非功能性电磁辐射日益增强。随着工业化的发展,一些地区的非用频设备电磁辐射强度也大为提高,已超过了宇宙和大气产生的自然电磁噪声。非功能性电磁干扰的来源主要是:正常工作中不断产生电磁振荡的装置(如各种工业和医学用途的高频装置和电子射线发生器),生成杂乱脉冲序列的电气设施(如高压输电线路、内燃发动机的启动(点火)系统、电气开关装置、电焊高压装置、电力牵引集电器、气体放电装置、直流电机和发电机、电子计算机等)、与机械能转换为电能有关的过程(运动物体的壳体电离、接收电路在外部磁场中的位移、压电效应等等)、在运动过程中阻抗起变化的元器件触点等。这些非功能性电磁辐射都是不希望且可能造成有害影响的无用电磁辐射,都可能引起高强度的无意无线电干扰。②电磁信号发射系统性能不理想。电磁信号发射设备中除了希望的带内有用电磁辐射外,由于杂散和带外抑制性能不理想或恶化,还存在大量不希望的无用辐射,会影响其必要带宽外的其他信号;天线方向图除主瓣外,还存在较高电平的旁瓣和尾瓣,会影响其必要作用空间范围外的其他信号。③电磁信号发射机功率不断提高。为提高用频信号发射机的作用距离,加大发射机功率是有效方法之一,近几十年来各种雷达功率已提高了数百倍,已达到了数十甚至数百兆瓦的脉冲功率和数十至数百千瓦的连续功率,无线电台的发射功率已提高了20～30倍,但大功率的电磁信号发射在提高其有用信号覆盖范围的同时,也会影响更远的其他用频设备工作,带来更大范围的用频台站间电磁兼容问题,同频复用距离更为苛刻。

（二）无用信号接收

电磁信号接收机是用频台站间电磁兼容分析中的敏感设备,如果设备频率选择性能欠佳和运用方法不当,可能无法消除其对无用信号的接收敏感性,而最终形成用频台站间电磁兼容问题,造成有害干扰的发生。①电磁信号接收系统性能不理想。由于接收电路选择性差、非线性等原因存在着的杂散和带外信道,对非希望信道中的电磁信号产生响应,使得接收机除能接收到其工作频带内的信号外,还易受大量工作频带外电磁辐射的干扰;接收天线可能同样存在较高方向增益的旁瓣和尾瓣,会增加对非希望方向电磁辐射的敏感程度。②电磁信号接收灵敏度不断提高。为提高用频设备信息收发的有效作用距离和可靠性,除加大发射功率外,提高接收的灵敏度也是一重要途径,近年来的无线电接收机灵敏度已提高到了10^{-12}～10^{-16}W,一些无线电接收机的灵敏度甚至达到了10^{-21}～10^{-22}W,但高灵敏度的接收机,在能接收到更远距离上、更弱所需有用信号的同时,也更容易对更弱的电磁干扰产生响应而发生电磁兼容问题。

（三）非合理台站配置

在电磁信号接收端,电波传播途径对其接收到的电磁辐射能量大小,往往取决于用频台站的配置间隔、配置环境和电磁兼容措施等等,不合理的配置将不利于消除或削弱无用信号的干扰作用,是形成用频台站间电磁兼容问题的重要原因。①配置距离间隔过小。用频设备应用越来越广泛，尤其在军事上已大量运用于陆、海、空、天的预警探测、情报侦察、指挥通信、导航定位、电子对抗、武器控制、气象测绘和“三战”等领域，设备数量急剧增多，台站配置高度密集：美军一个陆军军装备的用频设备多达5万部，用频台站间上的用频设备的密度可达每平方千米30部，飞机上配置的用频设备可达30部，军舰上配置的用频设备可达100部；俄军在大型的行政工业中心地区的用频设备数量可达1.5万～2万部，在集团军和师指挥所地域的平均配置密度是每平方千米8～10部。台站密集配置不可避免地造成相互距离间隔过小，不利于通过电磁干扰传播途径这一环节衰减电磁干扰能量。②配置环境选择不当。在确定用频台站配置位置和环境时，对电磁背景噪声的影响重视不够，在潜在干扰辐射源的方向上没有考虑地形地物的屏蔽特性，使得用频设备过于靠近电磁噪声源，不能充分利用地形等传播媒介加大对电磁干扰来波的衰减，也更容易形成用频台站间电磁兼容问题。

四、用频台站间电磁兼容的研究内容

用频台站间电磁兼容是信息化用频设备组织运用的主要要求之一，需要重点考虑用频设备部署与运用的科学合理性。用频台站间电磁兼容的任务是使处于同一工作空间内的各电子设备、系统，特别是用频设备能兼容地正常工作，因此用频台站间电磁兼容必须同时研究各设备的干扰和被干扰，对各设备、系统、平台的组织及其相互间的相容性，根据实际情况提出科学的部署规则和作用运用方法，使用频设备在所处的电磁环境中能可靠工作，不降低各自工作效能。具体来说，用频台站间电磁兼容主要研究以下几个方面。

（一）用频台站间电磁环境评估

通过实测或数字仿真等手段，对用频设备在工作时可能产生/受到的电磁干扰水平（强度、频率、调制方式等）进行估计，来分析用频设备工作对电磁环境的影响及电磁环境对装备效能的影响，为进一步采取达成用频台站间电磁兼容的方法措施提供依据。例如，利用机动电磁频谱监测或检测车对雷达站或电子对抗阵地的干扰作用范围进行实测，或通过电磁暂态计算程序对可能产生的瞬变电磁场进行数字仿真。用频台站间电磁环境评估是用频台站间电磁频谱管理工作的重要组成部分，是优化信息化用频设备组织运用方案的基础。

（二）用频台站间电磁干扰研究

用频台站间电磁干扰是干扰源通过耦合路径（主要是辐射干扰的电波传播途径）对其他敏感设备（主要是电磁波接收设备）造成的。研究用频台站间电磁干扰，重点研究电磁辐射特性、电波传播环境和接收设备特性及干扰防护方法。它包括：①对电磁辐射的研究，包括电磁辐射的频域、时域、空域（方向）特性，干扰产生的机理以及控制措施等；②对电波传播特性的研究，即电波传播媒介参数特性随频率、时间、空间的变化规律及对电磁波的影响；③对接收设备抗干扰能力的研究，包括接收设备在不同工作状态时的干扰敏感度和能承受的不同电磁干扰限值以及抗干扰能力等。

（三）用频台站间电磁兼容测试

对于用频台站间电磁兼容测试方面的研究，含测试方法和手段的研究，即对于测量设备、测量方法与数据处理方法的研究。在制订用频台站作战运用方案时，基于运用规则或模型计算中，包含了用频设备的电磁频谱参数和电磁环境方面的考虑。但对于一些参数往往考虑不够充分，而且一些参数存在着随机性变化，特别是由于用频台站间电磁环境复杂性的影响，实际上众多用频设备的收发电磁频谱特性和电磁传播特性问题难以用准确的数学模型进行描述、定量分析、计算和仿真，因此方案和计划中明确部署运用的用频台站必须依靠实际测试来确定其用频台站间电磁兼容性能。面对信息化用频台站间电磁环境日趋复杂化的现实，用频台站间电磁兼容测试发挥着越来越重要的作用，正在受到各级指挥员越来越多的关注。

（四）用频台站间电磁兼容方法研究

用频台站间电磁兼容方法依然需要基于电磁兼容三要素进行研究，即力图控制电磁辐射源的干扰发射能量、阻断和削弱电磁干扰的传播和提高接收设备抗干扰能力。用频台站间电磁兼容的方法按性质可分为技术方法和组织方法。保障用频台站间电磁兼容的技术方法主要包括：合理选择用频台站的工作频段，降低无线电发射机的带外辐射和接收设备的带外敏感性，使用窄频道削弱带外电平，采取抗干扰措施，系统综合运用用频台站，使影响用频台站间电磁兼容性的技术参数标准化等；保障用频台站间电磁兼容的组织方法主要包括：合理分配指配各用频台站的工作频率，疏散配置各用频台站，适当选择和调整用频台站的工作位置，监督保障用频台站间电磁兼容有关规定和规程的执行情况等。

（五）用频台站间电磁兼容标准研究

电磁干扰在用频台站间上的存在是影响信息化系统在共同空间正常兼容工作的突出问题。为保障各用频台站在同一用频台站间电磁环境下正常发挥各自工作效能，必须要统一规定能兼容工作的电磁干扰发射参数和电磁干扰敏感度限值，以及部署运用时的频域、时域和空域间隔要求。由于不断有新的用频设备研发出来，根据作战需求也不断出现运用方法创新，新的功能和运用方法可能会带来新的电磁兼容问题，为保证各用频台站在同一用频台站间电磁环境下正常发挥各自工作效能，必须要统一规定能兼容工作的电磁干扰发射参数和电磁干扰敏感度限值，以及部署运用时的频域、时域、空域间隔。

第二节　用频台站间电磁兼容分析模型

根据电磁兼容三要素，对形成电磁干扰的发射机、电磁信号传输途径，以及电磁信号在接收机中的干扰作用进行数学描述，构建相应电磁兼容要素模型，是分析用频台站间电磁干扰机理，解决用频台站间电磁兼容问题的基础工作。

一、电磁信号发射模型

无线电发射设备发射的电磁信号中，包含必需频带范围内的辐射和其他无用信号。这些信号都会在其他用频设备中产生电磁干扰，因此所有发射机均可视为潜在干扰源。当把发射机（包括天线）作为电磁环境的一个元素来描述时，就不需要研究它的构造，只需确定所产生能量的时间、频率以及空间分布。根据发射电磁信号的类别，分别构建相应数学模型，需要指出的是，辐射信号功率的确定值很难精确预测，只能进行估计。

发射机辐射的类型包括基波辐射、谐波辐射、非谐波辐射、互调干扰和宽带噪声辐射等。由于宽带噪声电平相当低，通常不予考虑，对于大功率干扰发射机，可以通过将其噪声辐射的平均功率叠加到基波功率上进行描述。

（一）基波发射模型

发射机的基波信号功率是基本发射，它比全部无用信号的功率大许多倍，因此基波发射是最严重的潜在干扰源。

1. 基波发射幅度模型

发射机的基波发射功率一般服从正态分布。当可以获得发射机测量数据时，功率分布可用多次测量数据的平均值P及标准偏差σ表示，如下式所示：

$$P=\frac{1}{M}\sum_{i=1}^{M}P_i \tag{4-1}$$

式中，P_i代表基波输出功率的各个测量值，P代表工作于不同调谐频率的发射机的基波功率平均值，M代表取样总数。当没有现成测量数据时，可用发射机的额定功率作为基波功率平均值，标准偏差取为2dB。

2. 基波发射频谱模型

发射机实际输出的基波往往不是单一频率，而是在基频附近频段内呈近似对称分布。发射机大部分功率落在标称带宽（即3dB带宽）内，此区外的功率随频率间隔增大而迅速减小。发射机标称带宽一般由其规格说明书给定。当没有具体数据时，发射机标称带宽可由发射参数和调制特性确定。

发射机频谱模型用于近似表示干扰源发射频谱，特别是对于不可能得到测量数据的情况，可由调制包络函数表示。用分级线性函数（频率用对数坐标）近似描述调制包络函数，如下式所示：

$$M(\Delta f)=M(\Delta f_i)+M_i\log\frac{\Delta f}{\Delta f_i},\Delta f_i<\Delta f\leqslant\Delta f_{i+1},i=1,2,\cdots,n \tag{4-2}$$

式中，$\Delta f=|f-f_{OT}|$代表实际频率与中心频率之间的差值；$(\Delta f_i,\Delta f_{i+1})$代表第$i$区的频带；$M(\Delta f)$是与中心频率间隔$\Delta f$处的功率电平；$M(\Delta f_i)$代表$\Delta f_i$上的辐射功率相对于0dB的下降值；$M_i$是第$i$段折线的斜率（即调制包络斜率，$M_0=0$），当有具体发射机测量数据时，$M_i(i=1,2,\cdots,n)$可由统计数据得到，由下式决定：

$$M_i=\frac{M(\Delta f_{i+1})-M(\Delta f_i)}{\lg(\Delta f_{i+1})-\lg(\Delta f_i)} \tag{4-3}$$

计算时，各Δf_i的取值取决于近似要求的准确度，可以取各折线段的起止频率变化一个倍频程，也可以取各折线端点对应3、6、10、20、40、60、80、100dB等带宽位置。以线性调频信号为例，设采样频率$f_s=100$MHz，起始频率$f_c=8$MHz，调频带宽$B_T=4$MHz，实际包络曲线和考虑3、6、10、20、40、60dB等带宽处的相对功率建立的分段折线拟合如图4-5所示，对应的各折线段斜率常数见表4-2。实际包络曲线和考虑各折线段起止点频率变化一个倍频程建立的分段折线拟合如图4-6所示，对应的各折线段斜率常数见表4-3。

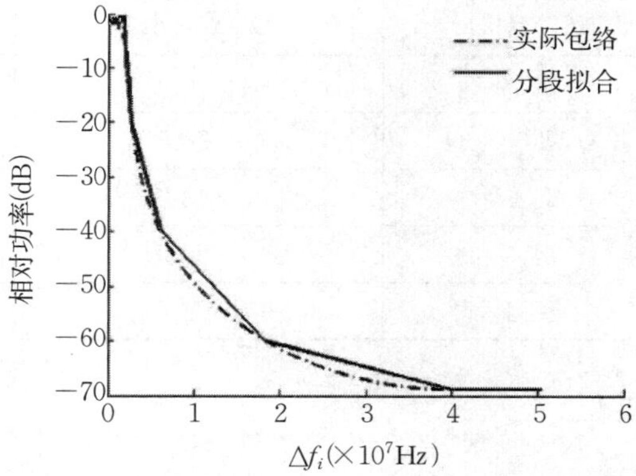

图4-5　考虑xdB带宽建立的调制包络分段折线拟合

表4-2　考虑xdB带宽建立的调制包络折线斜率常数

i	Δf_i(MHz)	$M(\Delta f_i)$(dB)	M_i
1	1.8	0	−131.1
2	2	−6	−96.6
3	2.2	−10	−112.4

续表

i	Δf_i(MHz)	$M(\Delta f_i)$(dB)	M_i
4	2.7	−20	−55.4
5	6.2	−40	−42.5
6	18.3	−60	−26.3
7	40	−68.9	0

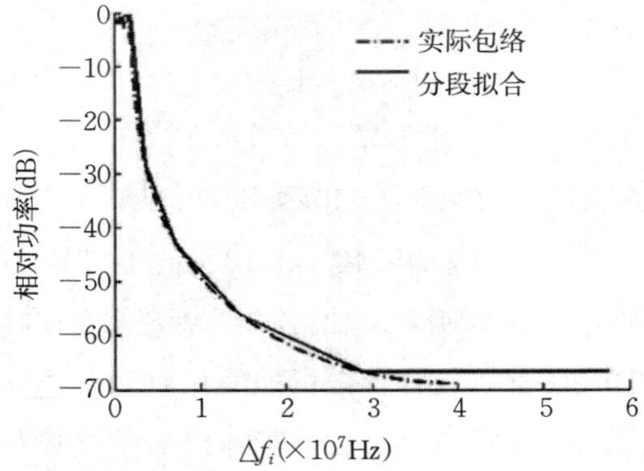

图4-6　考虑倍频程建立的调制包络分段折线拟合

表4-3　考虑倍频程建立的调制包络折线斜率常数

i	Δf_i(MHz)	$M(\Delta f_i)$(dB)	M_i
1	1.8	0	−94.7
2	3.6	−28.5	−48.9
3	7.2	−43.2	−42.3
4	14.4	−55.9	−35.8
5	28.8	−66.7	0

(二)谐波辐射模型

1. 谐波发射幅度模型

发射机的非基波发射主要是谐波发射,谐波发射频率是基波发射输出频率的整数倍。假设谐波发射的平均功率随谐波次数增高而减小,且每个谐波幅度服从正态分布,标准差与谐波次数无关,其通用数学模型为

$$P_{\mathrm{T}}(Nf_{0\mathrm{T}})=P_{\mathrm{T}}(f_{0\mathrm{T}})+A\log N+B, N\geqslant 2 \tag{4-4}$$

式中,$f_{0\mathrm{T}}$代表基波频率;常数A为斜率;常数B是相应于基波的幅度最高点;$P_{\mathrm{T}}(f_{0\mathrm{T}})$为基波平均功率;$P_{\mathrm{T}}(Nf_{0\mathrm{T}})$是第$N$次谐波平均功率。

2. 谐波发射频谱模型

发射机射频功率放大器的波形失真是产生谐波的主要原因,理论和实测数据表明,谐波和基波的调制包络形状相似,只是幅度上比基波低很多,带宽相等或成整数倍关系。因此,仍可用通用模型建立谐波调制包络模型,并根据信号调制方式在带宽上进行相应的线性拉伸,还可采用实测频谱对模型进行修正。

通过对基波调制包络模型进行线性拉伸可以得到二次、三次等谐波的调制包络模型,如图4-7和图4-8所示。高次谐波边带的电平非常小,实际中会淹没在宽带噪声电平中。

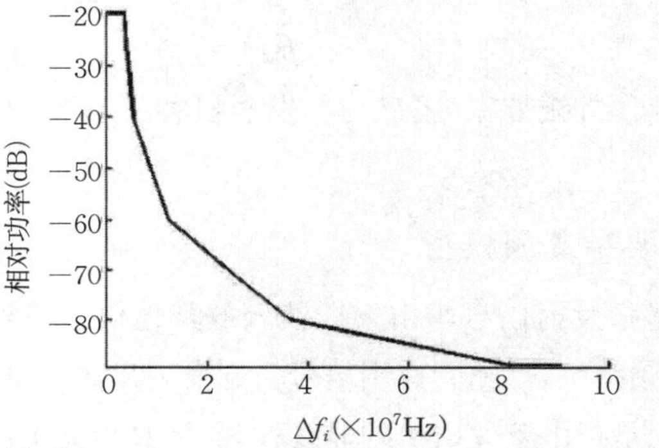

图4-7 二次谐波的调制包络模型

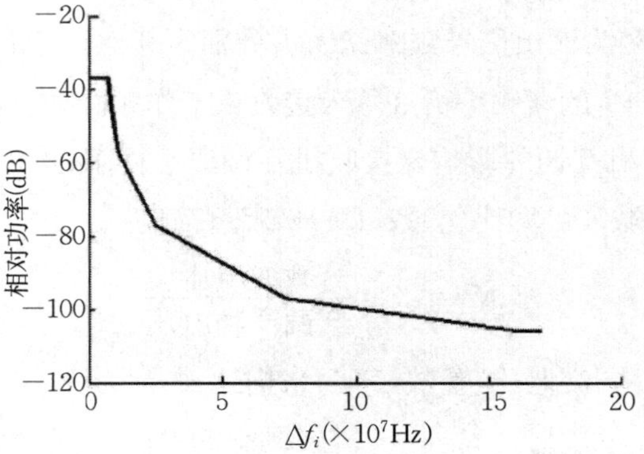

图4-8 三次谐波的调制包络模型

(三)寄生发射模型

1. 寄生发射幅度模型

发射机寄生发射主要是指除谐波以外的其他带外杂散发射,取决于具体的发射机,其幅度通常低于谐波发射幅度。在低于基频的频段上,由于谐波不可能出现在该频段内,因此寄生发射影响较为明显,可能会引起较为严重的干扰,其幅度模型可以表示为

$$P_T(f)=P_T(f_{0T})+A_p|log|f+f_{0T}+B| \tag{4-5}$$

式中，f为寄生发射信号频率；$P_T(f)$代表寄生发射平均功率；A_p和B是可由发射机说明书查询的常数。

2. 寄生发射频谱模型

需要注意的是，寄生辐射的频率很难精确预测，因为它往往出自震荡级或放大级内存在的寄生耦合产生寄生谐振的结果，所以通常采用实测值。当没有寄生发射实测值时，可根据发射机工作体制和本振等参数估计其频率，通常用一定频率区间内出现的概率来描述：

$$p=H\frac{B_R}{f_{0T}} \tag{4-6}$$

式中，B_R为所考虑的接收机频带宽度；H为与发射机种类有关的常数，描述整个频段上的统计特性。

（四）发射机互调和交调模型

发射机互调干扰是指发射信号与由天线馈入的其他信道信号在发射机功放电路中相互调制，而产生新的频率组合，随同有用信号一起发射出去，其中较为严重的是三阶互调。发射机交调干扰则是指由于发射机的非线性，导致其他频道的调制信号对有用信号进行了转移调制，从而产生干扰信号。互调信号频率可由下式确定：

$$f_{pq}=pf_n+qf_1 \tag{4-7}$$

式中，p和q为正整数；f_{pq}为输出信号频率；f_n和f_1分别为其他频道的信号和有用信号。

如果发射机互调产生的新频率恰好落入接收机工作频段内，则可能对接收机产生干扰。多数情况下，发射机互调的影响比接收机互调要小得多，可以忽略。互调干扰可由发射机功率放大器的“载波可调比”参数(IM)来定量描述：

$$\mathrm{IM}=20\lg\frac{\text{载波电压}}{\text{互调产物电压}} \tag{4-8}$$

同理，交调干扰可由“交调比”参数(CM)来描述：

$$\mathrm{CM}=20\lg\frac{\text{需要调制的电压}}{\text{其他频道转移来的电压}} \tag{4-9}$$

二、电磁信号传输模型

电磁信号传输途径是指发射机输出口到接收机输入口之间的电磁信号所经过的所有途径，包括发射天线馈线、发射天线、电波传播途径、接收天线、接收天线馈线等，通常用传输损耗来描述。自由空间传输损耗模型最基本的传播模型。而实际应用中，电波传播总是受到实际介质或障碍物的影响，因而存在吸收、散射、反射、绕射等作用，使信号产生不同程度的衰减。下面介绍自由空间传输损耗模型，其他传播方式通常以该模型为参考。

传输损耗L是指发射天线输入功率P_t与接收天线输出功率P_r(匹配状态下)之比，即

$$L=\lg(\frac{P_t}{P_r})=P_t(\mathrm{dBW})-P_r(\mathrm{dBW}) \tag{4-10}$$

当功率离开发射天线的距离为$d(m)$时，接收点的场强E(有效值)的表示式为

$$E=E_0A=\frac{\sqrt{30P_t(\mathrm{W})G_t}}{d}A(\mathrm{V/m}) \tag{4-11}$$

接收点的功率流密度S(坡印亭矢量)及接收天线传递给接收机的最大有用功率P_r分别为

$$S=\frac{P_tG_t}{4\pi d^2}A^2(\mathrm{W/m^2}) \tag{4-12}$$

$$P_r=(\frac{\lambda}{4\pi d})^2A^2P_tG_tG_r(\mathrm{W}) \tag{4-13}$$

式中，E_0代表自由空间接收点场强；A代表电路衰减因子；G_t和G_r分别为发射天线和接收天线的增益；d为收发天线间的距离；λ代表电磁波波长。

将式(4-13)带入式(4-10)中得：

$$L=20\lg(\frac{4\pi d}{\lambda})-A-G_t-G_r \tag{4-14}$$

衰减因子A通常小于1，故A(dB)为负值，这体现了媒质对电波作用引起的传输损耗，它可能包含吸收损耗、散射、反射和绕射等损耗，极化耦合损失，多波干涉效应等因素影响。

三、电磁信号受扰模型

从组织运用的角度来看，电磁干扰主要研究用频设备部署后相互间的用频干扰问题。设备射频接收前端可以看成一个理想的接收机，其对信号的选择性曲线如图4-9(a)所示，只有当干扰频率包含在选择曲线的基本信道的通带内，干扰才可能达到接收机输出端，而实际的接收机的选择性曲线如图4-9(b)所示，它表明干扰影响程度取决于其频率特性。干扰和接收机调谐频率间的频率间隔越大，相互间的干扰影响越小。根据电磁干扰对有用信号接收的作用机理来看，电磁干扰可分为同频干扰、邻道干扰、带外干扰、互调干扰和阻塞干扰等。相应地，可用接收机的同频道抑制(S_C)、邻道选择性(S_A)、杂散响应抑制(S_S)、互调抑制(S_I)和阻塞(S_B)等5项指标对接收机的抗干扰性能进行衡量。

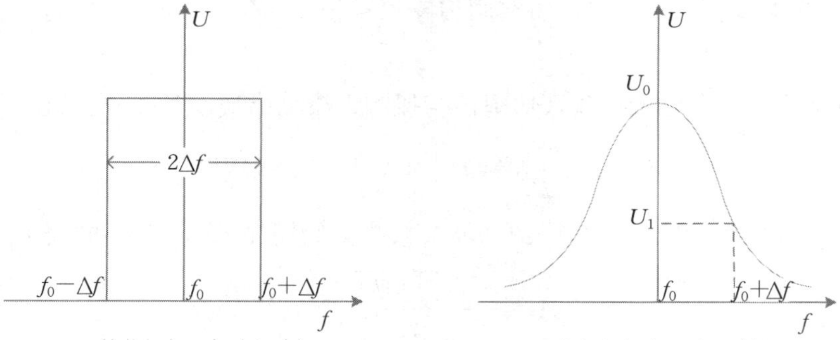

(a)接收机的理想选择特性　　(b)接收机的实际选择特性

图4-9　接收机选择曲线

(一)同频干扰

接收机接收某一预定发射机的信号时,会受到其他相同频率信号的干扰。这种无用信号的载频进入接收机工作信号通频带内,并对接收同频有用信号的接收机造成的干扰,称为同频干扰。己方相互之间的同频干扰主要是由频率复用造成的,复用距离越近,越易产生同频干扰。一般可采用频率复用的技术以增加频谱效率,如可采用时分复用(TDMA)或码分复用(CDMA)的方式规避不同信号源在同一区域内使用相当频率造成的相互干扰。

由于同频干扰中干扰信号与有用信号频率相同,会和有用信号一样,直接通过接收机的高频预选与放大、混频、中频滤波与放大等信号通道模块,因而同频干扰的干扰效果是最为明显的。同频干扰频率范围为$f_C \pm B_I/2$,f_C为载波频率,B_I为接收机的中频带宽,如图4-10所示。

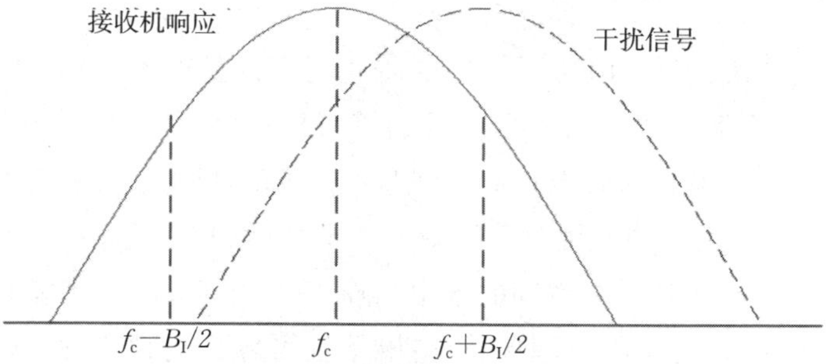

图4-10　同频干扰示意图

为减小同频干扰影响和保证接收信号质量,必须使接收机输入端的有用信号电平与同频干扰电平之比大于某个数值,该数值称为射频防护比。由于同频干扰影响与调制度及频偏有关,因此在不同信号和不同干扰的情况下,射频防护比有所不同。表4-4列出了射频防护比的数值。

表4-4 射频防护比

有用信号类型	无用信号类型	射频防护比(dB)	
		接收质量3级	接收质量4级
窄带F3E,G3E	窄带F3E,G3E	8	12
宽带F3E,G3E	宽带F3E,G3E	8	12
宽带F3E,G3E	A3E	8	12
窄带F3E,G3E	A3E	10	
窄带F3E,G3E	直接打印F2B	12	
A3E	宽带F3E,G3E	8~17	
A3E	窄带F3E,G3E	8~17	
A3E	A3E	17	

表4-4中,信号类型用3个符号表示:第一个符号表示主载波的调制方式,F代表调频,G为调相(或间接调频),A为双边带调幅;第二个符号表示调制信号的类别,"3"为模拟单载波信号,"2"为数字单载波信号;第三个符号代表发送消息的类别,E为电话,B为印字电报。如信号类型F3E表示调频、模拟单载波信号、电话,简称调频电话。窄带F3E、G3E系统通常使用的最大频偏(简称频偏)为±4kHz或±5kHz;宽带F3E、G3E系统的频偏为±12kHz或±15kHz。对于要求中等话音质量(3级),在有用信号与无用信号均为F3E时,由表4-4可知,射频防护比为8dB。

(二)邻道干扰

邻道干扰又称邻频干扰,是指相邻频道的信号之间的相互干扰。由于调制信号含有无穷多个边频分量,当其中某些边频分量落入邻道接收机的通带内,就会对邻道信号造成干扰。邻道干扰会使收信机信噪比下降,灵敏度降低;强干扰信号可使收信机出现阻塞干扰。邻道干扰主要是接收和发射机滤波器性能不理想,使相邻的信号泄漏到了传输带宽内而引起的。在发射机方面,如果频率稳度太差或调制度过大,造成发射频谱过宽,可造成对他台的邻频干扰。如不严格控制影响发射机带宽的因素. 很容易产生不必要的带外辐射。在接收机方面,当中频滤波器选择性不良时,便容易形成干扰或使干扰变得严重。

计算邻道干扰关键在于邻道辐射的功率分布和接收机对邻道频率的响应。以模拟调制中易产生邻道干扰的话音信号调频波为例,从第二章频率调制信号分析中可知,单音频调频信号可表示为

$$S(t)=\cos(\omega_0 t+\beta\sin\Omega t) \tag{4-15}$$

式中,β为调频指数;Ω为调制信号角频率;ω_0为载波角频率。展开可得

$$
\begin{aligned}
S(t)= & \sum_{n=-\infty}^{\infty} J_n(\beta)\cos[(\omega_0+n\Omega)t] \\
= & J_0(\beta)\cos\omega_0 t+J_1(\beta)\cos(\omega_0+\Omega)t-J_1(\beta)\cos(\omega_0-\Omega)t \\
& +J_2(\beta)\cos(\omega_0+2\Omega)t+J_2(\beta)\cos(\omega_0-2\Omega)t \\
& +J_3(\beta)\cos(\omega_0+3\Omega)t-J_3(\beta)\cos(\omega_0-3\Omega)t \\
& +\cdots \\
& +J_n(\beta)\cos(\omega_0+n\Omega)t+(-1)^n J_n(\beta)\cos(\omega_0-n\Omega)t
\end{aligned}
\tag{4-16}
$$

图4-11给出了第一频道(No.1)发送的调频信号落入邻道(No.2)示意图。其中，n_L为落入邻近频道的最低边频次数，F_m为调制信号的最高频率(如3kHz)，B_r表示频道间隔，B_I为接收机的中频带宽。令收、发信机频率不稳定和不准确造成的频率偏差为Δf_{TR}，那么在最坏情况下，落入邻道接收机通带的最低边频次数为

$$n_L=(B_r-0.5B_I-\Delta f_{TR})/F_m \tag{4-17}$$

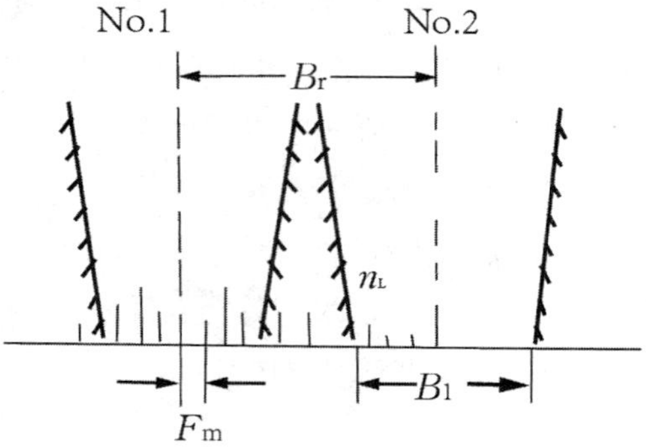

图4-11　邻道干扰示意图

若已知调频电台的频偏为Δf，则调频指数$\beta=\Delta f/F_m$就可确定，由式(4-17)求出n_L后，就能求出边频分量的幅度$J_{n_L}(\beta)$、$J_{n_L+1}(\beta)$、$J_{n_L+2}(\beta)$等，从而求出落入邻道的调制边带功率与载波功率之比值。若已知发射机功率，则能求得落入邻道的边带功率。

为了减小邻道干扰，一方面需要对发射信号的功率谱旁瓣进行限制，通常要求功率谱带辐射功率比载波功率低40～50dB或更多；另一方面，需要接收机具有足够的邻道衰减，要有足够的频率选择性。

(三) 带外干扰

1. 发射机的带外辐射

通常，发射机即使未加入调制信号，也存在以载频为中心、分布频率范围相当宽的噪声，这种噪声就称为发射机边带噪声，简称发射机噪声。典型电台发射机的噪声频谱如图4-12所示。由图4-12可见，发射机的噪声频带为2～3MHz，它比频道间隔(如25kHz)大得多，它不仅在相邻频道内形成干扰，而且会在几兆赫的频带内产生影响。发射机噪

声主要由振荡器的噪声、倍频器次数及调制器串入的杂音等所决定。振荡器的噪声主要受电源的波动及热噪声的影响，为此供给振荡器的电源必须有良好的滤波特性并采用稳压措施。振荡器输出的振荡频率往往要倍频数次才能获得所需的载波频率，由于倍频器的影响，信噪比将会进一步恶化。一般来说，经n次倍频后，信噪比恶化将大于$20\lg n$dB。为降低倍频所造成的信噪比恶化，应力求减少倍频次数n；同时，在倍频之前，振荡器的输出端，即倍频器输入端应有良好的滤波特性，以减少发射机噪声。

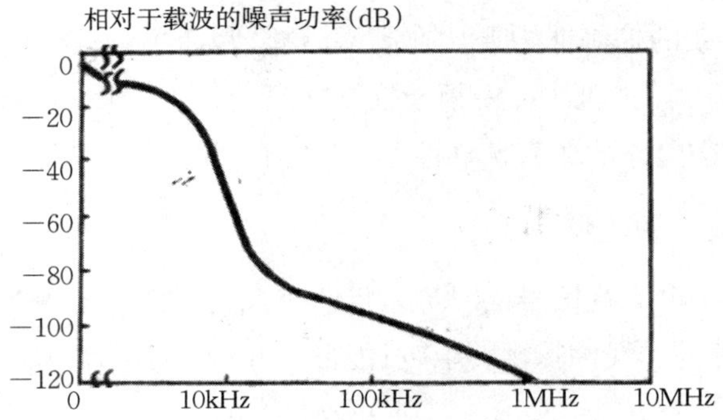

图4-12 典型发射机噪声辐射的频谱分布

发射机除会产生噪声辐射外，还会产生寄生辐射。用频设备为获得较高的频率稳定度，大多采用晶体振荡器或温补晶体振荡器(TCXO)，然后通过多级倍频器倍频到所需载频。通过这种措施在输出端除了得到所需的载频外，还会产生一系列寄生信号成分。如果各级倍频器的滤波特性不良，在发射机的输出端便会产生污染信道的寄生辐射波，它会干扰与寄生频率相近的接收机。为减小寄生辐射，在发射机中需采取如下措施：倍频次数要尽可能小；各级倍频器应具有良好的滤波性能；各级倍频器之间应屏蔽隔离，防止电磁耦合或泄漏；发射机的输出回路应具有良好的滤波性能，以抑制寄生分量。

2. 接收机的杂散响应

接收机除收到有用信号外，还能收到带外频率的无用信号。这种对其他无用信号的响应能力，通常称为杂散响应，它与接收机本振的频率纯度和高放回路选择性有直接关系。超外差接收机的杂散响应主要有镜像频率响应和中频响应，相应的干扰称为镜像频率干扰和中频干扰。

镜像频率干扰，简称镜像干扰或镜频干扰，是超外差接收机特有的现象。设接收机中频为f_{id}，本振频率为f_c，对于常见的下变频方式，则希望接收的信号频率为$f_s=f_c-f_{id}$，设另一信号频率$f_m=f_c+f_{id}$，f_m和f_s像是以f_c为镜面的一对镜像，所以称f_m为f_s镜像频率，简称镜频或像频。镜像频率如果位于输入回路的通频带内，通过外差的变频作用就会把像频位置以及附近的信号搬移到中频带内，对接收信号形成干扰。抑制镜像干扰的有效方法是提高中频和变频器之前电路的频率选择性。

中频干扰是有干扰信号频率等于或接近于接收机的中频频率时对有用信号造成的干扰。如果接收机高放输入回路选择性不好，外界中频信号会进入变频器并被放大后，直接通过中频滤波器进入中频处理电路，而影响有用信号的正常接收。中频干扰的程度与接收机采用的中频频率有关。当采用低中频方案，即中频低于接收机的最低工作频率时，中频干扰在工作频率范围低端要较高端严重。这是因为在频率低端时，接收机前级频率选择回路对中频的抑制能力要比在高端时差，因而中频信号更容易通过前级电路。反之，采用高中频方案的接收机，中频干扰则在高端较为严重。抑制中频干扰的有效方法是提高变频器之前电路的频率选择性和设置专门滤除中频信号的滤波器。

（四）接收机互调干扰

如果有两个或多个干扰信号同时进入接收机高放或混频器，只要它们的频率满足一定关系，则由于器件的非线性特性，就有可能形成互调干扰。如图4-13所示。

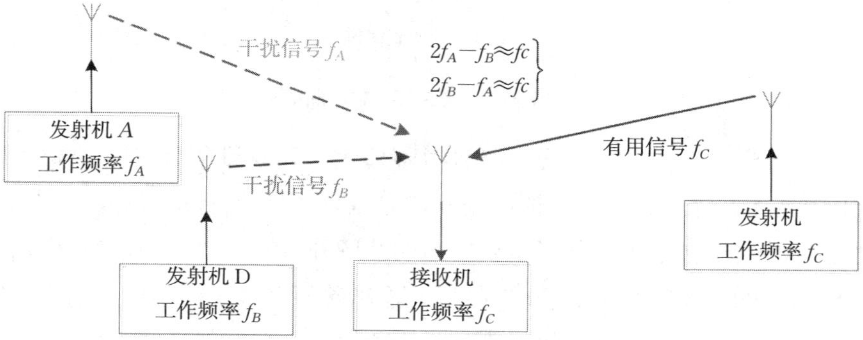

图4-13　接收机两信号三阶互调干扰示意图

一般非线性器件的输出电流 i_c 与输入电压 u 的关系式可写为

$$i_c = a_0 + a_1 u + a_2 u^2 + a_3 u^3 + \cdots + a_n u^n \tag{4-18}$$

式中，a_k 为非线性器件的特性系数，通常有 $a_1 > a_2 > a_3 > \cdots > a_n$。假设有两个信号同时作用于非线性器件，即

$$u = A\cos\omega_A t + B\cos\omega_B t \tag{4-19}$$

式(4-18)中的失真项可表示为

$$\sum_n a_n (A\cos\omega_A t + B\cos\omega_B t)^n,\quad n = 2, 3, 4, 5, \cdots \tag{4-20}$$

将上式展开并观察其中所含的频率成分，可以发现：

(a)在各个失真项中都包含 ω_A 和 ω_B 的高次谐波分量($n\omega_A$ 和 $n\omega_B$)，这些谐波分量的频率通常远离接收机的调谐频率 ω_0，而且不属于互调频率，这里不予考虑。

(b)在二阶($n=2$)失真项中,会出现$\omega_A+\omega_B$和$\omega_A-\omega_B$两种组合频率。由于接收机的输入电路及高频放大器具有调谐回路,即具有选择性,这两种频率的干扰信号必将受到很大抑制,不易形成互调干扰。这是因为ω_A和ω_B往往都接近ω_0,从而使$\omega_A+\omega_B$和$\omega_A-\omega_B$远离接收机的调谐频率ω_0,不太可能造成干扰。同理,四阶($n=4$)、六阶($n=6$)等偶数阶所产生的组合频率都具有类似性质,因而在计算互调干扰中都可不予考虑。

(c)在三阶($n=3$)失真项中,会出现$2\omega_A-\omega_B$、$2\omega_B-\omega_A$、$2\omega_A+\omega_B$与$2\omega_B+\omega_A$等组合频率,这里,后两项的性质类似于二阶组合频率中的$\omega_A+\omega_B$可以忽略。但对于$2\omega_A-\omega_B$和$2\omega_B-\omega_A$两项而言,当ω_A和ω_B都接近于有用信号的频率ω_0时,很容易满足以下条件:

$$\begin{cases}2\omega_A-\omega_B\approx\omega_0\\2\omega_B-\omega_A\approx\omega_0\end{cases}\tag{4-21}$$

这一条件说明,$2\omega_A-\omega_B$和$2\omega_B-\omega_A$两项频率不仅可以落入接收机的通频带之内,而且可以在ω_A和ω_B都靠近于ω_0的情况下发生,因为接收机的射频输入电路对频率靠近其工作频率的干扰信号的抑制作用不会很大,因而这两种组合频率的干扰对接收机的危害比较大。通常把这两种组合频率的干扰称为三阶互调干扰。

(d)同理,可以看出,在五阶($n=5$)失真项中,具有危害性的组合频率是$3\omega_A-2\omega_B$或$3\omega_B-2\omega_A$,通常把这两种组合频率的干扰称之为五阶互调干扰。

因为在非线性器件中,系数$a_5<a_3$,因而高阶互调的强度一般都小于低阶互调分量的强度。这就是说,五阶互调干扰的影响小于三阶互调干扰的影响,因而在一些实际系统的设计中,常常只考虑三阶互调干扰,至于七阶以上的互调干扰,因为其影响更小,故一般都不予考虑。

倘若在非线性电路的输入端同时出现三个不同频率的干扰信号,即

$$u=A\cos n\omega_A t+B\cos n\omega_B t+C\cos\omega_C t\tag{4-22}$$

按同样方法分析可以看出,其中危害最大的互调频率是三阶互调中的$\omega_A+\omega_B-\omega_C$,$\omega_A+\omega_C-\omega_B$和$\omega_B+\omega_C-\omega_A$等项,以及五阶互调中的$2\omega_A-2\omega_B+\omega_C$等项。

有时把两个干扰信号产生的三阶互调称之为三阶-I型互调,把三个干扰信号产生的三阶互调称之为三阶-Ⅱ型互调。

在上述分析中,假定接收机在接收有用信号的同时,又收到两个或三个干扰信号所产生的互调干扰,倘若把其中的某个干扰信号与有用信号互换,所得结论仍然适用。

为减轻接收机的互调干扰,可以采取下列措施:①高放和混频器宜采用具有平方律特性的器件(如结型场效应管和双栅场效应管);②接收机输入回路应有良好的选择性,如采用多级调谐回路,以减小进入高放的强干扰;③在接收机的前端加入衰减器,以减小互调干扰。因为经过非线性电路后,有用信号的幅度与a_1u成比例,而三阶互调分量的幅度与a_3u^3成比例,当把输入的信号与干扰均衰减10dB时,互调干扰将衰减30dB。

接收机抗互调干扰能力用互调抗拒比S_I(以dB计)表示,它表征了接收机对于满足互调频率关系的两个或多个无用信号的抑制能力,并用干扰信号与接收机灵敏度的相对电平(dB)来表示。测试中,当输入有用信号的电平比灵敏度高3dB时,引入适当的互调干扰使接收机输出的信纳比保持为12dB。这时,输入的互调干扰电平与有用信号电平的比值(以dB计),即为接收机的互调抗拒比。在我国的公用移动通信系统中要求接收机对两信号三阶互调的互调抗拒比指标为70dB。

发射机互调干扰是同址使用多部不同频率的发射机(FDMA系统)所产生的特殊干扰。因为多部发射机设置在同一个地点时,无论它们是分别使用各自的天线还是共用一副天线,它们的信号都可能通过电磁耦合或其他途径窜入其他的发射机中,从而产生互调干扰。发射机末级功率放大器通常工作在非线性状态,所以这种互调干扰通常发生在末级功率放大器中。发射机产生互调干扰的原理和接收机产生互调干扰的原理完全一样。

(五)阻塞干扰

当强干扰信号与有用信号同时进入接收机时,强干扰会使接收机前端电路的非线性器件饱和,产生非线性失真的现象,造成接收机接收有用信号的增益降低(受到抑制)或噪声提高,使接收机灵敏度下降,这种现象就是接收机的阻塞,这种干扰称为阻塞干扰。阻塞干扰会导致接收机无法正常接收有用信号。长时间的阻塞还可能造成接收机的永久性能下降。阻塞干扰也是用频设备和系统中需要考虑的一个重要方面,特别是系统的规划、设计及组织运用中,必须注意避免阻塞干扰情况的出现,以免影响用频设备的正常效能。

下面以两个电压旋转矢量相加来分析强干扰阻塞的情况。

设有用信号:

$$u_s = U_s \cos \omega_s t \tag{4-23}$$

干扰信号:

$$u_n = U_n \cos \omega_n t \tag{4-24}$$

当它们叠加在一起时,合成信号为

$$U_b = u_s + u_n = U_s \cos \omega_s t + U_n \cos \omega_n t \tag{4-25}$$

经三角变换并考虑了干扰信号很强(即$U_n \gg U_s$)后,则合成信号为

$$U_b = U_n [1 + m_0 \cos(\omega_s - \omega_n)t] \cos[\omega_n t + m_0 \sin(\omega_s - \omega_n)t] \tag{4-26}$$

所以,

$$U_b = U_n [1 + m_0 \cos \Omega t] \cos[\omega_n t + m_0 \sin \Omega t] \tag{4-27}$$

式中,$m_0 = U_s / U_n$,$\Omega = \omega_s - \omega_n$。

这是一个调幅调相波,其中$U_n[1 + m_0 \cos \Omega t]$相当于一个调幅波,$m_0$为调幅度,$\Omega$为调制频率,而$U_n \cos[\omega_n t + m_0 \sin \Omega t]$相当于一个调相波。

由此可见，一个弱有用信号与一个强干扰信号的合成信号将变为一个频率以干扰信号的载频为中心的调幅调相波。强信号使得工作在高频放大或混频级的晶体管传递特性进入饱和区或截止区而呈现严重非线性，在经过双向限幅后，合成信号的包络大部分被削掉而只保留了调相部分，由于保留了调相部分，故合成信号的相位变化中还会有有用信号。但由于$U_n \gg U_s$，故m_0很小，而干扰信号U_n却很大，因而使输出信噪比显著下降，形成灵敏度降低和阻塞。干扰信号幅度U_n越大，阻塞越严重。如果收信机接收到的有用信号的功率太强，也会出现类似的情况，称为强信号阻塞。

作为衡量阻塞干扰指标主要有两个:阻塞频带和阻塞电平。设固定电平的干扰电压U_n，并由远端向工作频率靠近，使收信机的信纳比(SINAD)下降3dB时，信号与干扰的频率差:$f=\pm|f_s-f_n|$称为阻塞频带。设$f_c=|f_s-f_n|$为某一常数，调整干扰电平使有用信号的信纳比下降3dB时，其对应的输入电平叫阻塞电平。收信机的阻塞频带越宽越易受到外来强信号的阻塞干扰，而阻塞电平越高则表示收信机抗拒强干扰信号能力越强。

四、电磁兼容判别模型

判别用频台站间上单个电磁干扰发射机和单个受扰接收设备之间是否电磁兼容，可利用电磁干扰预测方程，通过将受扰设备输入端的有效干扰功率值与敏感度门限相比较来确定。

(一) 受扰功率强度的表示

设干扰源辐射功率为$G(t,f,\theta)$(dBW)，描述为时间t和频率f以及方位θ的函数；干扰源与受扰敏感设备之间传播途径对干扰信号的影响用传输函数$T(t,f,\theta,r)$(dB)表示，其中包含时间延迟t、频率f、传播方向损耗θ以及距离r的影响。则在受扰设备处的有效干扰功率电平为

$$P_I(t,f,\theta,r)=G(t,f,\theta)+T(t,f,\theta,r) \tag{4-28}$$

$P(t,f,\theta,r)$是频率f、时间t、距离r和收发天线的相对方位θ的函数，单位为dBW。

(二) 电磁敏感特性的表示

国家军用标准《电磁干扰和电磁兼容性术语》(GJB 72A—2002)将“设备、器件或系统因电磁干扰可能导致工作性能降级的特性”定义为电磁敏感性(electromagnetic susceptibility)，表示受扰接收机对电磁干扰能量的敏感特性。与其密切相关的术语是抗扰性(immunity)，是指“器件、设备、分系统或系统在电磁骚扰存在的情况下性能不降级的能力”。敏感度电平越小，表示敏感性越高，抗扰性越差；反之，抗扰度电平越大，则表示抗扰性越强，敏感性越低。

“引起设备、分系统、系统呈现最小可识别的不希望有的响应或性能降级的干扰信号

电平”称为敏感度门限(susceptibility threshold),即影响受扰接收机正常工作的最小敏感度电平。将信号接收及其天线部分看作一个整体,其敏感度门限值是时间t、频率f和方位θ的函数,用$P_S(t,f,\theta)$来表示。

当作用到敏感设备上的电磁干扰大于其敏感度门限时,敏感设备将会发生干扰,不兼容,表示为

$$P_I(t,f,\theta,r)>P_S(t,f,\theta) \tag{4-29}$$

干扰信号作用到敏感设备时,如果敏感度门限电平值大于实际干扰电平,则不会影响它的正常工作,因此这是电磁兼容的情况,表示为

$$P_I(t,f,\theta,r)<P_S(t,f,\theta) \tag{4-30}$$

由于敏感度门限取决于接收机性能降级标准的判定,通常可依据一些标准性文件来确定,若以接收机对干扰信号有响应为标准,则同频干扰的敏感度门限即为接收机内部噪声电平。但在复杂用频台站间环境中,用频设备部署高度密集,电磁频谱资源十分有限,一些判断标准往往过于严苛,则应根据具体作用频台站间景中用频 接收机的重要程度确定相应的敏感度门限,一般还与接收机处的有用信号强度有关,因而在用频台站间电磁兼容分析中,敏感度门限是随用频设备组织运用的不同而动态变化的。

(三)电磁兼容程度的表示

为更加方便地定量描述台站间电磁兼容的程度,国家军用标准《电磁干扰和电磁兼容性术语》(GJB 72A—2002)定义了安全裕度(safety margin,SM)的概念,安全裕度是“敏感度门限与环境中的实际干扰信号电平之间的对数值之差,用分贝表示”,即敏感度门限相对于实际干扰电平的富余量:

$$\text{SM}=P_S(t,f,\theta)-P_I(t,f,\theta,r) \tag{4-31}$$

如果SM>0,即$P_I<P_S$,则表示可兼容工作;反之,SM<0,即$P_I>P_S$,则表示不兼容;SM=0时,则表示处于兼容的临界状态。由于接收机受扰干扰功率的理论计算值存在不同程度的偏差,因而得到的安全裕度只能说明兼容工作的可能性大小,安全裕度值越大,表示越安全,即遇到干扰的接收机能兼容工作的概率越高。为保证接收机可靠兼容,有时规定安全裕度需大于一定的电磁兼容裕度值(如10dB),相当于降低了敏感度门限值。

由于电磁兼容和电磁干扰是同一问题的两个方面,通常也用电磁干扰程度的干扰裕度或干扰余量(interference margin,IM)(dB)表示用频台站间的兼容程度。干扰裕度表示实际干扰电平相对于敏感度门限的富余量,即

$$\text{IM}=-\text{SM}=P_I(t,f,\theta,r)-P_S(t,f,\theta) \tag{4-32}$$

当IM>0时,表示会发生干扰;当IM<0时,表示不会发生干扰;IM=0时,则表示处于被干扰的临界状态。IM值越大,表明越容易受干扰。

将P_I和P_S的表达式代入式(4-31)和式(4-32),则有

$$SM = P_S(f_R) - P_T(f_E) - G_T(f_E, \varphi_T) + L(f_E, t, d) - G_R(f_E, \varphi_R) - C_F(B_T, B_R, \Delta f) \tag{4-33}$$

$$IM = P_T(f_E) + G_T(f_E, \varphi_T) - L(f_E, t, d) + G_R(f_E, \varphi_R) + C_F(B_T, B_R, \Delta f) - P_S(f_R) \tag{4-34}$$

式中，P_T为发射频率f_E上的发射功率(dBW)；G_T为在频率f_E上，接收天线方向φ_T上发射天线的增益(dB)；L为频率f_E上距离d的传输损耗(dB)；G_R为频率为f_E时，在发射天线方向φ_R上接收天线的增益(dB)；P_S为在响应频率f_R时，接收机敏感门限(dBW)；C_F为计入发射机带宽B_T，接收机带宽B_R及发射机与接收机响应之间的频率间隔Δf及其他参数的校正系数(dB)，为负值dB。

式(4-31)和式(4-32)称为电磁兼容性预测的基本方程，也称干扰预测方程。它们是等价的，适用于各类用频台站间的电磁兼容分析。

综上所述，判别用频台站间电磁兼容性判别的总体流程如图4-14所示。

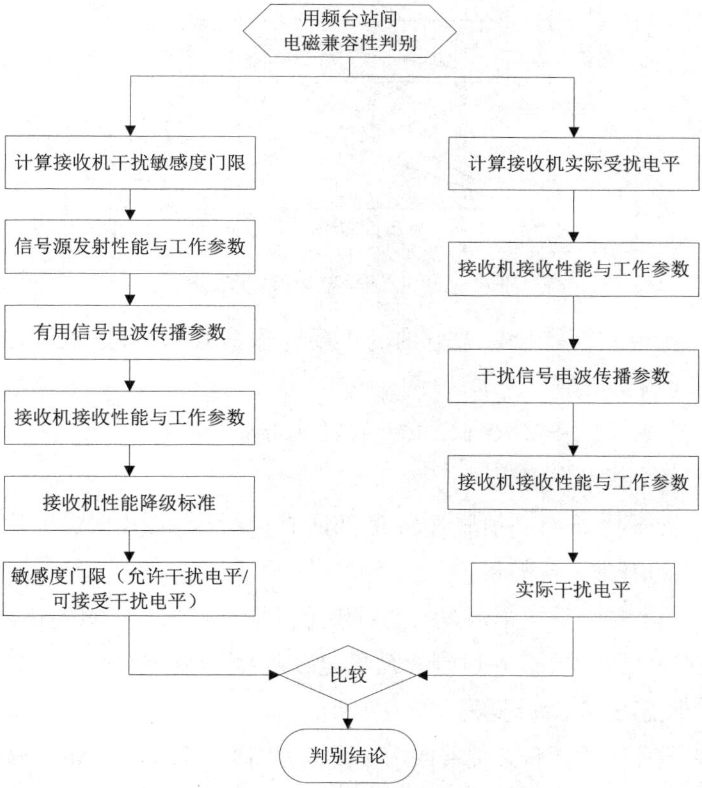

图4-14　用频台站间电磁兼容性判别流程

第三节　用频台站间电磁兼容分析流程

如前所述，在用频台站间电磁频谱管控中，对应于电磁干扰三要素的干扰源、耦合通道和敏感设备主要是电磁信号发射机、电波传播途径和电磁信号接收机。在复杂电磁环境中，作为干扰源的发射机和作为敏感设备的接收机都有可能是多个，可能会形成多对多的干扰，如图4-15所示。此外，任何一个发射机除输出带内基波外还输出许多带外无用信号；接收机不只存在基波响应，还存在杂散响应；电波传播也可能存在多条不能的途径。在用频台站间电磁兼容分析中，通常采用逐对分析干扰源与敏感设备的策略，即选择一个发射源和一个接收设备，构成一个“发射-响应”对。用频信号接收机在用频台站间电磁环境中进行电磁兼容分析的基本步骤如下。

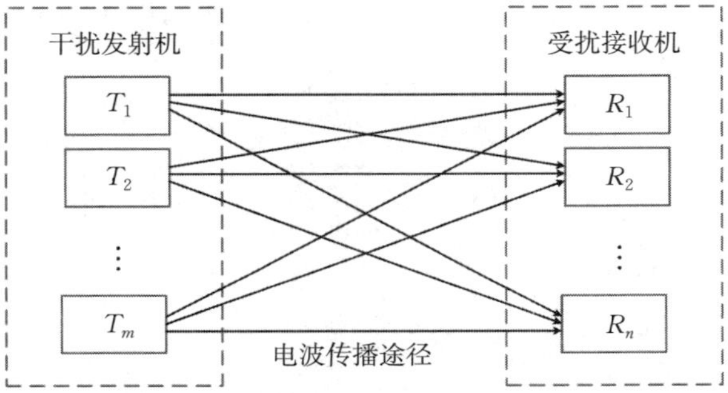

图4-15　“发射-响应”对示意图

(1) 确定用频台站间待分析地域内的主要电磁信号发射机、电波传播途径和接收机，并分别建立起数学模型。

(2) 选择一个敏感设备接收机R_i($i=1, 2, ..., n$)。

(3) 选择一个干扰源发射机T_j($j=1, 2, ..., m$)。

(4) 逐个分析干扰源T_j到敏感设备R_i的所有传播途径，并计算干扰源T_j电磁信号传播到接收机R_j的电磁干扰能量。

(5) 对每个干扰源T_j重复第(4)步，并对敏感设备R_j接收到的所有电磁干扰能量进行综合处理，根据安全裕度或干扰裕度判断R_j的电磁兼容性，确定对R_j起决定作用的干扰源；

(6) 对每个敏感设备R_j重复第(3)～(5)步。

此策略可以避免因用频台站部署或用频设备运用不合理而造成的电磁兼容问题，但在用频台站密集部署的用频台站间上，“发射-响应”对数目将会十分庞大，若一一进行分析，用频台站间电磁兼容分析的时效性将很难保证。利用系统间电磁干扰预测的四级筛选法，可以有效提高用频台站间电磁兼容分析的效率。四级筛选流程按幅度剔除、频率筛选、详细分析和性能预测进行，每一级筛选可以对整个问题做一次快速“扫描”，将明显能兼容工作的"发射-响应"对从分析中剔除，如图4–16所示，其中IM表示干扰余量。

一、幅度筛选

幅度筛选仅考虑发射－响应对的干扰幅度，采用每个输入函数的简单、合理和保守的近似式，将大量弱与相当少的强干扰分离开来。此时仅在相当粗略的程度上考虑干扰情况，缩小用频台站间电磁兼容的分析规模。此时假定传播损耗最小，以及干扰发射的频率和接收设备的调谐频率是一致的，这样接收机对潜在干扰提供的抑制也最小。

（一）幅度筛选参数

在幅度筛选中，首先，考虑发射机基波和杂散的发射功率电平P_T和接收机基波和杂散响应的敏感度门限电平P_S；其次，考虑天线方向性和传播损耗，但应采用简单、保守的近似式来显示时间、距离、方向对这些参数的影响。此时假设校正系数C_F为零，通常假定天线方向为最大发射和接收方向，电波传播损耗按自由空间损耗计算。如果干扰余量超过剔除余量，则该发射一响应组合保留到下一步更精细的预测级别。相反，如果干扰余量小于一定的剔除余量（如－10dB），则该发射响应组合不再做进一步预测考虑。

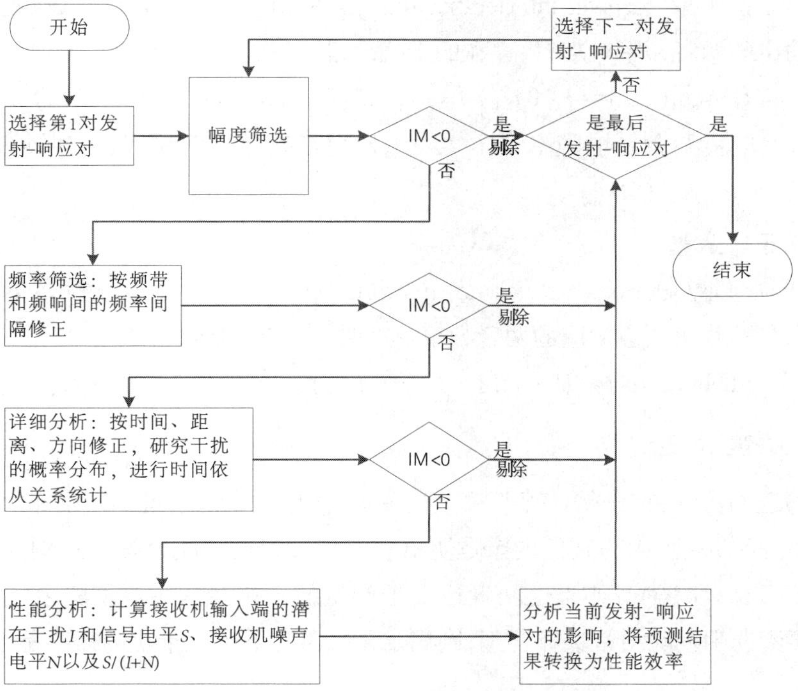

图4–16 用频台站间电磁兼容分析流程

幅度筛选中干扰预测方程简化为

$$IM(f,d)=P_T(f)+G_{T\max}-L_0(f,d)+G_{R\max}-P_S(f) \tag{4–35}$$

式中，$L_0(f,d)$为自由空间传播损耗。

（二）干扰余量计算

幅度筛选主要考虑以下4种情况。

1. 基波干扰余量

基波干扰余量（fundamental interference margin，FIM），是指发射机基波频率和接收机基波响应频率两者同频道时并以无抑制的方式存在的干扰余量。

$$FIM(f_{OT},d)=P_T(f_{OT})+G_{OT}-L_0(f_{OT},d)+G_{OR}-P_S(f_{OR}) \tag{4-36}$$

2. 发射机干扰余量

发射机干扰余量（transmitter interference margin，TIM），是指发射机基波发射与接收机杂散响应的两者频率对准时存在的干扰余量。

$$TIM(f_{OT},d)=P_T(f_{OT})+G_{OT}-L_0(f_{OT},d)+G_{SR}-P_S(f_{SR}) \tag{4-37}$$

式中，f_{SR}为接收机杂散响应频率，$P_S(f_{SR})$为接收机杂散响应敏感度，一般通信设备可按$P_S(f_{SR})=P_S(f_{OR})+80$计算。

3. 接收机干扰余量

接收机干扰余量（receiver interference margin，RIM），是指接收机基波响应与发射机杂散发射输出的两者频率对准时，存在的干扰余量。

$$RIM(f_{OR},d)=P_T(f_{ST})+G_{ST}-L_0(f_{ST},d)+G_{OR}-P_S(f_{OR}) \tag{4-38}$$

式中，f_{ST}为发射机杂散发射频率，$P_T(f_{ST})$为发射机杂散发射功率，一般通信设备可按$P_T(f_{ST})=P_T(f_{OT})-80$计算。

4. 杂散干扰余量

杂散干扰余量（spurious interference margin，SIM），也译为乱真干扰余量，是指发射机杂散输出与接收机杂散响应的两者频率对准时，存在的干扰余量。

$$SIM(f_{ST},d)=P_T(f_{ST})+G_{ST}-L_0(f_{ST},d)+G_{SR}-P_S(f_{SR}) \tag{4-39}$$

（三）幅度筛选过程

幅度筛选的步骤：首先是计算基波干扰余量，如果此干扰余量小于剔除余量，则不需要计算其他三种情况，因为它们的余量更低；相反，如果此干扰余量超过剔除余量，则需要继续计算TIM和RIM，如果这两者任一个产生的干扰余量超过剔除余量，还需计算SIM。只要筛选中剔除余量选择合理，则满足剔除条件下出现干扰的概率是很小的。

二、频率筛选

当接收机的调谐频率与干扰发射机的发射频率有间隔，或接收带宽小于干扰发射带宽时，接收机所接收的干扰能量比调谐对准时相同带宽接收到的能量小得多。频率筛选就是通过考虑发射机的带宽和调制特性、接收机的接收带宽和选择性、发射机发射和接收机响应之间的频率间隔等频率相关因素，对幅度筛选阶段所得的干扰余量进行修正，即通过校正系数 C_F 来修改幅度筛选的结果。如果修正后干扰余量仍超过剔除余量，则该"发射-响应"对将保留到详细分析阶段中进一步分析。如果修正后干扰余量小于剔除余量，则该"发射-响应"对不再考虑。

（一）频率间隔

1. FIM的频率间隔

$$\Delta f = \left| f_{OT} - f_{OT} \right| \tag{4-40}$$

2. TIM的频率间隔

$$\Delta f = \min\left\{ \left| f_{OT} - f_{IF} - Nf_{L0} \right|, \left| f_{OT} + f_{IF} - Nf_{L0} \right| \right\} \tag{4-41}$$

式中，f_{L0} 为本振频率，f_{IF} 为接收机中频，N 为与 $(f_{OT} \pm f_{IF})/f_{L0}$ 最接近的整数。

3. RIM的频率间隔

$$\Delta f = \left| Nf_{OT} - f_{OR} \right| \tag{4-42}$$

式中，N 为与 f_{OR}/f_{OT} 最接近的整数。

4. SIM的频率间隔

$$\Delta f = (\Delta P)_{\min} f_{L0} \tag{4-43}$$

式中，ΔP 为与 $(f_{OT} \pm f_{IF})/f_{L0}$ 最接近的整数之差。

（二）修正系数

1. 收发同频时

"发射-响应"对在同一中心频率的发射和响应时，频率修正系数

$$\mathrm{CF}(B_T, B_R, \Delta f) = K\lg(B_R/B_T) \tag{4-44}$$

式中，K 为发射—接收组合常数，根据收发带宽关系，取值区分为以下两种情况。

（1）$B_R \geqslant B_T$，即接收机带宽等于或大于发射机带宽时，干扰发射能全部进入接收机，此时不须修正，$K=0$。

（2）$B_R < B_T$，即接收机带宽小于发射机带宽时，仅接收发射的部分功率，则须采用带宽修正CF，$K>0$，取值与干扰信号类型有关：对于采用均方根电平的类似噪声信号，取 $K=10$；对于采用峰值电平的脉冲信号，取 $K=20$。

2. 收发失谐时

当发射机和接收机中心频率偏差较大时，发射机功率可通过以下两种可能途径进入接收机。

（1）发射机带外辐射进入接收机基波接收频带，则修正系数为

$$\mathrm{CF}_R(B_T, B_R, \Delta f) = K\lg(B_R/B_T) + M(\Delta f) \tag{4-45}$$

式中，$M(\Delta f)$为频率间隔Δf时高于发射功率的边带电平(dB)。

(2) 发射机基波辐射进入接收机杂散响应频带，则修正系数为

$$CF_T(B_T, B_R, \Delta f) = -S(\Delta f) \tag{4-46}$$

式中，$S(\Delta f)$为频率间隔Δf时高于接收机基波敏感度的接收机选择性(dB)。

修正系数取上述二者中的最大者：

$$CF(B_T, B_R, \Delta f) = \max\{CF_R(B_T, B_R, \Delta f), CF_T(B_T, B_R, \Delta f)\} \tag{4-47}$$

三、详细分析

经频率筛选后保留的“发射一响应”对存在很大的干扰可能性，对其中的每个情况均应做进一步分析。在详细预测中，应考虑那些依赖于时间、距离、方向等因素，以及确定最终干扰余量的概率分布。

(一) 依赖因素

在详细分析中考虑的重要因素主要包括：各传播方式、极化匹配、近场天线增益修正、多干扰信号效应(互调、交调、减敏等)、时间相关的统计特性(如使用旋转天线时)、干扰余量的概率分析等。在幅度筛选和频率筛选中的传播方式只考虑自由空间传播情况，详细分析中必须根据给定的电磁兼容状态选择占优势的传播方式，如果有多条传播途径，则应分别计算传播损耗，选择其中的最小值对干扰幅度进行修正；如果存在强信号，须特别要注意互调干扰和减敏干扰分析，其目的是区分在电磁环境中的发射机对它们发射的频率可能引起特定接收机内的这种干扰；如果涉及近场情况，则应使用近场模型对天线增益进行修正。

(二) 概率分布

确定与干扰余量有关的概率分布是详细分析的重要环节。干扰余量的概率分布与发射机功率、天线增益、传播损耗和接收机敏感度门限有关。在详细分析中需要完成的具体步骤在很大程度上取决于用频台站间电磁兼容特定问题和所要求的结果。如果所有分布均为正态的，则干扰余量的最终概率分布也呈正态分布。干扰余量标准差为

$$\sigma_{IM} = \sqrt{\sigma_{IM}^2 + \sigma_{TA}^2 + \sigma_L^2 + \sigma_{RA}^2 + \sigma_R^2} \tag{4-48}$$

式中，σ_{IM}为发射功率标准差(dB)，σ_{TA}为发射天线增益标准差(dB)，σ_L为传播损耗标准差(dB)，σ_{RA}为接收天线增益标准差(dB)，σ_R为接收机敏感度门限标准差(dB)。

四、性能分析

性能分析的主要问题是将分析的干扰电平与接收性能的量度联系起来，即将分析结果转换为描述系统性能恶化的定量表达式。为此，必须选择合理的性能判别指标，采用

合理的分析方法，通过对用频设备工作性能分析将分析结果转换为对使用者更有意义的形式，明确潜在干扰源和信号接收机间是否可以电磁兼容。

（一）性能判据

性能分析的主要问题是需要建立系统性能的数学模型。由于不同类型的用频设备具有很多不同的性能判据。为此，必须根据用频设备用途和类型，确定性能分析应采取的工作性能指标，通常采用的基本性能包括：清晰度指数——语音通信系统的性能判据；误码率——数字通信系统的性能判据；分辨率——电视、传真的性能判据；检测概率、虚警概率——雷达系统的性能判据；方位角、距离、经纬度等误差（以总值的百分率表示）——无线电测定业务（导航、测控雷达等）的性能判据。

（二）性能评定方法

评定特定系统的性能有3种存在紧密关系的基本方法。

1. 依据干扰电平门限

干扰电平门限基于系统所特定的信干功率比$S/(I+N)$或S/I（干扰电平远大于噪声时），如射频保护比。此比值表示了系统的可接受性能和不可接受性能之间的界限。这种方法是最为简单的，也是应用最为广泛的。

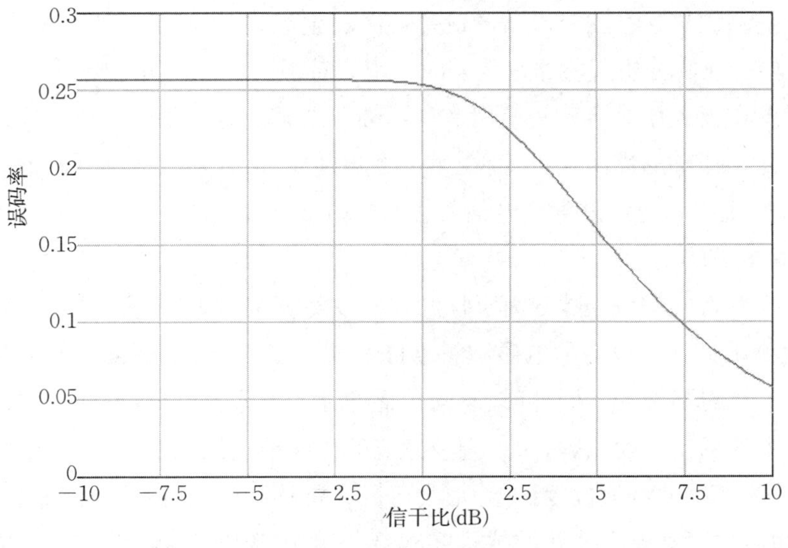

图4-17　误码率与输入信干比的关系

2. 依据系统工作效果

如清晰度指数、误差率、分辨率等的度量，这方法主要用于对具体信号和干扰状态的分析。工作效果往往与信干功率比密切相关，相互之间存在着转换关系，这种关系与有用信号调制方式、干扰信号调制方式、接收机解调方式及有关参数设置等有关。如图4-17所示，显示通信系统中信号与干扰均为2ASK调制，信噪比10dB，接收机采用相干解调时误码率与输入信干比的关系（判决门限取输入信号幅度的一半）。

3. 依据系统完成特定任务的能力

即依据系统的工作效果来评定。它与系统基本性能及系统组织运用方式等因素有关，分析最为复杂。

第四节　用频台站间电磁兼容措施

为实现用频台站间电磁兼容，必须将电磁兼容分析工作贯穿于电磁频谱管控全过程中，首先应把好用频设备源头关，即在投入用频台站间使用前要组织好电磁兼容检测与认证，其次要做好组织运用中的电磁兼容工作，综合运用多种技术和组织措施，保障用频台站间各用频台站间的电磁兼容。

一、用频台站间电磁兼容测试与认证

（一）电磁兼容测试

电磁兼容测试贯穿在用频设备的设计、开发、生产、使用和维护的整个周期，对进行用频台站间电磁兼容分析起着非常重要的作用。对于用频台站间电磁环境管控来说，主要是用频设备在投入用频台站间使用前和用频台站设置时的测试。电磁兼容测试的内容分辐射测试和传导测试两大类，而在每一类测试中，又分别包括测量设备电磁干扰发射电平的EMI测试和测量设备抗电磁干扰的电磁敏感度（electromagnetic susceptibility，EMS）测试两方面的内容。

电磁干扰发射（EMI）测试分为干扰的辐射发射测试和干扰的传导发射测试。设备的抗干扰度测试又称为设备的电磁敏感度（EMS）测试，目的是测试设备承受各种电磁干扰的能力。针对骚扰的不同性质、不同传播途径和方式，可以有不同的测试方法。它们包括辐射电磁场抗扰度试验，由射频场感应的传导干扰抗扰度试验，静电放电抗扰度试验，电快速瞬变脉冲群抗扰度试验，浪涌（冲击）抗扰度试验，振铃波浪涌抗扰度试验，电压暂降、短时中断和电压变化的抗扰度试验，工频磁场抗扰度试验和脉冲磁场抗扰度试验等。

电磁兼容性的测量环境主要由测试场地和测试仪器组成。电磁兼容测试所需场地主要包括开阔场、屏蔽室、电波暗室等。电磁兼容测试所需的主要设备有：接收天线，测量接收机，人工电源网络，天线升降架、转台及部分适配器，吸收钳，计算机，接口板，软件等。

（二）电磁兼容认证

用频设备及其他有电磁兼容要求的辐射电磁波的设备必须通过国家或有关行业领域的电磁兼容认证，具备认证证书及认证标志。电磁兼容认证是针对设备的电磁兼容性进行的质量技术评价。对有强制性电磁兼容国家标准、军用标准或行业标准以及标准中有电磁兼容性强制条款的设备在投入用频台站间使用后还要实施强制性监督管理。对有推荐性电磁兼容国家标准或行业标准的设备可根据用频台站间电磁兼容的需要实施认证。

（三）电磁兼容标准

各类电磁兼容标准是进行电磁兼容测试与论证的依据。电磁兼容标准对设备的要求有两个方面，一方面是工作时不会对外界产生不良的电磁干扰影响，另一方面是不能对外界的电磁干扰过度敏感，前一个方面的要求称为干扰发射要求，后一个方面的要求称为敏感度要求。从能量传播途径上讲，电磁能量从设备内传出或从外界传入设备的途径只有两个：一个是以电磁波的形式从空间传播，另一个是以电流的形式沿导线传播。因此，电磁干扰发射可以分为传导发射和辐射发射，敏感度也可分为传导敏感度和辐射敏感度。各种电磁兼容标准测试的内容也就包括传导发射、辐射发射、传导敏感度、辐射敏感度。

为确保信息化用频设备符合用频台站间电磁兼容要求，管理与使用部门应严格遵守国家关于电磁兼容的相关规定与标准，以便在复杂多变的电磁环境中工作时不会因为所使用的设备和系统的电磁兼容问题而影响用频行动和所执行的任务进程。

二、用频台站间电磁兼容技术措施

用频台站间电磁兼容技术措施是为消除或削弱用频台站间用频设备和系统的电磁兼容问题而采取的技术手段和方法。实现用频台站间电磁兼容的技术措施主要是在用频设备的组织运用中应用电磁兼容抑制与隔离电磁干扰的三大技术方法，即通过滤波、接地及屏蔽等手段将设备运用时的电磁干扰予以抑制与隔离。

（一）采用滤波技术

滤波器的作用是把不需要的电磁能量，及电磁干扰减少到允许的工作电平上，所以滤波器是抑制电磁干扰的重要方法之一，也是防护传导干扰的主要措施。滤波器按所采用的元器件分为无源和有源滤波器两种。

无源滤波器是仅由无源元件（R、L和C）组成的滤波器，它是利用电容和电感元件的电抗随频率的变化而变化的原理构成的。这类滤波器的优点：电路比较简单，不需要直流电源供电，可靠性高；缺点：通带内的信号有能量损耗，负载效应比较明显，使用电感元件时容易引起电磁感应，当电感L较大时滤波器的体积和重量都比较大，在低频域不适用。

有源滤波器是由无源元件（一般用R和C）和有源器件（如集成运算放大器）组成。这类滤波器的优点：通带内的信号不仅没有能量损耗，而且还可以放大，负载效应不明显，多级相联时相互影响很小，利用级联的简单方法很容易构成高阶滤波器，并且滤波器的体积小、重量轻、不需要磁屏蔽（由于不使用电感元件）；缺点：通带范围受有源器件（如集成运算放大器）的带宽限制，需要直流电源供电，可靠性不如无源滤波器高，在高压和大功率的场合不适用。

用频设备使用时，应根据电磁兼容的需要和可行性，可在电源输入端加装电源滤波器解决传导干扰问题，防止电源中高频电磁干扰进入设备和设备内部电磁辐射污染电源，在发射机输出端加装滤波器抑制不必要的电磁辐射，在接收机输入端加装信号滤波器抑制带外电磁干扰信号的进入。

（二）采用接地技术

接地是指在设备的某个部位与某个接地面之间建立导电的通路。根据目的不同，用频设备使用时的接地技术可分为安全接地、防雷接地、静电接地、电源接地和屏蔽接地等类型。

安全接地将设备底盘、机壳接地，以保护设备和人员安全；防雷接地将保护易被雷击的物体而将防雷设施接入大地，以防雷击时危及设备和人员安全；静电接地将非导电部件接地，以防静电积累放电危及设备和人员安全；电源接地将供电电源单独建立的基准点接地，以保证各单元稳定可靠地工作；屏蔽接地将设备的屏蔽部件接地，以起到屏蔽的作用。

用频设备使用时，应按照接地要求和标准，将相应部位接地，可有效消除或减小电磁环境的有害影响。在必要的情况下，为更好地满足用频台站间电磁兼容要求，还可完善或加装接地设施。

（三）采用屏蔽技术

用频设备的电磁兼容屏蔽就是在设备的使用中利用磁性材料或者低阻材料铝、铜等制成容器将需要隔离的设备包起来，其作用是隔离容器内外的相互干扰。大部分用频台站间电磁兼容问题都可以通过屏蔽来解决。屏蔽的方法一般分为静电屏蔽、磁屏蔽和电磁屏蔽等。

静电屏蔽使用铜等导电特性好的金属壳体将设备隔离起来，主要是防止静电耦合干扰，可使内部设备不受屏蔽壳外电场影响，在屏蔽壳接地时壳外电场不受壳内设备产生的电场影响；磁屏蔽使用高磁导率材料将磁敏感器件和设备包起来，主要防止低频磁场干扰，使屏蔽对象周围的磁力线集中在屏蔽材料中，从而起到磁屏蔽的作用；电磁屏蔽用导电率高的材料将电磁干扰源或电磁敏感电路封闭起来并接地，主要是切断电磁波的传播途径，防止高频电磁场的干扰。

用频设备使用时，应按照屏蔽要求和标准，运用好屏蔽材料，设备维修时不要擅自改变屏蔽设置。在必要时，可单独加设屏蔽器材，如在大功率辐射源附近工作的电子设备可单独加装屏蔽机箱提高屏蔽效果，在干扰来源方向上架设接地金属网进行局部屏蔽，可有效削弱电磁干扰。

三、用频台站间电磁兼容组织措施

用频台站间电磁兼容组织措施是为保障同一电磁环境中各无线电设备和系统的共存工作，根据一定的技术条件，灵活地组织运用相关力量（人员、设备器材）所采取的措施。实现用频台站间电磁兼容的组织措施主要涉及电磁频谱管理的内容。

（一）加强电磁环境监测与电磁兼容预测

电磁环境监测在平时就应不间断地进行，在准备和组织实施各项活动中，则更应加强对用频场所的电磁环境监测并进行用频台站间电磁兼容预测分析，尤其是在用频设备密集部署的空间，要充分研究大功率辐射源对所在空间电磁环境的作用以及电磁信号接收设备受外界电磁环境的影响。在掌握用频场所电磁环境和对其进行预测的基础上，及时修改和细化电磁兼容措施，以确保最重要的用频设备和系统稳定工作。对于通过预测所发现的可能出现潜在不兼容的用频设备和台站，必须周密计划其工作频率、时间、空间范围，把复杂电磁环境造成的不利影响降至最低。

（二）科学选配用频设备工作参数

用频设备的频率、功率、灵敏度、信号调制样式、信号极化方式、天线方向特性等工作参数对用频台站间电磁兼容结果有直接影响。其中频率指配是核心工作，但在频率资源紧张时为减小频率指配难度，其他参数的合理选配非常重要。科学的频率指配通常被认为是用频设备运用时保障用频台站间电磁兼容的主要和最重要的方法，与进行用频设备的空间隔离等方法相比，这种方法不需要耗费大量的时间和人力、物力，满足最小频率间隔要求的频率指配一般能有效消除相互干扰。当有限空间范围内配置的用频设备数量不是很多时，使用排列频率组的方法进行频率指配是一种简便易行的电磁兼容方法。在为较大空间范围内数量众多的用频设备指配工作频率时，则需借助于计算机自动化手段来辅助进行频率指配，指配若干有一定最小频率间隔的频率。该最小频率间隔取决于在规定电平上潜在受扰接收机的通频带宽和发射机信号带宽，通常与信号样式直接相关。在为具体的用频设备进行频率指配时，还要考虑其相互距离、发射机的功率和接收机的灵敏度、天线方向性以及一系列其他特性。为提高频率利用率，应降低频率复用保护距离（保护空间），在组织用频设备使用时，尽量使用方向性天线并使之不对着干扰方向，选用与干扰源天线不同的极化方式，在保证完成工作任务的前提下，尽量使用窄的工作带宽、小的发射功率和低的接收灵敏度。

（三）合理确定用频台站位置

确定用频台站的设置位置时，在关注周围电磁环境的同时，还应充分利用用频台站间地形、地物障碍物（山丘、森林、建筑物等等）对电磁兼容的影响，尤其是在附近有大功率干扰源时，障碍物能有效消除或削弱电磁干扰的影响。为此，需要具体考虑每一具体用频设备间电波传播途径的特性。一般而言，传播途径中不同类型障碍物对电波能量的额外衰耗与波长、障碍物几何尺寸和障碍形状及其吸收特性有关。为便于计算不同类型障碍物对电波传播的额外衰耗，可以利用电波波长、不同类型障碍物几何尺寸及吸收特性等参数的经验公式，近似评估障碍物对电波的衰耗值。在选择和构筑用频台站时利用地形、地物的屏蔽特性有助于削弱干扰电波的能量。在很多情况下，配置用频台站时也可应用金属网形式的屏蔽设施，将其就近布设在用频设备对电磁干扰的最大接收方向上。有数据表明，这种设施可将无意干扰能量削弱10～20dB。利用自然和人工屏蔽物来削弱干扰的方法，可适用于工作于超短波和微波频段的用频设备。

（四）适时限制用频设备的工作

在用频台站工作过程中，当通过频率指配的方法不能实现所有用频设备的电磁兼容时，则为保障优先级别高的用频设备工作，相应的管理机构可对优先级较低的用频设备的工作进行时间或空间限制。空间限制是指在规定的空间内禁止发射或接收电磁波，其目的是消除在用频设备天线方向图主瓣接收（发射）方向上的电磁辐射（接收）。如果各用频台站配置到位后，它们之间所保持的空间距离足以保障在使用同一频率同时工作时不会因相互干扰而降低其运行效能，那么这些用频台站就做到了空间兼容，从而可以实现频率复用。需要同时使用相同频率的用频台站必须配置在其他用频台站的空间间隔——“干扰”作用区域之外，才能不成为“干扰”的“作用对象”。对于需要同时同频工作但不能做到空间兼容的用频台站则需进行这种空间限制。时间限制是指对用频台站的工作时间进行协调或在一定时段内禁止其工作。只有在完全清楚有关频率与时间资源以及在集中控制的条件下才能准确把握时间限制中用频设备工作的时间间隔。

（五）加强用频台站间电磁兼容问题协调

由于用频台站分布范围广，隶属关系复杂，必须对出现或可能出现的电磁兼容问题加强协调。根据用频台站间电磁兼容协调任务，需要建立统一的协调机制，明确各级责任人和业务部门的协调权限和职责。用频台站间电磁兼容协调工作贯穿于用频台站间电磁环境监测与预测分析、用频台站部署、频谱资源使用、用频台站间电磁环境管控等工作中，涉及到所有的用频单位、管频单位和用频台站建设主管部门。

第五章
无线电频率管理

无线电频率管理，简称频率管理，也称无线电频谱资源管理，是对无线电频谱资源进行规划与控制的活动，目的是提高无线电频谱资源的使用效益，使无线电频谱资源高效用于各类目的，促进社会进步与经济发展，服务于国防和军队建设。频率管理是电磁频谱管理的核心内容，是复杂电磁环境中确保用频台站间电磁兼容的关键，它将有限的电磁频谱资源有效配置给相关应用对象，主要包括频率划分、频率规划、频率分配和频率指配等内容。

第一节　无线电频率划分

无线电频率划分(radio frequency allocation)，是将无线电频谱分割为若干频段，再将每一频段指定给一种或多种无线电业务在规定条件下使用的活动。频率划分也常称为频段划分(allocation of a frequency band)，主要根据各频段电波的传播特性、各种业务的要求、无线电技术的发展水平以及各国的具体情况，由具有行政权力的大会讨论确定。无线电频率划分的结果，以无线电频率划分表的形式进行发布，具有法规效力，是无线电频率规划、分配、指配的依据。无线电频率划分的应用对象是无线电业务，按频率划分的应用范围分为国际、国家无线电频率划分。国际和各个国家的频率划分，通常在一段时间内稳定不变，经过几年或十几年的实施后，根据技术和经济发展的需要，集中进行修改和调整。

一、无线电业务分类

无线电业务是进行无线电频率划分的基础，无线电划分的变化都是由于无线电业务的新发展和新需求而引起的。根据国际电信联盟的定义，无线电业务(radio service)，是利用无线电波传输、发送或获取信息的业务，分为无线电通信业务和射电天文业务两大类。其中无线电通信业务(radio communication service)是指为各种电信用途所进行的无线电波的传输、发射和/或接收业务，又分为地面业务和空间业务；射电天文业务（radio astronomy service）是涉及射电天文使用的一种业务。无线电业务分类如图5-1所示，通常所说的利用无线电进行的信息通信、雷达探测、导航定位等活动都涉及无线电信号的发射、传输和接收，即依赖于信源、信道和信宿等通信三要素，都属于这里所称的无线电通信业务，是形成复杂电磁环境的主要原因，也是频谱管理的主要业务对象。无线电业务是人类对无线电频谱的利用方式，保障各种无线电业务的正常进行是频谱管理的根本目的。电子干扰等对抗性用频活动是电磁斗争中一方针对另一方的恶意电磁活动，其目的不在于利用无线电波为己方传递所需要的电子信息，因而不属于无线电业务，不必要也不可能按照正常的无线电频率划分、规划、分配和指配的方法和程序进行频率管理。为便于开展对抗性用频活动，需要将其与己方各类无线电业务的频率使用协调工作体现在频率管理的各环节中。

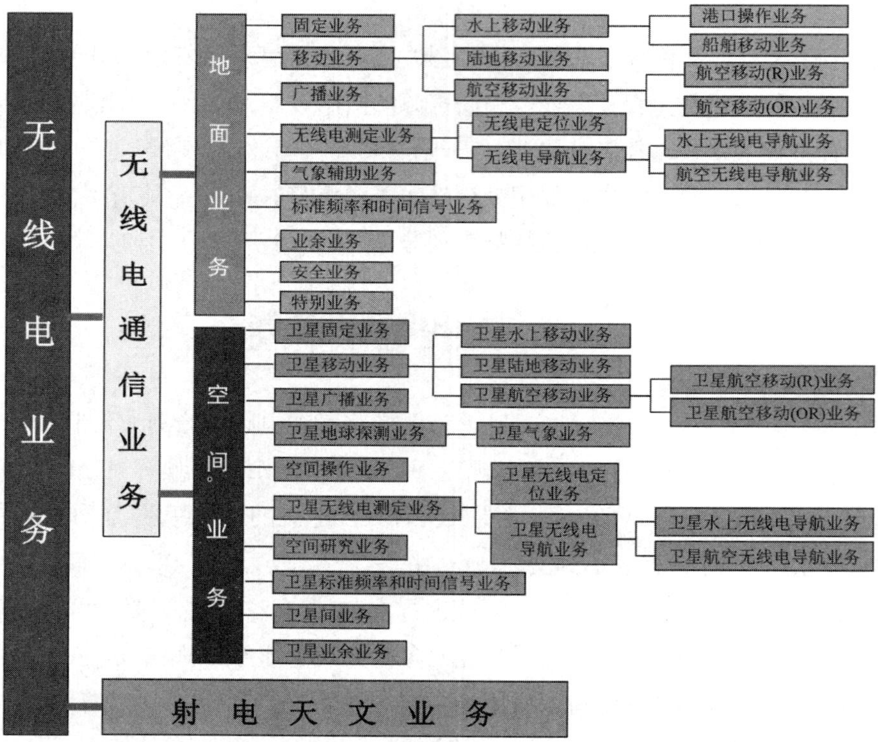

图5-1 无线电业务分类图

二、国际无线电频率划分

国际无线电频率划分由国际电信联盟制定的《无线电规则（radio regulations，RR）》进行更新和发布。《无线电规则》始制定于1903年，随着无线电业务的不断新增和需要变化，以及频谱利用技术的不断发展，经过数十次世界性无线电行政（通信）大会的修订完善和扩展补充，《无线电规则》的内容变得越来越详细和复杂。

（一）世界频率划分的区域

为了制订国际无线电频率划分表，在《无线电规则》中将世界划分为三个区域（如图5-2所示），同一区域的频率划分是相同的。三个区域主要由A、B、C三条区域分割线确定。

图中A线由北极沿格林尼治以东40°子午线至北纬40°线，然后沿大圆弧至东60°子午线与北回归线的交叉点，再沿东60°子午线而至南极；B线由北极沿格林尼治以西10°子午线至该子午线与北纬72°的交叉点，然后沿大圆弧至西50°子午线与北纬40°线的交叉点，然后沿大圆弧至西20°子午线与南纬10°线的交叉点，再沿西20°子午线而至南极；C线由北极沿大圆弧至北纬65°30′线与白令海峡国际分界线的交叉点，然后沿大圆弧至格林尼治以东165°子午线与北纬50°线的交叉点，再沿大圆弧至西170°子午线与北纬10°线的交叉点，再沿北纬10°线至它与西120°子午线的交叉点，然后由此沿西120°子午线而至南极。

一区包括东限于A线和西限于B线所划定的地区，但不包括两线之间的伊朗伊斯兰共和国领土。该区包括欧洲、非洲和部分亚洲国家，亦包括亚美尼亚、阿塞拜疆、格鲁吉亚、哈萨克斯坦、蒙古国、乌兹别克斯坦、吉尔吉斯斯坦、俄罗斯、塔吉克斯坦、土库曼斯坦、土耳其和乌克兰的整个领土以及位于A、C两线间俄罗斯以北的地区。二区为东限于B线和西限于C线之间的地区，包括南美洲和北美洲。三区包括东限于C线和西限于A线之间所划定的地区，但其中列入一区的地区除外。该区包括大部分亚洲国家和大洋洲，亦包括伊朗伊斯兰共和国位于两线以外的部分。我国位于《无线电规则》所划定的第三区。

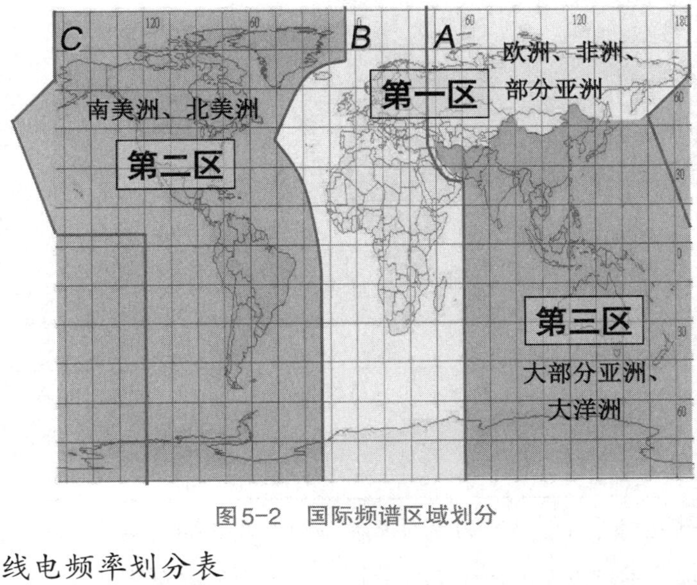

图5-2 国际频谱区域划分

（二）无线电频率划分表

《无线电规则》将世界无线电频率划分结果以无线电频率划分表的形式进行发布，当前《无线电规则》（2020年发布）把8.3kHz～275GHz范围内的频率分成若干小的频段，明确分别指定给不同的区域各种无线电业务在规定的条件下使用，部分频段划分如表5–1所示。

在频率划分表中，有些频段划分在三个区域不尽相同，称为区域性划分，如表中1525~1530MHz频段在3个区域的划分均不相同，1530~1535MHz只在二、三区的划分相同；有些频段的划分在三个区是统一的，称为世界性划分，如表中1535~1559MHz频段。频率划分表中的某一频段供多种业务使用时，分为主要业务（表中粗体字所列业务名称）和次要业务，主要业务排列在次要业务之前。主要业务具有比次要业务优先的使用地位。次要业务不得对主要业务产生有害干扰，并不得向主要业务要求保护不受干扰。

表5–1 国际电信联盟无线电频率划分表（部分）示例

<table>
<tr><th>1区</th><th>2区</th><th>3区</th></tr>
<tr><td>1525－1530
空间操作（空对地）
固定
卫星移动
（空对地）5.208B 5.351A
卫星地球探测
移动（航空移动除外）5.349</td><td>1525－1530
空间操作（空对地）
卫星移动
（空对地）5.208B
5.351A
卫星地球探测
固定
移动 5.343</td><td>1525－1530
空间操作（空对地）
固定
卫星移动
（空对地）5.208B 5.351A
卫星地球探测
移动 5.349</td></tr>
<tr><td>5.341 5.342 5.350 5.351
5.352A 5.354</td><td>5.341 5.351 5.354</td><td>5.341 5.351 5.352A 5.354</td></tr>
<tr><td>1530－1535
空间操作（空对地）
卫星移动
（空对地）5.208B 5.351A 5.353A
卫星地球探测
固定
移动（航空移动除外）</td><td colspan="2">1530－1535
空间操作（空对地）
卫星移动
（空对地）5.208B 5.351A 5.353A
卫星地球探测
固定
移动 5.343</td></tr>
<tr><td>5.341 5.342 5.351 5.354</td><td colspan="2">5.341 5.351 5.354</td></tr>
<tr><td>1535－1559</td><td colspan="2">卫星移动（空对地）5.208B 5.351A
5.341 5.351 5.353A 5.354 5.355 5.356 5.357 5.357A
5.359 5.362A</td></tr>
</table>

频率划分表中的脚注（S5.XXX）是对所在频段的业务的使用条件加以说明，或者对一个或多个国家、地区未列入划分表中的业务进行附加划分或替代划分。在频率划分表中，某一频段中的脚注标明“也划分给”该区域内的某一个或几个国家和地区的某种业务，称为“附加划分”，亦即为频率划分表所标明的业务以外所增加的划分。在频率划分表中，某一

频段中的脚注标明“划分”给该区域内的某一个或几个国家和地区的一种或多种业务，称为“替代划分”，亦即在该国家和地区内，不采用频率划分表中所标明的划分和业务。

三、国家无线电频率划分

国际电信联盟成员国无线电频率划分，是在遵循国际无线电频率划分规定的基础上，依据各国无线电业务应用及频率使用需求进行的。我国根据《中华人民共和国无线电管理条例》、国际电信联盟《无线电规则》(2020年版)和我国无线电业务发展的实际情况，制定了《中华人民共和国无线电频率划分规定》。在中华人民共和国境内(港澳台地区除外)研制、生产、进口、销售、试验和设置使用各种无线电设备，应当遵守该规定，并按照《中华人民共和国无线电管理条例》等规定办理相应的手续；在中国香港、澳门特别行政区内使用无线电频率，应当分别遵守中国香港、澳门特别行政区政府有关无线电管理的法律规定；该规定中列入的中国香港、澳门无线电频率划分表由中国香港、澳门特别行政区政府分别制定和执行，相关资料和规定以中国香港、澳门特别行政区政府的法定文本为准；该规定暂未列入中国台湾地区无线电频率划分表。

《中华人民共和国无线电频率划分规定》中说明了频率划分范围至3000GHz，实际上明确划分了无线电业务的频段在275GHz以下，也明确了国际电信联盟《无线电规则》中未明确划分的8.3kHz以下频段范围在内地的无线电业务(水上移动、水上无线电导航)。

无线电频率划分表是划分规定的主体，共分两栏，分别是“中华人民共和国无线电频率划分”和“国际电联第三区无线电频率划分”。“中华人民共和国无线电频率划分”又分为“中国内地”“中国香港”“中国澳门”三栏，如表5-2所示。“国际电联第三区无线电频率划分”是指国际电信联盟《无线电规则》频率划分表中国际电联第三区的频率划分。

中华人民共和国无线电频率划分表中，所有国际电联的脚注(含原脚注编号和名称)均予以保留，“中国内地”的脚注以CHN开头编码，与“中国内地”一致的国际电联脚注，列入相应“中国内地”栏中。同一频段划分给多个业务的，主要业务排列在次要业务前，次要业务以楷体字且加“[ ]”表示，多个主要业务排列不分先后。

表5-2　国家无线电频率划分表(MHz)(部分)示例

<table>
<tr><th colspan="3">中华人民共和国无线电频率划分</th><th rowspan="2">国际电联第三区
无线电频率划分</th></tr>
<tr><th>中国内地</th><th>中国香港</th><th>中国澳门</th></tr>
<tr><td>2495—2501
标准频率和时间信号
(2500kHz)</td><td rowspan="2">2495—2505
标准频率和时间信号
(SFT)</td><td>2495—2501
标准频率和时间信号
(2500kHz)</td><td>2495—2501
标准频率和时间信号
(2500kHz)</td></tr>
<tr><td>2501—2502
标准频率和时间信号
[空间研究]</td><td>2501—2502
标准频率和时间信号
[空间研究]</td><td>501—2502
标准频率和时间信号
[空间研究]</td></tr>
</table>

续表

中华人民共和国无线电频率划分			国际电联第三区无线电频率划分
中国内地	中国香港	中国澳门	
2502—2505 标准频率和时间信号		2502—2505 标准频率和时间信号	2502—2505 标准频率和时间信号
505—2850 固定 移动 CHN4	2505—2850 水上移动	2505—2850 固定 移动	2505—2850 固定 移动

对应于无线电频率划分数据，还可以无线电频谱划分图的形式形象表示不同频段划分的无线电业务情况，如图5-3所示。分别以不同的颜色表示不同的无线电业务，同样以楷体字且加“[ ]”表示次要业务，如图5-4所示。

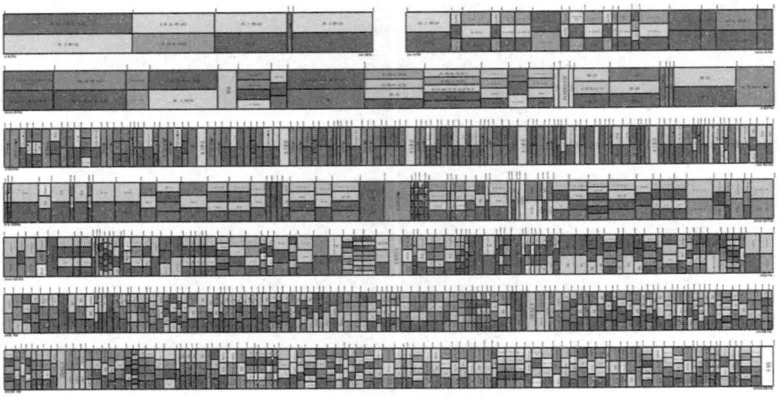

图5-3　无线电频率划分图

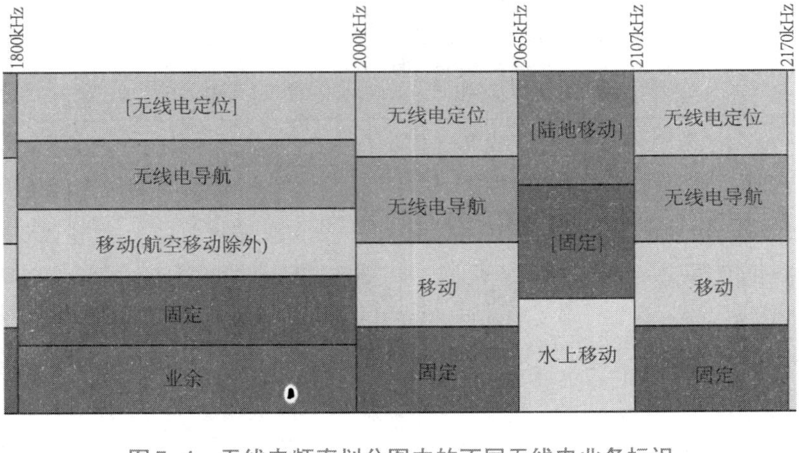

图5-4　无线电频率划分图中的不同无线电业务标识

第二节 无线电频率规划

无线电频率规划(radio frequency planning),简称频率规划,也称频谱规划(spectrum planning),是根据无线电频率划分规定,为某一频段内的某种无线电业务制定频率使用计划的活动。无线电频率是一种有限的资源,为了确保频率资源对社会经济发展和国防军事目标和有足够的支持,为了确保多种无线电业务正常开展,必须对频率资源进行科学规划和合理使用,必须对无线电频率的管理和使用指明方向。频率规划就是制定未来频率管理的目标以及达到这些目标所需步骤的过程,其目的是满足无线电业务的不断发展对无线电频率资源的使用需求,同时促进无线电频率管理系统本身的发展。在频谱管理中,无线电频率规划是一个不可缺少的环节。国际上的频率规划是通过召开世界(或区域)无线电大会制定;我国的频率规划由国家无线电管理机构牵头,军队电磁频谱管理机构等有关单位参加,共同制定。

一、频率规划的分类

频率规划可以按时间(短期、长期和战略)和覆盖领域(频谱的使用和频谱管理体系)来分类,如表5-3所示。本节主要按时间长短分析频谱资源的短期、长期和战略规划的基本内容,规划频谱的使用或频谱管理系统的开发,可在短期、长期或战略规划的基础上完成,业务或网络规划通常由通信服务或网络运营者来完成。

表5-3 频率规划分类表

分类名称	定 义
短期规划	考虑在3～5年内需要解决的问题或拟实施系统的规划
长期规划	考虑在5～10年内需要解决的问题或拟实施系统的规划
战略规划	确认数量有限的关键问题,在10年以上需要在频谱管理中集中关注解决的规划
频谱使用规划	频谱使用问题的规划,即分配、指配、标准等
频谱管理体系规划	包括规划频谱管理技术、分析方法、组织、资源、计算机实现等等
业务或网络规划	具体系统的特性和操作的规划

(一)短期规划

对于不需长期准备,在3～5年需要解决的频率使用问题,通常采用短期规划。例如,确定一个正在开发中的全国性新系统的频率指配方案,可以认为是短期问题。由于该系统已确定在几年内部署运行,在工作频段等方面没有过多可选择的余地。在短期规划中需要根据新要求重点审议工作频率的选择依据,包括确认闲置频率或使用效益不高的频率，分析同现有用户的电磁兼容性以及向相关各方征询有关满足新应用的最好方法和建议。一些问题矛盾需要频谱管理领域的协调机构来研究解决，需要充分考虑国际和国内的各种限制性因素，可以建议修改用频系统设计或明确运行中的限制条件来确保新系统如期投入使用，可以使用分析工具来优化频率的指配和使用。

短期规划通常需要会形成某种决策文件，说明规划行为的确定过程和要求达到目标的步骤。短期规划必须计划好规划各项内容的实现如何适应现有的内外部环境条件。在多数情况下，短期规划仍具备长期的意义，因为新的频谱使用或新的频谱管理能力会持续较长的时期。要在短期内满足国家相关领域未来和已有用频系统的频率需求，短期规划的内容应该十分全面，它往往还涉及修改无线电频率划分表，确定国家关于国际无线电通信大会议程的立场，修改用频规则、政策和标准等。

（二）长期规划

如果频谱资源能完全支持社会发展、国家经济建设、国防建设等目标，则需要制定5～10年发展的长期规划。长期规划是有效频谱管理的基础，确保频谱有效分配和指配，以不断满足新系统及其应用的频率需求。还能通过对现实频谱应用和频率使用过程进行评估来促进规划决策。长期规划中应当根据规划内容到对未来的影响，做出当前有关频率规划战略的决策，并明确过去的决策对未来可能的影响，定期调整决策以适应不断变化的新情况。长期规划的主要内容如表5-4所示，但不局限于这些内容。

长期规划既要具有全面性，以满足规划的时段内国家预知和已知用频系统的频率需求，又要具有灵活性，可以把现在的应用转移或扩展到其他的频段或地方。通过修订标准或信道规划可以改变工作特性；通过新建数据库，定义新业务或更改旧业务，或者开发新的管理方法，大大提升频谱管理技术能力。由于考虑因素众多，新制定长期规划和修订已有的规划的涉及面非常广泛，对于新内容必须定期审议，有的现有规划个别内容的更新经审议确认后即可实施，有些频谱使用的长期规划必须考虑当前、未来和预测的频谱使用情况，有必要将某些应用转移到其他应用的频段上，必须认真审议所需要的经费开支和国家应优先考虑的问题，必要时要与邻国和贸易伙伴开展协调活动。

表5-4 长期规划的主要内容

规划类型	规划的主要内容
频谱使用长期规划	1.频谱使用目的：根据国家政策，目的是满足等利益共享者的需求，如安全和法律实施、商业和交通、国家安全、教育、用户等 2.频谱资源：国家频率划分表，闲置或使用率不高的频段以及频率紧张的频段 3.频率需求：在用频率清单，未来需求，出现的新技术，预测国际和区域发展趋势 4.频谱可用性：政府存档的文件数据，实测数据 5.活动和阶段性计划

续表

规划类型	规划的主要内容
频谱管理体系长期规划	1.职能机构:无线电通信法规,被授权的权力机构,规则和程序规范 2.频谱管理职能:政策制定、执行和管理,许可证发放和费用征收 3.频谱工程和计算机保障:设备标准,信道规划,电磁兼容模式,工程分析方法,计算机硬件和软件 4.国际和区域活动:参加电联或其他国际和区域论坛的战略,国际和区域协定,边境协调 5.资源需求:经费来源,人力资源,未来需要 6.活动和步骤的计划安排

频谱使用最基本的长期规划就是一个国家无线电频率划分表,国家频谱管理者及所有频谱用户应将其作为开展无线电业务活动的指南。根据新技术发展和需求变化,频率划分需要定期调整:在特定频段内需要新增其他无线电业务,但新增业务不能与当前的其他业务共用;或者世界无线电通信大会做出决定,将现已占用的频段划分或分配给全球、区域或国家(划分脚注)不同业务。

(三)战略规划

战略规划可认为是一种需要重点关注关键问题的简化的长期规划。战略规划最重要的环节在于确认关键问题,而且对关键问题的确认应由所有频谱管理协调机构成员单位认可,对关键问题的选择必须一致。

战略规划只集中在少数几个关键问题上,降低了制订规划的人力要求,避免花费时间考虑不需要考虑的一些问题。一般说来,在特定时间,只有少量问题需要解决和规划。因此,对涉及内容广泛的长期规划通常不需要经常进行修订,而少量的关键问题可以采用战略规划来解决。因为无论是商业上,还是军事上,频谱资源都日益重要,需要对市场和军事需求进行研究,包括军地频谱管理机构、无线电业务运营商、设备制造商和用频设备运用单位在内的所有相关方都应牵涉在战略规划过程中,使得协调和管理工作变得越来越复杂。技术的迅速变化、市场的自由化、全球化和公众福利都是战略规划的推动力,未来战争中复杂电磁环境下的用频需求变化则是军事频率使用战略规划的一个重要推动力,如美国国防部在2013年的《电磁频谱战略》中将美军能够随时随地接入完成任务所需的频谱作为一个关键问题,根据战略环境的变化,明确了发展更高效、灵活以及适应性强的用频系统,增强国防部用频行动的敏捷性,加强对国际和国家频谱规则和政策变化的反应能力等三大战略目标;到2020年则进一步强调电磁频谱优势,在《电磁频谱优势战略》中将在选择的时间和地点实现电磁频谱行动自由的能力作为关键问题,明确了发展优势的电磁频谱能力、建设灵活全面的电磁频谱基础设施、完成全军电磁频谱作战准备、确保持久的电磁频谱合作伙伴关系、建立有效的电磁频谱管理方法等五大战略目标。

二、频率规划的基本流程

频率划分、分配和指配以及制定频谱标准是频谱管理的重要方面。制定规划以体现并满足变化了的频率使用,可以大大地促进无线电业务的实现,有助于国家发展。频谱使用规划应把频谱使用、新技术、现行划分表没有进行规定的新业务、改变使用的用户规划、突出拥挤的具体频段或地区以及最终可能改变由世界无线电通信大会所形成的频率划分或分配规划等作为考虑的主要因素,其过程涵盖了直接管理未来频谱使用的所有行为或决策,涉及频率划分、政策、分配、指配、规则和标准等方面,整个规划流程如下。

(一)确立频率规划的目标

确定和建立频率规划的目标是规划过程中的必要部分。这样做需要研究如何优化使用无线电频谱。该项研究包括现有无线电业务的可能增长以及新业务和新应用的采用和增长。另外,还应考虑工业、商业、政府、军队和广大民众使用频谱的变化。采用地方和国家政府机构相关行业,以及所有分散在各地相关方的建议来确立目标是很重要的。应对当前国家频率规划进程及影响因素做出评估,以确定政府和各行业领域所意识到的强势和弱势,将评估结果作为制定频率规划目标的基础。

(二)掌握频率规划需要考虑的诸要素

基于可能影响频谱使用的技术、法律、社会、生态、政策、经济、军事等诸因素,在任何规划框架中,频率规划都可以决定未来各种无线电业务的频谱需求。为了满足频谱使用需求,频谱管理者必须首先确定当前和未来频谱需求(包括所需能力、系统及其特性以及相关频率需求)和可用频谱资源,然后才可能决定如何最好地满足这些需求。频谱管理者必须对所掌握的大量信息进行分析,据此对规划做出预测和决定。为了方便对频率或频谱资源做任何必要的重新配置,必须及时地明确影响未来需求的众多因素,相关因素的数据来源于:

国际频率登记表和国家监测、检测记录,它们是评价现有使用情况的主要信息来源;其他业务主管机构,通过信息交换掌握邻国或国际团体的协调信息和正在考虑中的规划,避免规划活动的结果对境外频谱用户造成影响;一般咨询调查,通过直接与国家专门小组,如专家咨询委员会或某一具体目的专家组来广泛收集有关特定规划决策事项的专门的主题信息;未来频谱使用需求,任何频谱使用的规划都应考虑未来的国家及国际对频谱的使用;国际趋势,许多需要在世界范围内实施的用频系统规划,任何国家都没有任何理由制定自己的特殊规则,如一个信道规划,需要通过专业文献或者通过其他国家的商业或政府代表直接协商,或者通过参加ITU－R研究组和世界无线电通信大会来加以确认;频谱使用预测,在规划的基础上估计频谱需求的过程和方法,预告新技术采用或频谱需求的趋势,并评估其影响。

（三）确定频谱可用性

主要根据频谱管理机构自身所掌握的信息，以及国际电联《国际无线电频率划分表》、国际电联规划以及任何现有区域性频率规划的研究结果，确定针对所有无线电业务的频谱可用性，以满足频谱需求。

（四）评估规划选择方案

合适的频率规划选择方案的制订都必须在频谱可用性的基础上，达到满足频谱需求的目的。任何对制定频率规划选择方案的分析都需要考虑技术、法律、社会、生态、政治、经济、军事等因素，还要估计到提供给现有和未来用频环境和已划分的无线电业务的各种机会。在现有频率划分中无法满足的那些无线电业务需求，要根据这些分析以及提供的其他频谱监测结果，制订频率划分方案并估算重新划分和转移现有频谱用户的相对成本。

（五）实施频率规划

对各种频率规划战略的实施，可认为是不断持续的过程。新业务的采用可能需要改变频率划分表以及修改国家和国际电联规则。对国际电联规则的修改要在定期召开的世界无线电通信大会上进行。

（六）迭代频率规划

先前的决策可以定期或因特定需要随时进行再评估，如有必要可根据最新信息进行修改。因此，规划过程是一个不间断的开发过程和数据处理过程，而不是线性过程。所有的修改记录都应保存，以便能提供长期规划的整个制定史。

（七）制订频率规划支持计划

为支持频率规划工作的持续深化，管理机构可以启动和制订决定频谱实际使用的连续应用或某一阶段（年度或更长时间）的应用计划，以便在规划进程中提供反馈。主要内容包括：制订和实施指配频率的持续修订计划，对指配的频率进行审核，以确定指配频率实际上的有效使用情况；设计和实施频谱监测计划，测量无线电频谱，以确定授权的无线电台技术参数；着眼国家安全和新技术开发等特殊用途，确定某些频段的使用目标计划，为其划分合适的频段；着眼无线电频率的新使用，根据对一些特殊领域或地区中当前需要重耕的频谱占用度的分析，以及国际趋势、国际电联无线电规则、国家需要和技术发展情况，制订频谱重耕计划。

三、频率规划的主要方法

高效、科学地制订频率规划，必须根据规划内容的需要和条件，选择合适的规划方法，通常需要多种方法综合运用。

（一）咨询研究法

当频率规划可以通过频谱管理机构、用频业务机构、用频设备制造商等多家单位合作开展时，可以采取咨询研究法，以便合理准确且高效地决定频率需求和使用。由于频谱应用技术的迅速发展，这种方法是频率规划人员最为节省成本的一种方法。因为咨询研究法依据的是频谱管理人员的具体分析和直观材料，分析和预测的准确性将更多地取决于最关键的一些人员。

可以用公开通知或通告的形式开始咨询，让所有的相关方知晓。在一些特定情况下，则需借助频谱管理工作的专家咨询机构开展。政府部门用户和军队用户都有未来用频系统的频率需求，存在一些商业服务不能满足的特殊应用业务，需要专门的频谱和专门的用频系统，某些系统在一定程度上涉及不能被公众所知晓的国家安全和军事利益，此类频率规划的咨询活动必须得到管理机构的保护。

不同咨询代表小组之间的相互协商是咨询法频率规划的重要环节，其过程可以通过若干步骤迭代进行，各相关方之间通过相互协商而产生相互影响。对各种正面和反面的咨询回答的处理需要大量的时间，但同时也给频谱管理人员提供了足够的考虑问题的时间，可保证所有的意见得到记录并予以考虑。当前一般通过互联网工具平台在线上进行意见交流和协商，但有时考虑到相互影响的最大化以及加速处理某些问题的进程，也有必要进行线下当面咨询，为频谱用户方和频谱管理者之间建立直接的对话渠道，以使规划意图变得更加清晰，便于避免频率需求方片面夸大频率需求量的可能性，把每一项需求与其他的新老需求统一考虑，以实际情况为依据进行频谱协调，并尽快研究出合理的规划结果。

（二）数学分析法

数学分析法是指详细分析影响预测频谱技术与应用发展趋势的诸多因素，并在计算机软件的有效辅助下，将分析的假设和结果转化成由数学计算模型运行出的综合数据，主要包括频率需求预测分析、频率使用效益评估分析、频谱资源可支持性分析、频率共用可行性分析等。

频率需求预测分析是频率规划、分配的主要依据，也是频率需求用户申请无线电频率的依据。频率需求分析需要收集分析企业、运营商、普通公众、商业部门、政府、军队等各类用频用户对电磁频谱所提出的需求（包括潜在需求）；从长远利益出发，研究储备频谱的需求；从国家权益出发，研究国家对频谱、轨道资源的整体需求。根据国内外用频技术和业务的发展、用户数量的增加速度、用频系统的容量，综合社会经济、人民生活、国防和军队建设发展的趋势，采用多种手段对频率需求进行量化，比较准确地分析、预测某一时期、近期或者长期的某项用频业务对频率的需求量，为进行频率规划提供依据。

频率使用效益评估分析是指依据一定的方法和准则，对已分配频率在使用过程中所发挥价值的高低进行的一种定量评价。主要解决分配的资源“有没有用”“用了多少”“用得好不好”等问题，进而评估电磁频谱资源发挥的经济价值、社会价值以及军事价值等，为频率规划、分配、回收和再利用等提供依据。

频谱资源可支持性分析，就是分析研究不同频段的频率对特定用频业务系统正常运用的支持能力。不同频段电磁波的传播特性、收发和处理器件的实现难度和要求不尽相同，因而针对用频业务系统的频率需求，需要深入分析所需频率的电波传播特性是否支持，相应工作频段的电子元器件能否按时到位，是否符合国际国内频率划分要求及电磁兼容技术标准等法规要求。

频率共用可行性分析就是对未来新的用频系统与同频段其他新老系统兼容共用频谱的可行性进行分析。主要依据电磁干扰保护标准，通过典型运用场景下电磁干扰分析计算来确定能否同频段兼容工作。

（三）场景推演法

场景是通过分析过去发生过的在相关领域或在特定时期内以某种方式相互关联的、已知的发展情况，而对未来一系列事件所作的假设。场景本身不是预测，但在频率规划的框架内，场景推演有助于可能的发展预测，能提高预测的可靠性和对风险的可解释性，确定可能的发展战略选项。场景推演是根据政治、法律、经济、社会、生态、技术、战争形态等影响频率规划的诸多因素的变化而展开的。通过这些因素数据的不同配置，可以系统制定不同的场景，对场景的发生概率需要进行评估。通过场景推演，可以明确暴露出频率规划中存在的风险问题，也是需要密切关注的发展趋势的变化。

场景推演法更多地用于发展趋势和频率需求难以直接预测的长期规划中。例如，随着新技术的利用，电信和广电的融合预示着入户的无线带宽会大为增长，移动业务也有望具备类似的能力。但这种变化难以准确预料，更难在规划中体现出来。因为它们不是递增变化的，所以难以进行趋势分析。

场景中还需设置一系列在规定时期内非频谱实体设想的社会、商业、军事等领域非用频行为的可能变化。通过对不同变化情况的设置，可以生成具有排他性、同等发生概率的相互间很不一样的若干场景。用频业务的运用方和频谱管理方都需要对这些不同场景进行分析。根据国家和军事等相关战略、有效资源和频谱管理的框架，可以选择多种方法来评估可能影响频谱使用的场景。对影响频谱使用场景的评估，可借助于咨询研究法或数学分析法，或者这些方法相结合。通过频率使用场景的评估，能为有关无线电频率划分和规则制订方面的频谱管理决策打下有效基础。

第三节 无线电频率分配

无线电频率分配（allotment of a radio frequency），也称无线电频道分配（allotment of a radio frequency channel),是将无线电频率或频道规定由一个或多个单位,在指定的区域内供地面或空间无线电业务在指定条件下使用的活动。

一、频率分配的主要要求

在复杂电磁环境条件下,频率分配应遵循以下要求。

(一)统一计划,逐级分配

频率分配有其十分特殊的一面,在用频行动地域内用频设备和系统密集度高,无线电业务种类多,电磁环境十分复杂。与此同时,各单位对频率的使用还与其任务、行动阶段密切相关,因此频率的分配必须在统一计划的基础上灵活实施。对于分配给本单位的频谱资源,根据管理权限和用频实际需要,可以直接指配使用,也可逐级向所属单位进行分配。

(二)需求指向,科学分配

频率分配虽然只是将频谱资源分配到各单位,而不到具体某个用频台站,但在指配时必须考虑各单位在遂行任务时所需运用各类型用频设备业务类型、工作时段、地域和能用的频率范围等因素,全面兼顾单位用频需求,以确保分配给各单位的频谱资源能用好用,在进一步的频率分配和指配中发挥最大使用效益,避免所需要的频率没分到,分到的频率不能用;此外,还应充分考虑复杂电磁环境给台站用频使用带来的抗扰性需求,灵活采用多种分配方法,确保在复杂电磁环境中各单位在遂行任务过程中始终有频可分可用,特别要保障重点单位要有足够的频谱资源保障。

(三)高效共享,合理分配

如果相对于各用频单位需求来说,可用频率资源数量足够多,那么就可以直接按照各单位的频率需求量进行频率分配。但在实际工作中,各单位频率需求总和往往大大超过可用频率资源数量,不可能按频段分割来完全错开各单位用频。在这种频谱资源供需矛盾突出的情况下,除了按照重点保障的电磁频谱资源管理原则,优先保障重点单位用频外,还应采用各种高效共享的措施合理分配频率,细化频率分配要素,对于有足够空间距离的单位进行频率复用,对于能进行时段错开单位的分时分配,具备技术上进行频率复用设备的单位间进行频段共享,并根据用频情况的变化,适时动态调整频率分配,以便一般单位的用频需求得到最大限度满足。

二、频率分配的典型方法

在进行本级频率分配时,既要能够将各单位的频率区分开,同时又要尽量方便频率分配工作的操作和用户使用,通常根据行动任务、行动阶段、行动区域的不同,采用以下方法进行频率分配或几种方法结合使用。

（一）分段分配法

主要基于单位编制体制的因素进行的频率分配方法，就是按照所属单位建制及对频率的需求将可用频谱资源细化分段后平均或按需求比例进行分配，同一建制内的单位所分配的频段应尽量错开，相邻单位的频段尽量保持间隔。图5–5所示为某单位通用超短波频段的分段分配。

图5–5 频率分段分配示意图

分段分配法简便易行，不同单位分配的是大段频率，在此基础上进一步分配或指配时便于保证离频段接合处有较大间隔，能够起到避免不同单位相互干扰的作用。但这种方法分配给一个单位的频率相对比较集中，在进一步分配指配时易造成所属各台站用频间隔不大，容易造成本单位内部的干扰，而且由于电磁环境复杂程度不均衡，有的频段环境更为复杂，会使有的单位所分得的整个频段环境恶化，即使另外有的单位所分配的整个频段环境都好用且有空余，也会使该单位不便利用其他电磁环境较简单的频段。

（二）交叉分配法

主要将各单位需要使用的频率按一定规律相互交叉分配，可认为是分段分配的进一步细化，即把整个频段分为若干小段后给各单位进一步分配多个分布在不同频段的小段，使各单位在高中低不同频段上都有可分配指配的频率。根据在各小段上的分配方式，可分为顺序交叉、随机交叉，以及加以其他条件限定的交叉分配等形式。如图5–6所示，将短波频率资源分为5个小段后对4个单位进行交叉分配，各单位各分得5个覆盖高、中、低不同频率范围的子频段。

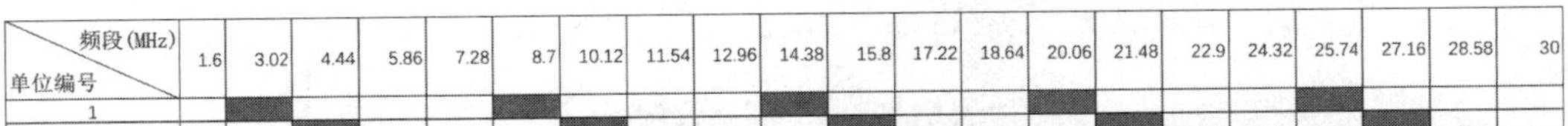

(a)顺序交叉分配

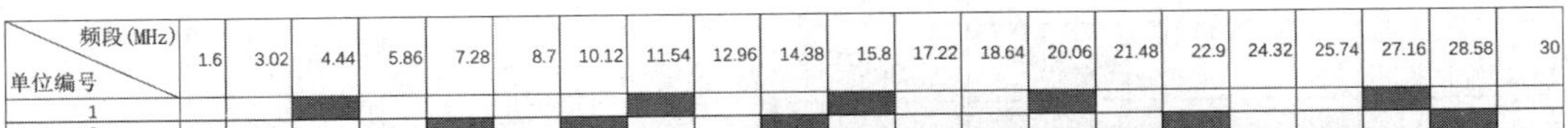

(b)随机交叉分配

图5–6 频率交叉分配示意图

由于交叉分配中分配给各单位的若干小频段一般平均或随机或有条件地分布在整个可用频率范围内，而不是集中在一个小频段内，不同频率区间均有可供各单位使用的频率分配，因此，这种频率分配方法有助于避免本单位内近距离台站相互间的干扰，也更便于各单位在复杂电磁环境中灵便进行频率机动，有利于应对电磁干扰或少量频段电磁环境质量恶化带来的影响，是一种相对简单且有效的分配方法。但由于一个单位的分段较多，特别是分段太细时，和相邻单位的频段“接合部”也较多，在进一步指配和使用靠近时“接合部”频率时发生相互干扰的可能性会加大。在分配单位较多、频段较细时，人工操作将费时费力且容易出错，一般可由计算机程序实现，一种随机交叉分配典型流程如图5-7所示。

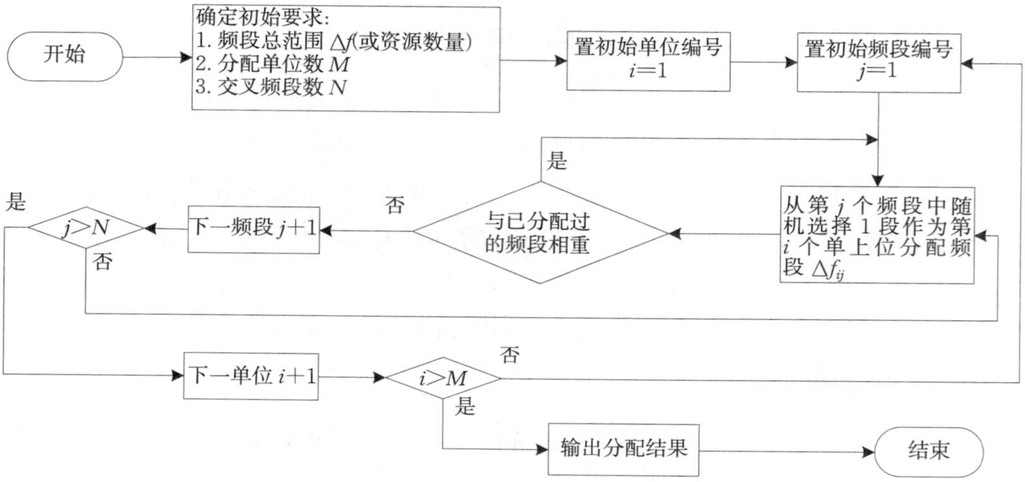

图5-7　频率随机交叉分配流程示意图

（三）编组分配法

主要根据各单位平时试验和用频工作经验、电磁环境等因素，按照“突出重点，兼顾一般”的原则，优质频谱资源优先保障重点用频单位，对可用频谱资源进行频率编组，为执行重点任务的单位多编配好用的频率，如表5-5所示。

表5-5　频率编组分配示例

XX单位短波通信频率分配表(kHz)							
3360	3514	3551	3756	3828	3868	3999	4090
4264	4328	4336	4356	4380	4510	4581	4641
4674	4735	4790	4843	4914	4939	4983	5391
5446	5495	5547	5625	5679	5900	5907	6305
6377	6386	6400	6483	6582	6643	6969	7112

续表

XX单位短波通信频率分配表(kHz)							
7231	7249	7262	7276	7337	7401	7507	7542
7721	7788	8072	8191	8301	8519	8767	8770
9142	9708	9807	9837	9870	10056	10444	10447
10511	10606	10766	10768	10858	11153	11162	11165
11176	11264	11378	11974				

由于编组分配可以更好地照顾重点单位的用频需求,确保重要用频行动顺畅,因此这是一种比较好的频率分配方法,但该分配方法和分配表在运用时都较烦琐,因此一般对单位有明确的较为固定好用(能用)频点或不同频段(点)电磁环境影响较为清楚的情况下使用,对于一些难以预测质量好坏的频段意义不大。

各种频率分配方法可根据实际情况综合应用,在确保相关单位行动地域间隔的情况下,分配的频率可以重叠。

第四节 无线电频率指配

无线电频率指配(assignment of a radio frequency),也称无线电频道指配(assignment of frequency channel),是指根据设台(站)审批权限,将一个或一组无线电频率或频道批准给用频台站在规定条件下使用的活动。

一、频率指配的主要要求

在复杂电磁环境条件下,频率指配应遵循以下要求。

(一)依据分配,合规指配

各级在频率指配时,应在分配给本级单位的频率资源范围内进行,没有分配给本单位使用的频率,本级不得指配,未经指配的频率,各台站不得擅自使用,已被列入禁用和保护频率表而限制使用的频率,进行频率指配时也应当避开或作专门说明。

(二)综合分析,避免互扰

在进行频率指配前应充分收集区域内既设用频台站部署与用频、上级拟开设台站与用频,以及复杂电磁环境情况等数据,对拟指配的频率要进行用频台站间电磁兼容分析,以避免干扰既设台站和优先计划开设的其他用频台站,同时也要避免受到其他用频台站的干扰和拟指配频率台站间的互扰。对于难以避开与其他台站互扰的,应事先进行用频协调。

（三）面向用频，备足预留

复杂电磁环境在时域、空域和频域上是高度动态变化的，各用频台站计划使用的一组常用频率及其备用频率都有可能难以使用，需要重新指配频率才能正常工作，为满足这种频率动态调整需求而不对其他台站用频时效产生影响，需要只调整少量台站用频而不是大范围内进行频率的重新指配，这就需要在计划频率指配时，必须面向用频时的复杂电磁环境，采用科学指配方法，在保障各台站能正常用频的前提下，应尽量节省频率资源开销，提高频率资源使用效益，以便多留、留足用于动态调整的备选频率资源，确保各台站用频业务少受影响。

二、频率指配的典型方法

经常长期研究探索，人们提出过一系列频率指配方法，最初提出的方法通常是简单直接且可实现性强的确定性算法，这些确定性方法在用频台站数量小、频率资源多、静态的频率指配问题中非常实用，但对于复杂电磁环境中频谱资源供需矛盾大，需要动态调整的条件下则往往会显得时效性低下，甚至难以做出合适的频率指配方案。随着计算机技术和人工技术的发展，一些来自自然界和科学界的智能化算法能较好地解决频率指配问题，满足复杂电磁环境中用频台站规模大对频率指配的要求。

（一）禁忌搜索指配法

禁忌搜索的基本思想是，如果在搜索过程中已经访问过搜索空间的某个区域，这个区域就成为禁忌，要避免搜索算法再度访问。如果在搜索过程中已经用过某个搜索策略，该策略同样成为禁忌，要避免搜索算法再次使用。此外，禁忌区域中的一些优良状态可以被赦免，从而保证得到全局最优解。基于禁忌搜索思想的频率指配算法流程如图5-8所示，具体如下。

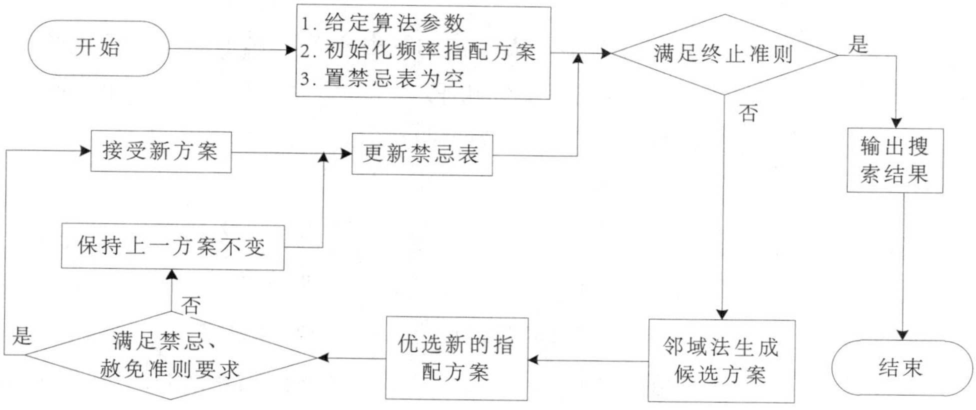

图5-8　禁忌搜索算法频率指配流程示意图

1. 生成初始频率指配方案

假设有m个可用频率，设当前可用频率资源为$F=(f_1, f_2, \cdots, f_m)$。用$s$表示一个频率指配方案，$s=[f_s(1), f_s(2), \cdots f_s(v), \cdots, f_s(N)]$，其中$N$为链路数，$f_s(v)$表示方案$s$中分配给第$v$条链路的频率。初始方案$s_0$采用前述频率指配需求数据，即对1到$N$逐一按提出的需求将$1\sim m$频道的频率指配给相应链路。

2. 生成优化候选方案

用随机搜索邻域法由产生当前方案的所有候选方案：随机选择一条链路v；随机选取一个不为第v条链路当前频率的新频率f；将频率f指配给链路v形成一个候选方案；逐一生成所要求的k个候选方案。

3. 优选候选方案

根据各候选方案的目标函数值大小，确定当前候选方案中的最优方案。若所得最优方案优于历次所有方案（被赦免）或不被禁忌，则接受本轮优选方案；否则保持上一方案不变。

4. 更新禁忌表

每次将接受的优选方案追加到禁忌表的最末，当超出设定的禁忌长度时，将最早进入禁忌表的曾选方案从中剔除，保证禁忌表有效长度不超过设定值，也在模拟禁忌随时间变化的过程。后续优选方案将与禁忌表各方案进行比较，若已存在表示该方案被禁忌。

5. 算法终止

在三种情况下算法终止：指配方案目标函数值为0，即已不存在干扰；超过设定的连续迭代搜索次数，目标函数值无明显改善；超过设定的最高迭代次数。终止后将历次选优迭代中的最优解作为频率指配结果输出。

禁忌搜索法的关键技术是禁忌表的构造，以此避免陷入局部最优解，并节约计算时间。禁忌表大小、邻域函数结构与数量是影响禁忌搜索法性能的关键因素。

（二）模拟遗传指配法

遗传算法于1975年由Holland最早提出。该算法是一种模仿自然生物界“优胜劣汰，适者生存”的进化机理而形成的智能优化算法。物种的染色体发生变异，如果一段时间后，这种变异使它们能更好地适应复杂而且不停变化的环境，那么这种变异就会通过物种的繁殖遗传给其后代，而无法适应环境的变异将会消失。这样就使得物种向着适合于生存的方向不断地进化，久而久之就产生了优良的物种。遗传算法是一种简单通用、便于并行处理、鲁棒性好、适用范围广的全局优化算法。频率指配遗传算法基本流程如图5-9所示，具体如下。

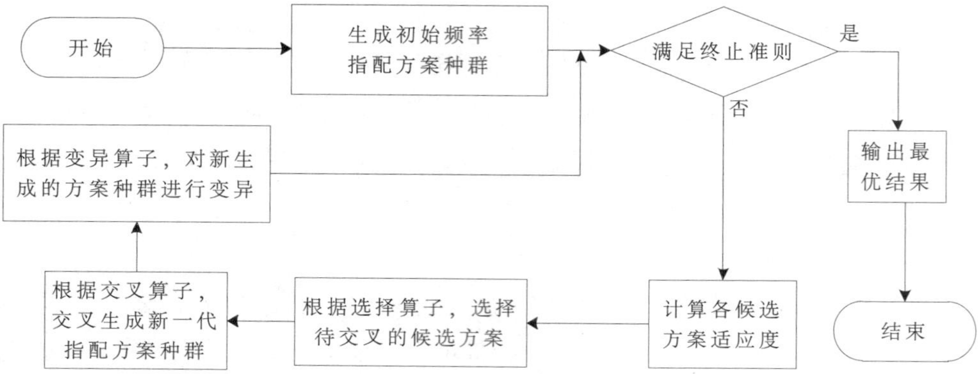

图5-9 遗传算法频率指配流程示意图

1. 生成初始频率指配方案种群

假设有m个可用频率,链路数为N。采用前述频率指配需求数据生成初始频率指配方案,构成频率指配方案种群($s_1, s_2, \cdots, s_n$)。即对1～N中的每个链路,用指配需求1～m频道对应的频率进行指配,循环n次生成n个频率指配方案。

2. 确定指配方案适应度

根据频率指配方案种群中各个体的目标函数值$\mathrm{cos}t(s_1), \mathrm{cos}t(s_2), \cdots, \mathrm{cos}t(s_n)$计算各方案的适应度。

3. 选择交叉个体

生物界中,适应性最强的个体更有可能交配产生子代,而适应性最差的个体不太可能找到配偶,因此没有产生子代就死亡。遗传算法沿用这一思想,通过某种方法选择适应性强的个体产生子代。进行选择的方法有很多,频率指配一般采用较为常用的比例选择(赌轮选择),每个父辈被选中的概率与其适应度大小成正比。其步骤为:从候选方案中依适应度大小选择父辈,用以交叉产生子代,且子代种群规模与父辈种群规模相同;用子辈种群取代父辈种群。

4. 交叉与变异

"交叉"的目的是让后代共享父辈遗传信息。为找到交叉点,在1～($N-1$)中选择一个随机数,假设选择的随机数是t,则意味着两个个体的每个染色体在第t位之后的位置的全部等位基因对换(即直接将对应父辈个体上的频率进行交叉)。

变异算子是根据遗传过程中的偶然因素引起的个体的基因突变,它以很小的概率随机改变基因值。进行变异操作可以使群体具有更广泛的个体,不至于使搜索进入局部最优值。重要的是选择一个合理的变异概率,变异概率太高会让遗传算法表现得像随机搜索;变异概率太低会导致近亲繁殖和进化的死胡同这些问题,妨碍遗传算法找到最优解。这里采用的变异方法是,随机选取一个指配方案,然后随机改变一条链路上所指配的频率。

5. 算法终止

在3种情况下算法终止：①指配方案种群中至少有一个方案个体的目标函数值为0，此时终止算法并以该方案为最优方案；②超过设定的连续遗传迭代次数，目标函数值无明显改善；③超过设定的最高迭代次数。终止后将历次迭优迭代中的最优解作为频率指配结果输出。

遗传算法存在容易产生早熟，局部寻优能力较差等问题，通常把遗传算法和其他算法结合成为混合优化算法。混合算法是算法间取长补短的合作，它会在一定程度上克服遗传算法存在的问题，从而改进遗传算法的性能指标。

（三）模拟退火指配法

晶状体在高温时具有高熵（混乱程度高），低温时具有低熵（混乱程度低）。给物质加热并让它冷却到再结晶的过程称为退火。自然退火让晶体进入低能量组态，为最优化频率指配方案可以在算法中模拟这个过程。模拟退火算法有几个重要参数。对于初始温度T而言，若T过低，算法将不能有效地探索搜索空间；若T过高，算法需要很长时间才能收敛。冷却温度$\alpha(T)$控制收敛的速率，若$\alpha(T)$过快，晶格状结构会迅速冷却，退火过程也会收敛到一个混乱的状态；若$\alpha(T)$太慢，退火过程的收敛需要过长时间。此外，每次迭代候选解的策略会明显影响模拟退火的性能。模拟退火频率指配算法流程如图5-10所示，具体如下。

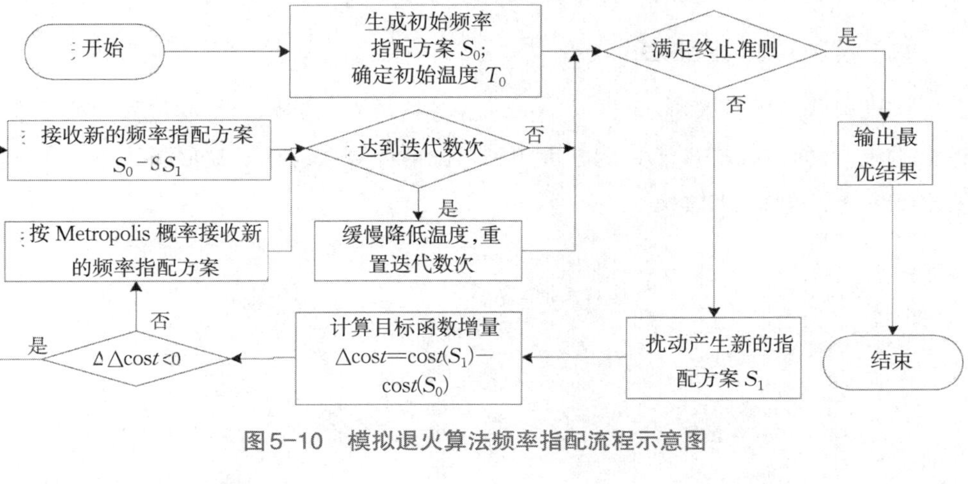

图5-10　模拟退火算法频率指配流程示意图

1. 频率指配方案初始化

初始方案s_0采用前述频率指配需求数据，即对1～N逐一按提出的需求将1～m频道的频率指配给相应链路，初始指配方案$s_0=[f_{s_0}(1), f_{s_0}(2), \cdots, f_{s_0}(v), \cdots, f_{s_0}(N)]$，$f_{s_0}(v)$表示方案$s_0$中分配给第$v$条链路的频率。设定初始温度$T_0$为当前温度$T$。

2. 生成新的指配方案

由一个产生函数从当前指配方案中产生一个新的频率指配方案s_1。为便于后续的计算和接受,减少算法耗时,通常选择由当前解经过简单变换后产生的新方案。

3. 新方案的选择

以新旧频率指配方案目标函数增量Δcost体现温度下降程度ΔT。按Metropolis准则确定是否接受新的指配方案:若$\Delta T<0$则接受s_1作为新的当前s_0,否则以概率$e^{-\frac{\Delta T}{T}}$接受s_1作为新的当前方案s_0。

4. 降温重置

不断在上一频率指配方案中产生新的指配方案,若经过设定次数的迭代后指配方案仍然存在干扰,即目标函数未达到0,则降低当前温度$T=\lambda T(0<\lambda<1)$,开始新一轮的指配方案优化。

5. 算法终止

在3种情况下算法终止:①当前指配方案的目标函数值为0,此时终止算法并以该方案为最优方案;②超过设定的连续降温轮次,最优目标函数值无明显改善;③达到设定的终止温度(或以最高降温轮次表示)。终止后将历次选优迭代中的最优解作为频率指配结果输出。

模拟退火算法的实验性能具有质量高、初值鲁棒性强、通用易实现的优点。但是,为寻求到最优解,算法通常要求较高的初温、较慢的降温速率、较低的终止温度以及各温度下足够多次的抽样,因而模拟退火算法往往优化过程较长,这也是该算法最大的缺点。因此,在保证一定优化质量的前提下提高算法的搜索效率,是对其进行改进的主要内容。

(四)模拟群体指配法

群体算法就是模拟蚁群、鱼群、鸟群、蜂群等各种生物群体的行动过程对频率指配方案进行优化,下面以蚁群算法为例分析频率指配群体算法应用。蚁群算法频率指配流程如图5-11所示,具体说明如下。

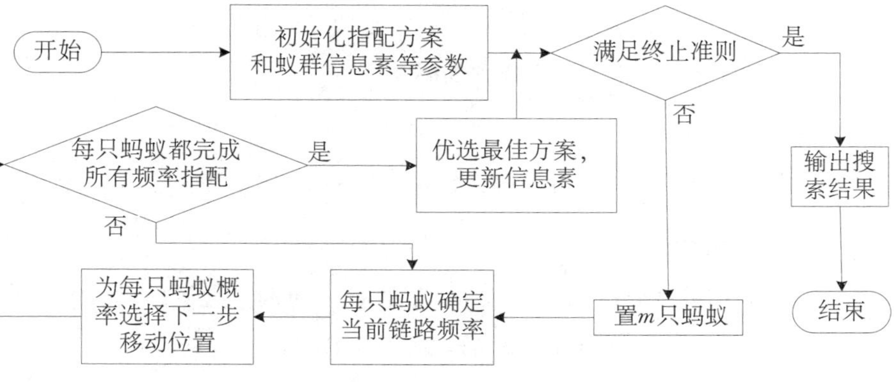

图5-11　蚁群算法频率指配流程示意图

1. 频率选择

初始方案s_0采用前述频率指配需求数据，即对1～N逐一按提出的需求将1～m频道的频率指配给相应链路。m只蚂蚁分别依次为N条链路各选择一个可用频点，每只蚂蚁搜索到的频率集合就构成一个候选频率指配方案。当随机生成的选择系数小于设定的阈值时，蚂蚁选择该链路中信息素最大的频率：

$$\arg\max_{1\leqslant j\leqslant M_i}\left\{\left[\tau_{ij}\right]^{\alpha}\right\}$$

否则依据转移概率：

$$p_k(i,j)=\left[\tau_{ij}\right]^{\alpha}/\sum\nolimits_{u=1}^{M_i}\left[\tau_{iu}\right]^{\alpha}$$

进行选择。转移概率表示蚂蚁k为链路i选择频率编号为j的概率，其中τ_{ij}表示t时刻链路i在编号为j的频率上的信息素，启发式因子α为用以调节信息素对蚂蚁搜索路径决策的影响程度的正常数。

2. 信息素局部更新

蚂蚁每次选择频率后都要执行局部更新：

$$\tau_{ij}=(1-\rho)\tau_{ij}+\rho\tau_0$$

式中，ρ为局部信息素挥发系数(0,1)，τ_0表示初始信息素。信息素局部更新策略减小了已选择路径对后续蚂蚁的影响，使得蚂蚁探索新解的能力增强。

3. 信息素全局更新

在m只蚂蚁都完成频率指配方案之后，要进行信息素全局更新，将$(1-\gamma)\tau_{ij}+\gamma\Delta\tau_{ij}$作为下一轮迭代时的初始信息素，其中$\gamma$为信息素全局更新系数。

$$\Delta\tau_{ij}=\sum\nolimits_{k=1}^{m}\Delta\tau_{ij}(k)$$

该式为各蚂蚁产生的信息素增量总和。信息素全局更新策略是在加强全局最优路径上的信息量，使得蚂蚁在最优路径附近进行搜索，加快算法的收敛速度。

4. 算法终止

在3种情况下算法终止：①最优指配方案目标函数值为0；②超过设定的连续迭代搜索次数，目标函数值无明显改善；③超过设定的最高迭代次数。终止后将历次选优迭代中的最优解作为频率指配结果输出。

蚁群算法在组合最优化问题搜寻最优解中表现不俗，但在问题规模增大时，其收敛速度相当缓慢，算法效率下降很快；且由于正反馈的影响，会出现早熟现象，陷入局部最优。许多学者对此进行了研究，并提出了改进的蚁群算法，主要集中在两个方面：①对于已得到最优解路径进行信息素的增强，这样有助于增加算法的收敛速度；②引入一些机制来防止算法过早收敛于局部最优解。

对于最优指配方案中仍有必须解决的用频冲突的，则须进一步进行用频协调等措施予以解决。

第六章 用频安全监管

用频安全是指一定场所内的各用频台站在使用电磁频谱过程中不受电磁干扰影响，没有频谱参数泄露风险和不出现用频行为违规等状况。用频安全监管是为确保用频安全而采取的用频秩序管控、无线电管制、电磁频谱参数安全保障等各种用频安全状态的监督、管理与控制活动，它是用频台站工作效能有效发挥的前提和保证，也是无线电管理机构（电磁频谱管理机构）的重要责任和使命。在一些重大任务的电磁频谱保障活动中，电磁频谱管理机构要从严监管电磁频谱使用，确保用频安全有序。

第一节　用频秩序管控

用频秩序管控，是为保障任务场所内各项用频活动有序进行，避免和消除各用频台站在电磁频谱使用过程中相互之间的电磁干扰和来自外部的电磁干扰，而组织的用频秩序纠察、电磁干扰查处和电磁频谱阻断等用频安全监管行动。

一、用频秩序管控的基本要求

维护好用频秩序，是电磁频谱管理者和使用者的共同责任，应当按照“强化自我约束、主动发现问题、及时消除干扰”的要求，组织开展用频秩序管控工作。

（一）强化自我约束

被纠察发现和需要查处的电磁干扰，不少是因部分人员的电磁频谱管理法规意识淡薄而引起的。为在电磁频谱使用过程中更好地防止电磁干扰，首先应从人的因素入手杜绝有害电磁干扰的产生。因此在组织开展用频秩序纠察与干扰查处工作时，要加强电磁频谱管理法规宣贯，大力提高广大频谱使用者按规用频的意识，强化各用频单位的自我约束和对电磁干扰危害性的认识。通过提高用频单位的自我约束能力，使其在使用电磁频谱过程中，避免出现一些可能产生电磁干扰的问题,如违反规定分配、指配、使用、转让频率,擅自设置、使用用频台站或者擅自改变用频台站的电磁频谱参数和位置,擅自调整电磁频谱使用计划。

(二)主动发现问题

为更好地维护用频秩序,保障各用频台站的正常工作效能,频谱管理者除被动响应用频单位的干扰申诉外,还应提高电磁频谱管理工作的主动性,通过用频秩序纠察主动发现用频违规行为和潜在的电磁干扰问题,并进行有效处理,将各用频台站的电磁干扰危害消灭在萌芽状态。为此,电磁频谱管理者应当根据职能任务和电磁频谱使用需要,即使尚未出现有害干扰,也应主动发现可能造成有害干扰的用频行为和问题倾向,如:开展重点区域电磁环境监测、重要频段保护性监测,查明不明电磁信号及擅自违规使用电磁频谱的问题;通过对合法用频信号进行分析,及时发现因设备老化或故障原因而出现的信号带宽增大、杂散辐射超标等可能引发电磁干扰的电磁频谱参数变化问题;根据用频设备使用强度、自然环境影响程度等因素,定期组织电磁频谱参数普测或抽测,掌握不符合电磁频谱管理规范的用频设备问题。

(三)及时消除干扰

在一些重大活动中,参加单位及部分用频台站机动性增大,频率机动非常频繁,任务行动节奏加快,对消除有害干扰的时效性提出了更高要求。如果消除干扰不够及时,可能会轻则导致相应行动的延缓,重则导致某些关键行动失败,并可能进而引发一系列的连锁反应,造成整个工作被动。为此,电磁频谱管理者应当根据不同用频行动和用频台站对干扰消除的时效性需求,充分做好干扰查处准备工作,积极组织力量快速查找和消除各类干扰:在事前对容易引起有害干扰的用频台站及设备、可能出现的各类电磁干扰,以及潜在的危害程度要做到心中有数,充分准备用于识别干扰的数据库,明确快速应对各类电磁干扰的详细方案;根据受扰对象、受扰行动、用频台站和设备的情况,明确干扰查处优先级,确保对重点设备、对任务影响大的受扰问题能得到最及时的响应;对于用频单位上报和主动发现的电磁干扰,组织进行电磁频谱模板比对,必要时组织测向定位,及时查明干扰源、干扰原因,并根据情况组织协调消除。

二、用频秩序管控的主要工作

为保障用频活动井然有序,避免和消除各用频台站受到电磁干扰影响,各级电磁频谱管理机构或用频业务主管机构应当积极组织电磁频谱使用秩序纠察,及时查处违反用频要求的行为,适时阻断可能扰乱用频秩序的用频行为。

(一)用频秩序纠察

用频秩序纠察是频谱管理者按照规定职责,通过监测空中电磁环境,对正在工作的用频台站的电磁频谱使用情况进行监督、检查,以及纠正用频违规行为的活动。它既可由电磁频谱管理机构单独组织实施,也可由用频业务主管机构结合台站值勤纠察活动一并开展,如无线电通信纠察,还可二者相结合进行。

1. 制订用频秩序纠察方案

根据用频行动计划和电磁频谱使用计划,用频秩序纠察组织机构制订用频秩序纠察方案,明确用频秩序纠察的具体任务、纠察对象和重点,区分实施纠察的人员、设施设备和纠察任务,以及工作协调配合关系等。根据各用频台站部署与运用情况,合理组织用频秩序纠察台(网)。在制订用频秩序纠察方案中,必须掌握纠察区域的既有电磁行动环境,分析用频行动中面临的电磁环境,特别是对抗性电磁环境对纠察行动的影响,以提高纠察的准确度和效率,并根据电磁环境情况、不同用频台站的用频特点,以及不同纠察设备的工作能力,做好各纠察台的设置和分工协作准备。纠察台的设置,应根据纠察任务需要,可设置专台,也可由电磁频谱监测站或其他类型无线电纠察台(如无线电通信纠察)兼任。

2. 监控用频信号

在用频台站工作过程中,应由单个用频秩序纠察台或多个纠察台联合组织的用频秩序纠察网,对各台站用频信号进行全程跟踪监测并适当控守,及时、全面、准确地掌握各用频台站的工作和用频现状,做到不漏一台,重点频段重点监控,有违规迹象台站的重点监测,并积累、分析监测数据,把握各台站用频变化和活动规律,掌握实时电磁行动环境和其他电磁信号。

3. 发现用频违规行为

在监控用频信号过程中,通过观察和分析出现的电磁信号,对可疑变化和信号重点分析,可得到相应频谱参数,分析各信号所属的用频台站,判断与电磁频谱使用计划的吻合情况,判明不明电磁信号,从中发现各类可能会扰乱用频秩序的违规行为,如:擅自改变工作频率,擅自加大发射功率和改换发射天线参数,使用未经允许的工作模式,改变台站设置位置或活动区域,等等。对于发现的用频违规行为,需要多方印证,记录违规用频行为的音视频、时域频域数据等过程信息,以备复现违规用频行为,核实违规事实,查明违规原因。

4. 纠正用频违规行为

"有规必依,违规必究",各用频台站用频的直接规范就是电磁频谱使用计划,对于确认的用频违规行为,一要责令立即改正,对于违规占用其他用频台站工作频率的,情况紧急时可先依规采取电磁频谱阻断措施后再行处理;二要收集和分析违规用频产生的后果,造成电磁干扰的按有害电磁干扰问题处理;三要根据违规情节和后果,事后依法对相关单位和个人进行严肃处理,并将用频违规行为作为违反纪律的典型行为记录到案,以确保电磁频谱使用计划的严肃性。

(二) 有害干扰查处

电磁干扰查处,是依据对电磁行动环境和重点频率的监测,结合掌握的频率使用情况，运用相关行政和技术措施，及时发现、查处违规使用频率、违规设置用频台站的行为和有害干扰。有害电磁干扰的有力查处，离不开用频区域电磁环境的适时监测，反之，电磁干扰查处亦是对用频区域电磁环境和频率使用监测情况的有力检验。

1. 受理干扰申诉

各级电磁频谱管理机构应及时受理用户的干扰申诉。当主要活动空间、主要行动方向、主要用频单位的用频设备或者经批准设置、使用的用频设备和用频台站受到干扰，严重影响作战性效能时，其使用单位应当及时查明情况，先应立足自身力量消除或者规避有害电磁干扰，当干扰仍然无法消除，用频设备受到影响仍无法正常工作时，应及时向本级电磁频谱管理机构提出有害干扰申诉。本级难以解决时，应当及时报上一级电磁频谱管理机构处理。对有害干扰的申诉，通常由用户单位经本系统业务主管部门，向有关电磁频谱管理机构提出。

申诉内容主要包括：申诉单位名称、联系人及电话，受干扰台站名称、经纬度，使用设备型号、发射功率、天线高度、增益、极化方式，受干扰的频率、干扰类型（如话音、数据等）、干扰影响的程度（如严重、一般或轻微）以及受干扰日期和时间等。有条件的应提供录音或其他相关证据。

电磁频谱管理机构受理干扰申诉后，应根据干扰对象的重要等级、干扰性质及其危害程度，明确干扰申诉优先级和查处时限。某国际运动会频谱保障活动中不同干扰申诉优先级的查处时限示例如表6-1所示。

表6-1　某国际运动会电磁干扰申诉优先级及查处时限要求示例

申诉优先级	受扰影响	查处时限
0	影响无线电设备正常工作，威胁人的生命安全和健康	10min
1	影响无线电设备正常工作，破坏电视转播、赛事裁判组织等工作	30min
2	影响无线电设备正常工作，直接影响除电视转播、赛事裁判之外的运动会活动进行	1h
3	影响无线电设备正常工作，但不会直接影响运动会活动进行	视无线电管理技术能力而定

2. 查明干扰源

电磁频谱管理机构受理被扰单位提出的干扰申诉后，在台站数据库或资料库中提取有关台站的资料，查阅频率分配、指配的有关文件，根据申诉和了解的有关资料进行初步分析，采用技术手段对干扰源进行识别分析，必要时组织电磁频谱监测单位实施电磁频谱监测和测向定位，根据掌握的台站技术资料和监测数据进行详细技术分析，实地调查，现场取证，实验验证，确定电磁干扰源，分析干扰原因和途径，填写干扰分析报告。在干扰源查找过程中，应随时记录测量数据和结果，便于提高工作效率，不断总结实践经验，提高日后干扰查找的效率。

干扰分析报告主要简要对干扰查找的情况进行总结。主要包括以下内容：①简要描述受干扰的时间和干扰出现的时间、受干扰频率以及受干扰程度；②简要描述干扰信号业务类型和频谱特征；③测向定位结果，给出参与交会定位的监测站名称，并附上干扰信号频谱图以及测向定位结果图，包括经纬度和方位。

3. 处理有害干扰

电磁频谱管理机构，根据干扰分析报告，研究排除干扰的措施，下达处理干扰意见和拟制处理干扰通知书。对航空和水上移动等安全业务造成有害干扰的，干扰电台必须立即无条件停止发射；非用频设备对用频台站产生有害干扰的，由设备所有者或使用者采取措施予以消除；因操作不当或设备问题产生的有害干扰，应立即进行检查找出原因，采取措施消除干扰；用户擅自改变核准的项目（如增加功率或天线高度）造成有害干扰时，应立即恢复原核准参数工作；非法设置、使用的用频台站对合法用频台站造成有害干扰的，应立即停止其工作，对负有责任的领导人员和其他直接责任人员进行严肃处理，造成严重后果构成犯罪的要依法追究其刑事责任；处理干扰通知书应向干扰台和被干扰台同时下达。电磁干扰查处基本流程如图6-1所示。

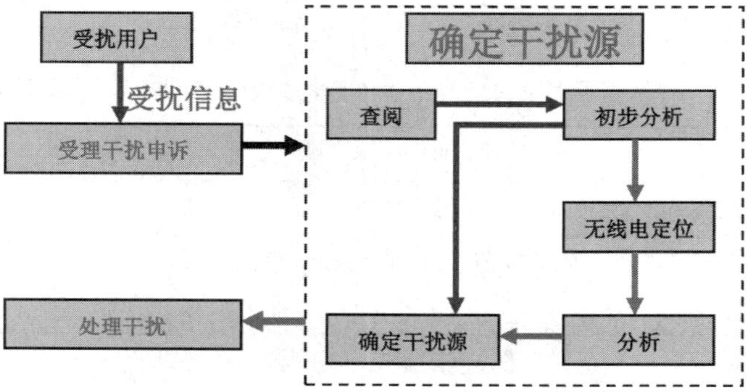

图6-1　电磁干扰查处基本流程

在协调处理和排除用频台站相互作用产生的有害电磁干扰时，通常要遵循下列原则：①带外业务让带内业务。所谓带内业务是指符合国家频率划分表规定的业务种类使用频率的无线电业务，反之则称为带外业务。②次要业务让主要业务。是指在国家频率划分表中就某一频段中的业务区分，优先考虑重点业务用频。③后用让先用。是指在同种业务前提下，早已批准使用的台站较后来批准或准备批准使用的台站优先使用。④无规划让有规划。是指在优先考虑在使用频率和网络建设方面有规划的台站。

各级电磁频谱管理机构在处理和消除有害干扰时，除应遵循上述的一般原则外，特殊情况下要视实际情况，着眼全局和大局，灵活变通运用，但必须慎重而行，必要时报上级电磁频谱管理机构协调处理。

（三）电磁频谱阻断

在战争中，电磁频谱阻断广泛用于电子对抗行动中，由电子干扰装备在特定区域内压制对方特定武器装备的特定用频信道，如无人飞行器的测控信道、无线电爆炸装置的遥控信道等。在维护用频秩序活动中，也可将电磁频谱阻断手段用于保护重要行动用频，防止其他用频设备在特定时间特定区域内违规使用特定的电磁频谱，而对其用频采取阻止行动。电磁频谱阻断是维护用频秩序的重要工作，它与针对敌方用频的电子干扰行动一样要施放干扰信号，但用频秩序管控中电磁频谱阻断的干扰对象主要是己方在特定区域和时段违规用频的台站，由电磁频谱管理机构组织实施，如对未经批准的无人机违规进入重大活动现场可对其测控信道和信息传输信道进行频谱阻断。电磁频谱阻断时通常采用压制式阻断方式，即通过发射高强度的干扰信号来压制违规用频设备对其正常信号的接收，使违规用频设备无法正常工作，对违规用户起到警示作用；对于可解调的违规通信用频，也可采用插入式阻断方式，即在违规通信链路中插入违规警示信息，直接对违规用户发出警告，令其退出违规占用的信道。

1. 制订电磁频谱阻断实施方案

电磁频谱管理机构必须根据所承担的职能任务和面临的用频秩序管控形势，以及电磁频谱使用计划，先行制订详细的电磁频谱阻断实施方案，明确需要实施阻断的具体频段或频道、限定区域和时间、阻断时机要求等，落实阻断行动的人员和设备编组及任务区分，做好阻断区域电磁频谱监测和干扰设备的各项准备，制订电磁频谱阻断监控与评估实施方案。

在制订电磁频谱阻断方案之前，组织单位应当预先评估阻断行为的危害影响，按照“慎用严管、保障安全、最小干扰”的原则组织实施。电磁频谱阻断行为可能对重要军事和民事用频安全造成危害影响的，应当逐级报相关活动的组织管理机构审批。

2. 监测电磁频谱使用情况

电磁频谱阻断实施之前和阻断过程中均要对阻断区域内的电磁频谱使用情况进行监测，掌握电磁频谱使用计划的执行情况。通过电磁频谱监测，及时发现被违规占用的频率和违规占用其他频率的用频台站，同时做好电磁频谱数据取证并处理保存。根据电磁频谱阻断实施方案，确定是否需要对违规用频进行阻断处理，以及对其可能造成的有害干扰进行查处。

3. 施放电磁频谱阻断信号

一般在电磁频谱使用计划中的频率被违规占用，按照阻断方案需要进行电磁频谱阻断的情况下，立即施放电磁频谱阻断干扰，压制违规台站用频，令其退出所占用的频率，以保障合规用频台站的正常用频活动。干扰的施放可由电磁频谱管理单位配备的专业电磁频谱阻断设备进行,也可根据相应机制协调电子对抗力量实施。

4. 监控与评估阻断效果

为及时掌握电磁频谱阻断效果,应持续监控被阻断的用频信号工作状态,根据其变化情况评估阻断效果,视情停止阻断发射。同时还应迅速查明违规用频台站,警告其违规行为,并按电磁干扰问题对其做出相应处理。

三、用频秩序管控的主要方法

为维护好各类活动中的用频秩序,在开展用频秩序纠察、电磁干扰查处、电磁频谱阻断等工作中,通常要采取监视分析用频活动、判明识别用频发射源、测向定位电磁辐射源、分类处置电磁扰乱行为等方法。

(一)监视分析用频活动

利用电磁频谱监测网对规定时段、区域内的电磁信号活动的不间断监视是各项维护用频秩序工作的基础。无论是发现用频违规行为、查明电磁干扰源,还是检查电磁频谱阻断效果,都离不开对电磁信号的实时监视及相应用频活动。

1. 显示和分析电磁信号活动

根据所接收的电磁信号时域和频域数据,监测接收机以波形图、频谱图等形式可视化显示信号占用情况和活动规律,可以人工分析,也可自动分析,判断识别信号的调制方式,并自动提取信号波形和频谱特征,自动分析识别信号的调制方式,为进一步对目标信号源进行判断、识别和处理打下基础。

2. 测量电磁频谱技术参数

通过电磁频谱监测接收对接收到的关注信号进行中心频率、占用带宽、杂散辐射、信号电平、数字信号码元速率,以及信号调制参数等进行精确测量和存储。测量数据既是分析用频台站工作状态的重要依据,也是提取电磁信号特征参数,判断识别不同用频台站信号的前提条件。

3. 解调无线电通信信号

无线电通信信号通常是电磁环境中数量最多的电磁信号,也是最易扰乱用频秩序的信号。电磁频谱监测接收机具备齐全的无线电通信信号解调功能,传统的接收机中设有多类通信信号解调电路,而新型接收解调单元通常基于软件无线电技术,通过软件程序对接收到的数字化数据进行算法解调,便于完善和增加新的解调模块。这些解调单元能够把通信信号根据调制样式的不同解调成基带信号,以便对基带信号进行测量、记录和分析,基带信号也是判断识别违规用频信号的重要依据和处置违规通信用户的重要证据。

4. 采用多种频率搜索监视模式

根据电磁频谱使用计划和用频秩序管控需要,电磁频谱监测接收机通常预置若干用于监视的频率、频率组或频段，对用频活动进行固定频率监视、频率列表监视或频段范围监视。不同频率搜索监视模式下监视任务要求有所不同，频段搜索主要用于发现某一频率范围内的不明信号，查明擅自改频和用频台站电磁频谱参数变化等问题；列表搜索主要用于对若干计划频道进行保护性监测，防止违规占用，保护合规用频；固定频率监视一般用于对特定用频信号进行详细分析，识别和确定违规用频或干扰信号。

（二）判明识别用频发射

维护用频秩序，主要是防止各类用频信号的扰乱，为及时有针对性地处理这些扰乱源，实时、准确判明识别用频发射源个体是非常有必要的。特别是数字信号在电磁频谱应用中正得到广泛采用，也出现了越来越多的数字调制的用频设备违规使用现象，而在电磁频谱管理中难以确定辐射源，有关数字信号业务的干扰投诉往往难以及时解决，但随着新的分析和识别技术发展，可实现对未知数字信号性质的识别，将为识别用频发射提供一种有效途径。

1. 构建用频发射源特征参数库

在电磁频谱管理工作中，分析识别的大量用频发射源是军民用频装设备，可通过频谱监测、检测等多种方法来构建能区分用频设备个体的信号特征（也称“电子指纹”）参数库，而对于少量扰乱用频秩序的敌方用频信号，则需主要采用频谱监测、电子侦察等途径构建其信号源特征参数库。对于具有特征参数库的非盲源识别，特征参数的代表性、全面性和准确性是影响识别准确率和效率的关键因素。时域特征、频域特征、时频特征、模糊函数特征、相像系数特征、熵特征、复杂度特征，以及其他大量特征参数都可成为用频发射源特征参数库的组成部分，用频设备的频谱发射模板（图6-2）就是一种频域特征库参数。为提高识别率，通常按一定的构建规则构建将具体用频设备不同类型的特征参数进行组合，构成该设备的组合型特征参数库。

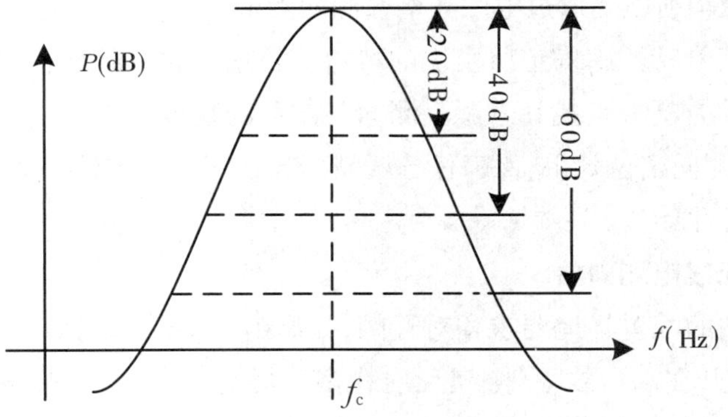

图6-2　频谱发射模板示意图

2. 提取用频信号特征参数

为在不同电磁噪声条件下识别用频信号，电磁频谱监测设备需要有效提取与特征参数库相应的用频信号特征参数。对于不同类型的特征参数，其提取方法也不同。随着电磁环境越来越复杂，用频信号越来越多，在纷繁复杂的众多用频信号中有效分离和提取特定用频信号特征参数的难度越来越大。

3. 匹配分析用频信号特征参数

由于用频发射源特征参数库是在一些有限条件下通过监测和检测等方法采集各用频设备的发射参数进行构建的，而在电磁频谱监测设备监测到的用频信号对应的用频设备运用条件是千变万化的，而且在干扰查处工作中有时电磁干扰是由多个信号组合作用（交调、互调等）而产生的。因此，将提取的用频信号特征参数与用频发射源特征参数库中数据进行匹配分析时，建立科学的匹配与分析算法模型非常重要。有时也可通过人工形式进行研判，如对非加密话音通信信号进行解调后，有经验的操作人员通过话音内容和话音特点有时能判定其所属通信台站。对于匹配不出具体用频发射源的电磁信号，则需采用测向定位等其他方法判明其敌我属性、单位属性，为正确处置该信号提供依据。

信号识别的最简单方法，包括将信号的“外部”参数与信号特征参数据库和频率规划等相关数据进行比较。信号外部参数包括中心频率和信道间隔、信号带宽、频谱发射模板、信号时长（在脉冲或间歇情况下）、频率偏移等。如果信号与所有外部参数吻合，极有可能无须进一步分析即可做出正确识别。在对信号外部参数做出比较后，可通过采集相关信号 I/Q 分量数据分析其时域（或内部）特征，包括调制样式（如 QPSK、QAM、GMSK、FSK、PSK）和符号速率（波特率）。在需要对特定的干扰源加以确认时，将需要利用具备交叉相关性、自相关性、小波变换、频谱相关性分析等先进算法的软件包对复杂无线电信号进行识别。

（三）测向定位电磁辐射

测向定位电磁辐射就是通过电磁频谱监测网测定监视到的特定信号的方位或位置。当无法基于用频信号特征库确定所发现的特定信号来源时，即该信号为不明信号时，通常用测向和定位的方法来查找其来源。测向与定位的物理支撑是电磁频谱监测网。因此，为取得理想的测向定位效果，保障任务区域用频秩序工作的精准度，组织运用好电磁频谱监测网是关键性环节。

1. 科学配置无线电测向站

无线电测向站的配置场地要求相对开阔，如高山顶、开阔地、高楼顶；要求有适宜的周边电磁环境，避开在高压线下、金属反射物多等场地开设；要求有相对均匀的传播介质；对于机动测向站，还要满足便于机动的要求；在对抗性复杂环境条件下，测向站还应开设在安全隐蔽、并便于控制管理的位置。

2. 合理开设测向定位网

对于测向交叉定位、时差定位、频差定位、混合定位等不同的无线电定位方法，所需定位站数量和运用要求不尽相同。因此，根据管控区域用频台站开设情况，需合理确定无线电定位网中定位站数量、开设位置等。对于当前常用的测向交叉定位法，二维平面定位时至少需要能同时测定方位的两个测向站（或相当于两个站的单站定位），而三维立体定位则需至少三个测向站，考虑到定位误差区域大小，要求有效测定方位的两站交会角大小适中，通常为30～150度，否则定位误差区域将急剧扩大。整个测向网的开设还需考虑各站之间的信息传输需要。

3. 搜索查找辐射源

在通过测向定位方法查明监视到不明电磁辐射源时，通常首先通过测向定位网确定目标的大致位置，一般误差会达数百米，甚至数千米，对于精确找到辐射源仍有一定困难。通过定位误差分析，可以确定定位概率区域和误差的大小，定位区域过大时则需调整定位网络进行再次定位。一般定位误差在百米级时，可运用手持式测向机采用逼近式搜索法，人工搜索查找到辐射源。在同一区域存在多个可疑辐射源的情况时，尤其是干扰查处中干扰源为辐射电磁波的非用频设备时，可通过依次开启和关闭可疑辐射源来进一步确定电磁干扰源。

（四）分类处置电磁扰乱

扰乱正常用频秩序的所有行为统称为电磁扰乱，包括有害电磁干扰和违规用频等行为。信息化时代，用频设备种类繁多，产生扰乱正常用频秩序行为的来源也不尽相同，既有军方用频台站的电磁信号，又有地方无线电系统的电磁信号，还可能有敌方电磁进攻产生的恶意干扰信号。不同类别来源的电磁扰乱源，其处置方法亦有所区分。

1. 内部电磁扰乱处理

当查明电磁干扰、违规用频等用频秩序扰乱行为来自本级单位内部时，由电磁频谱管理责任机构组织按用频秩序纠察、有害干扰查处或电磁频谱阻断的程序进行处理，其他相关业务部位应当予以协助和配合，扰乱方应当服从相关电磁频谱管理机构的协调处理。

2. 外部电磁扰乱处理

当扰乱行为来自其他单位时，则逐级上报上级电磁频谱管理机构协调处理。军队所属用频台站和地方无线电台站之间出现有害电磁干扰时，通常按照有关规定由本级电磁频谱管理机构和相应地方无线电管理部门直接协调处理；无法处理的，应当及时报批准设置台站的主管部门，并逐级报上级电磁频谱管理机构和无线电管理部门进行协调处理。

3. 敌恶意电磁干扰处理

在敌我对抗性行动中，军队针对敌特和恐怖、动乱分子抵近干扰或者投放干扰器等产生的干扰，军队电磁频谱管理机构应当会同公安和地方无线电管理力量，共同组织查处；针对敌电子进攻产生的干扰，军队相关电磁频谱管理机构应当组织所属电磁频谱管理力量协助查找和确定电磁干扰源，并将敌电磁信号特征、方位等相关信息通报有关部门，为引导有关部门采取对抗性的应对措施提供有力保障。

第二节　无线电管制

无线电管制，也称为电磁频谱管制。根据《中华人民共和国无线电管制规定》，是指“在特定时间和特定区域内，依法采取限制或者禁止无线电台（站）、无线电发射设备和辐射无线电波的非无线电设备的使用，以及对特定的无线电频率实施技术阻断等措施，对无线电波的发射、辐射和传播实施的强制性管理”。组织实施无线电管制，是保障各类维护国家安全、保障国家重大任务、处置重大突发事件的重大活动中用频安全，确保重大活动用频行动顺利进行的有效途径。

一、无线电管制的基本要求

无线电管制活动不仅涉及范围广、层次高，而且影响重大，应当按照“强制执行、准确管制、合理控制”的基本要求进行。

（一）强制执行

无线电管制实施期间，无线电管制区域内拥有、使用或者管理无线电台（站）、无线电发射设备和辐射无线电波的非无线电设备的各方一切有关单位和个人都必须严格遵守，按照要求禁止或者限制使用相关用频设备、用频台站和辐射电磁波的非用频设备，对拒不执行者应采取强制措施。为此，一要在社会上广泛宣传无线电管制工作的重要性，努力提高社会大众和军地相关人员的认知度，使其理解无线电管制强制执行的要求和意义；二要加强管制专项检查和行政执法工作，健全无线电管制检查、执法力量，检查和执法人员熟悉相关法规，明确时间安排、职责分工、行政执法流程，携带执法文书、佩戴执法证件、依法执行管制，保证无线电管制强制执行的规范性；三要严肃执法，对民用无线电台站责任主体违反无线电管制命令和无线电管制指令的，由国家无线电管理机构或者省、自治区、直辖市无线电管理机构按无线电管理相关法规处理，违反治安管理规定的，由公安机关依法给予处罚，对军队有关单位违反无线电管制命令和无线电管制指令的，由军队电磁频谱管理机构责令改正，情节严重的，依照有关规定，对直接负责的主管人员和其他直接责任人员给予处分，体现无线电管制强制执行的严肃性。

（二）准确管制

各级电磁频谱管理单位应严格按照无线电管制命令，对相应的用频台站、设备和非用频设备进行无线电管制，该管的必须管住、管死、管严，不该管的要保证其正常工作。

为此，在实施无线电管制时，要根据无线电管制任务的不同，精确、动态控制管制的对象和范围。在特定的时间和区域内，对重要无线电频率的使用进行保护；对管制区域内的无线电对讲机、超短波业余无线电台、无线传声器、无线局域网室外基站、无线扩频台站、无线干扰器，以及辐射无线电波的大功率非无线电设备等进行禁止；对违规和擅自使用无线电频率的台站和用户进行及时查处。

（三）合理控制

各级电磁频谱管理单位在确保完成重大任务的前提下，根据实际需要，区别不同情况，合理控制无线电管制的频域、地域和时域，尽量缩短无线电管制时间，缩小管制区域，缩减管制频段，以减小无线电管制行动给其他方面带来的不利影响。为此，一要明确无线电管制的内容，不涉及对公民手机通信内容的监听和控制，一般不影响公民手机正常使用，不影响广大公民的正常生活；二要合理估算管制频段、时段、区域大小，综合考虑对管制频段、时段、区域内其他用频行动的影响，使其他用频行动不因无线电管制的影响而对重大任务整体行动效果造成不可承受的后果；三要及时结束无线电管理，在无线电管制行动结束后，应根据任务整体要求，决定实施无线电管制的机关应当及时发布无线电管制结束通告，无线电管制命令已经明确无线电管制终止时间且无线电管制行动没有提前结束的，可以不再发布无线电管制结束通告。

二、无线电管制的主要工作

在无线电管制中，电磁频谱管理机构的任务主要是接受、审核、上报无线电管制申请，制定无线电管制方案和组织实施计划，拟制无线电管制命令，组织实施无线电管制，确保管制目的实现。无线电管制涉及申请和审批、组织准备与实施等主要工作。

（一）无线电管制申请与审批

无线电管制事关国民经济、社会公共利益和重大任务行动全局，必须按照权限慎重决定，依法申请和审批。

1. 无线电管制申请

无线电管制申请由执行重大任务的单位、部门，根据重大任务涉及范围的大小，向相应主管部门提出申请。在全国范围内或跨省（自治区、直辖市）执行任务的，由任务组织单位向国家无线电管理机构或军委电磁频谱管理机构以书面形式提出，在省（自治区、直辖市）范围内执行任务的，由任务组织单位向所在省（自治区、直辖市）无线电管理机构或战区电磁频谱管理机构以书面形式提出。无线电管制申请的内容应当全面、准确，提出的管制理由充分，管制对象合理，管制措施恰当，管制频率、区域范围和时间精准。无线电管制务求科学实用，最大限度地减轻对其他活动和国民经济、人民群众生产生活造成的影响。

2. 无线电管制审批

根据管制所涉范围的大小，批准权限分两个层级，一是在全国范围内或跨省（自治区、直辖市）实施的无线电管制，由国务院和中央军事委员会审批决定，国家无线电管理机构和军委电磁频谱管理机构会同国务院有关部门组成无线电管制协调机构，负责无线电管制的组织、协调工作；二是在省（自治区、直辖市）范围内实施的无线电管制，由省（自治区、直辖市）人民政府和相关战区审批决定，并报国务院和中央军事委员会备案，由省（自治区、直辖市）无线电管理机构和战区电磁频谱管理机构会同公安等有关部门组成无线电管制协调机构，负责无线电管制的组织、协调工作。

（二）无线电管制组织准备

在组织实施无线电管制前，军队电磁频谱管理机构与地方政府无线电管理部门联合组建无线电管制协调机构，根据无线电管制预案、管制目的和任务，以及相关用频台站、无线电发射设备和辐射电磁波的非用频设备的使用情况等，充分做好各项组织准备工作。

1. 召开无线电管制会议

组织实施无线电管制，主要以任务单位为主召开无线电管制会议，向任务参加单位电磁频谱管理责任部门，以及所属电磁频谱管理力量部署无线电管制的各项工作。军事任务中的无线电管制，要及时向地方政府无线电管理机构通报有关无线电管制的基本情况以及需要其协作的工作等。

2. 制订无线电管制方案

军地各方无线电管理机构，应当根据无线电管制范围和要求，会同有关部门，制订无线电管制方案，按审批权限报批。无线电管制方案的制订，应全面采集获取管制区域内的频谱数据，掌握管制区域内的无线电台站或无线电辐射源位置，为无线电管制方案制订提供依据。应缜密思考所有可能发生的突发事件，准备突发事件预案。针对每一种可能出现的情况，准备相应的行之有效的处理预案，做到心中有数、处置迅速、措施得当。细化管制前、管制时、管制后的各项工作和活动，确保无线电管制各项准备工作、执行工作、善后工作的落实。

3. 发布无线电管制通告

电磁频谱管理机构应动态了解、掌握无线电管制要求，分析任务区域电磁环境情况，拟制无线电管制命令。命令主要包括无线电管制开始时间和结束时间、管制区域范围、管制频段范围、管制组织形式，以及其他有关要求。在实施无线电管制行动前，无线电管制命令按相应权限审批后，以审批机关的名义向社会发布通告，以便起到告知社会的目的，示例如图6-3所示。发布的时间可根据无线电管制范围不同适当提前，紧急情况下需要立即实施无线电管制的除外。管制范围内设有无线电发射台站或其他辐射电波设备设施的单位，应将管制命令和有关要求传达到有关个人，并做好执行无线电管制的相关准备工作。在管制通告发布后,电磁频谱管理机构根据无线电管制命令,对执行无线电管制行动力量下达管制指令。管制指令是实施无线电管制的工作指示,主要是明确各单位的管理职责和管制的具体措施,无线电管制指令不对社会发布。

河北省人民政府
关于在北京2022年冬奥会和冬残奥会期间对相关区域实施无线电管制的通告

为保障北京冬奥会和冬残奥会张家口赛区国际重大赛事活动的顺利举行,根据《中华人民共和国无线电管理条例》(国务院、中央军委令第572号)、《中华人民共和国无线电管制规定》(国务院、中央军委令第579号),经商中部战区同意,省政府决定在北京2022年冬奥会和冬残奥会期间,对本省相关区域实施无线电管制。现就有关事项通告如下:

一、本通告所称无线电管制,……

二、管制时间和区域:……

三、管制期间,在管制区域内除经无线电行政主管部门批准、用于服务北京2022年冬奥会和冬残奥会的无线电台(站)外,禁止……

四、管制期间,张家口市崇礼区范围内禁止……

五、路由经过管制区域的微波链路和设置……

六、管制期间 …… 有关单位和个人应按照无线电行政主管部门的要求,立即采取措施消除干扰。

七、对违反本通告规定的,由无线电行政主管部门按照国家及本省有关法律、法规、规章的规定处理;构成犯罪的,移送司法机关依法追究刑事责任。无线电行政主管部门接受投诉举报,电话:河北省工业和信息化厅0311－87908738。

特此通告。

河北省人民政府

2022年1月14日

图6-3 无线电管制通告示例

4. 优化无线电管制实施方案

电磁频谱管理机构负责制订无线电管制实施方案,落实任务、人员和设备,做好管制区域电磁频谱的各项准备工作。无线电管制工作实施中应合理使用军地无线电管制力量。一要形成力量体系。合理分配管理控制、管制宣传、行政执法、环境监测、兼容分析、干扰排查、技术保障等力量,注重发动无线电管理以外其他力量开展管制宣传、检查、监督工作,形成管制综合力量体系,加大重点地区监管力度。电磁频谱监测力量同时做好电磁频谱监测方案。二要加大培训和演练力度。专门制订计划组织集中培训,使受训人员明确管制流程、手段、方法、需要把握的问题。组织无线电管制力量进行管制与执法演练,对管制方案和突发事件应对预案进行推演和优化,全面检查无线电管制的各项技术准备情况,全面掌控真实的电磁环境,及时发现暴露的问题,进一步完善无线电管制的对策、手段和措施,切实提高应急指挥、实地处置和协作配合能力,为开展好无线电管制做好准备。

5. 做好无线电管制网络与数据准备

无线电管制在电磁频谱管理工作中不是独立的,需要电磁频谱监测、电磁频谱检测、频率管理等工作的有力支持并做好相应准备。一方面,要做好无线电管制的监测网络准备。整合国家和地方无线电监测中心、军队电磁频谱管理部(分)队的固定监测站、移动监测车、水上监测船、监测飞机、便携式监测设备，形成全频段全地域覆盖监测，对重点区域、重要时间实施多层次多工作模式监测，并加强国家和地方监测网、军队监测网的互联互通工作，形成信息、数据、视频的传输与共享，建立起安全可靠的空中电波安全保障网，合理部署监测信息采集点，安装软件音视频终端，为无线电管制做好技术支撑工作。另一方面，要做好无线电管制的电磁环境数据准备。开展频率和台站数据清理整顿，可采取自查、核对和整顿等阶段进行，充分掌握已用频率、空闲频率，台站数量、分布、电磁频谱参数，电磁环境情况、复杂程度，适时开展管制前的电磁环境监测，获取全面、准确的电磁环境数据，为明确管制要求和重点提供数据支撑。

（三）无线电管制实施

管制范围内的有关单位和个人，应按无线电管制命令要求落实管制措施，确保无线电管制的顺利实施。在无线电管制实施期间，要严密监控管制区域电磁环境，及时处置无线电管制情况。

1. 严密监控管制区域电磁环境

电磁频谱管理力量要按重大任务电磁频谱监测方案，重点对管制的地域、频段严密实施保护性电磁频谱监测：重点监测管制频率是否在规定的时间前停止使用，保护频率是否受到干扰；对突发信号进行跟踪监测、测向定位，辨别敌我，分清军民；根据信号频谱特征，分析是否对保护频率产生干扰；识别干扰的类型，确定干扰的等级；提出管制对象、时域、频域和地域变更的建议。此外，要加强管制区域和周边的监测、及时掌握任务区域电磁环境变化，发现重大问题及时请示汇报。

2. 及时处置无线电管制情况

电磁频谱监测中发现违规电磁信号后，要迅速对其进行测向、定位，查清信号源，报告无线电管制组织机构，并命令其中止无线电发射，力争在干扰后果产生前排除干扰隐患；对拒不执行管制命令的，无线电管制组织机构应果断采取措施责令其执行。无线电管制组织机构要全面检查、掌握管制实施情况，正确处理管制中出现的各种问题，重大问题应及时向上级电磁频谱管理机构汇报并请示处置办法。

3. 适时解除无线电管制命令

无线电管制命令中明确规定了管制终止时间且无须提前结束管制行动的，管制命令在规定的终止时间自动解除；没有规定终止时间的，由发布无线电管制命令的机构在重大任务结束后适时发布解除无线电管制命令。管制命令解除后，管制范围内的有关单位或个人恢复正常用频业务。

三、无线电管制的主要方法

为确保管制效果，在无线电管制行动之前和期间，除广泛采用前述用频秩序管控的方法外，还针对无线电管制工作的要求，有重点地采用以下方法。

（一）用频设备检测

对任务区域范围内任何组织或者个人拥有、使用或者管理的可能影响无线电管制保护对象用频的用频台站、无线电发射设备和辐射电磁波的非用频设备进行梳理清查，并检测其相关电磁频谱技术参数，明确重点管制对象。

（二）活动用频监控

对任务区域电磁环境进行监测，对重要机场、码头、阵地和重要频段实行保护性监测，对用频台站、用频发射设备和辐射电磁波的非用频设备的使用情况进行监督，排查影响无线电管制效果的所有隐患。

（三）管制违规处置

对于违规在无线电管制频段内工作的用频设备和无线电设备，必要时对其采取电磁频谱阻断等强制性技术阻断措施；对违反电磁频谱管制规定发射、辐射电磁波的用频设备和非用频设备，未能按期整改合格的，可以切断设备电源，查封、暂扣或者拆除设备；对于违规情节严重的民用无线电台站，可吊销无线电台（站）执照和无线电频率使用许可证；对拒不执行无线电管制规定或者暴力抗拒无线电管制的，可依法对有关个人采取强制措施。

第三节　电磁频谱参数安全保障

电磁频谱参数安全保障，是为防范用频台站的电磁频谱参数泄露风险所采取的所有措施的总和，目的是确保用频设备电磁频谱参数特征和频谱信息，不被其他方非法获取，特别是被敌方有效侦察、监测和分析。加强电磁频谱参数安全，是保障各类设备用频安全、达成各类行动目标的重要保证。

一、电磁频谱参数安全保障的基本要求

电磁频谱参数安全保障工作涉及面广、难度大，效果不易及时体现，必须充分做好全面的电磁频谱参数安全保密风险防范准备，应对各种电磁频谱参数安全威胁。

（一）充分准备，严密保障

一些用频设备的频谱参数如同武器装备的作战性能一样，是一种需要重点保护的秘密内容。在敌我对抗的战场上尤其如此，率先获取对方武器装备，尤其是主战武器装备电磁频谱参数的一方，可以掌握对方行动企图和武器装备部署，降低或削弱敌方武器装备作战效能，对拦截对方导弹袭击，突破对方空中、海上和地面防线具有重要作用。电磁频谱参数泄露所带来的危害就如同被敌方掌握一份绝密文件一样，后果是十分严重的，尤其是泄露了指挥机构使用的频谱参数、重要武器装备频谱参数等，不仅使得这些武器装备完全置于

敌方掌控之下,安全无法保障,更会暴露己方的作战部署和作战行动,陷入战争的被动局面。

在用频设备使用日益广泛、电磁斗争日趋激烈的现代社会,当在一些任务地域集中使用大量功率大、型号新的用频设备,特别是“杀手锏”装备,使得电磁频谱参数安全问题引起的后果的严重性大为增加。个别用频单位在完成平时重要任务中出现用频困难时,擅自改换平时不应使用的频率,不恰当地改变发射天线的高度、方向等参数,增大发射功率,甚至不顾电子侦察预警仍违规使用需要停用的用频设备,将增大电磁频谱参数泄露的可能性,加强电磁频谱参数安全保障显得尤为迫切。

因此,加强电磁频谱参数安全保障工作,既是电磁对抗现实形势的要求,也是解决用频设备和台站电磁频谱参数的安全保密与完成各项任务之间矛盾的重要途径,需要在用频和管频人员的教育、电磁频谱参数信息的全寿命管理、电磁辐射的频谱监控、对方电子侦察能力评估和行动动态预警等各个方面做好充分准备,制定严密的电磁频谱参数安全保障措施,不得有一丝麻痹大意,否则后患无穷。

(二)认清威胁,全维防范

电磁频谱参数安全的威胁来自各类陆、海、空、天等各方面的电子侦察手段。对此,各级用频、管频单位必须有清醒认识,对各方面的安全威胁都要采取防范措施。

(1)地面电子侦察的威胁。短波信号通过地波传播时,通常只能实现数十公里的近距离传播,但通过天波传播可以实现数万公里的远距离传播。短波通信是远距离传播的主要手段,因而短波信号比较容易通过天波传播方式泄漏。而超短波、微波信号的主要传播方式是直线式的视距传播,一般地面传播距离限制在50km以内,地面侦察设备只有接近短波、微波信号发射源时,才具备侦测能力;而对于高空辐射的超短波、微波信号,地面侦察系统则可以达到400km以上的侦测距离。由此可见,来自地面的电磁频谱参数安全威胁主要在短波频段。短波侦收测向站即使远离任务区域,在其联网工作时,也能对短波信号进行截获侦听,对中、大功率短波信源进行测向定位,对大功率短波信号可进行测向定位和侦听。

(2)空中电子侦察的威胁。电子侦察设备升空以后,可有效克服超短波、微波受地形地物阻挡、地表吸收衰减和视距传播的影响和限制,作用距离大大增加。根据视距计算模型,高空侦察接收机(如侦察飞机、预警机)对高空发射机(如机载电子装备)的直视距离可以达到700～800km,高空机载电子侦察接收机对地面超短波、微波信号的侦察能力也可以达到300～500km。对超短波、微波信号的最大侦察威胁来自空中的电子侦察机,其侦察时飞行高度为8500m左右,对地面目标的有效侦察距离为470km,对8000m高空目标侦察距离为740km。可以说,高空电子侦察机在一国境外也能对超短波、微波电磁辐射具备数百公里的侦察纵深。

(3)太空电子侦察的威胁。短波信号由于受电离层的折射和反射作用,一般只有极少信号辐射到外层空间,空间侦察卫星通常在此频段上不具备侦察能力;超短波、微波信号,由于云雨、空气等的吸收，受到一定的衰减，但折射和反射作用较弱，比较容易穿透电离层辐射到外层空间，使得空间侦察卫星对超短波、微波信号具有侦测能力，侦察频率一般为100MHz～20GHz。特别是低轨道侦察卫星在飞越我国境内地域上空时，对地域的超短波、微波信号具有较强侦测能力。通常，普查型电子侦察卫星可侦察80W以上的地面辐射源，详查型电子侦察卫星可侦察100W以上的地面辐射源，中低轨道电子侦察卫星可侦察400W以上的地面辐射源。电子侦察卫星对星下点进行侦察时，具有更强的侦察能力。

（三）多种手段，综合运用

由于在一些重大活动中电磁频谱参数泄露带来的安全威胁往往不是立即就能体现出来的，因而电磁频谱参数安全保障工作具有很大的复杂性，需要采取多方面技术手段和行政手段做好这项涉及电磁频谱安全的重要工作。

在技术手段上，主要包括以下3个方面：①计算机仿真推演。利用计算机仿真软件，估算各类用频设备的信号辐射范围，评估主要用频设备电磁频谱参数被对手的截获可能性。②实地监测。对用频设备的具体部署地点进行现场和外围电磁环境联合监测，测量用频设备不同距离的实际辐射场强，获取其有效辐射范围。③综合分析评估。通过综合分析计算机仿真数据、实地监测数据，根据掌握的对手侦测接收机的工作性能，计算电磁频谱参数安全风险系数，对用频设备的电磁频谱参数安全保密风险进行数值评判。

在行政手段上，主要包括以下4个方面。①用频审核。各级电磁频谱管理组织机构，对相关用频单位的用频计划进行安全性审核，检查是否符合各级有关电磁频谱参数安全规定的要求，重点审核用频设备电磁发射的控制是否严格，用频地域、时机是否存在电磁频谱参数泄露的可能性。②用频监测。利用电磁频谱监测网严密监控用频秩序，主要监控各用频设备是否擅自使用了指配外的频率，尤其是特定频率的使用是否慎重。③风险防范措施检查。各单位根据本单位的用频设备使用情况，对其电磁频谱参数实施必要的监测和管控，结合有关电磁频谱参数安全规定，对照检查落实情况。④预警通报。建立任务地域的预警通报机制，根据电子侦察卫星以及侦察飞机等电子侦察设备过顶和临近情况通报，以及地面部署的电子侦察设备的活动情况，及时向各用频单位发出电磁频谱参数安全风险等级预报。

二、电磁频谱参数安全保障的主要工作

电磁频谱参数安全保障工作贯穿于各项任务准备与实施的全过程，主要包括事前模拟预测工作、事中等效侦测工作和事后综合评估工作。

（一）事前模拟预测，制订电磁频谱参数安全保障计划

电磁频谱参数安全保障工作除加强对涉密人员的管理外，在任务开展前制订防范电

子侦测行动的详细方案也是一项非常重要的工作。在用频设备使用计划期间,应首先搜集分析对手各种电子侦测手段的装备战技术性能和活动规律,主要包括可接收的信号样式、频率范围和灵敏度要求,地面站位置和海上、空中站的运行时间和航线,以及卫星过顶时间和覆盖范围,再根据己方用频设备的部署位置(运行轨迹)、发射功率和天线方向等电磁辐射特性,以及可能的电波传播途径,采取模拟仿真的手段分析己方电磁辐射的可达性,最后再依据己方电磁频谱参数安全保障要求,确定需要重点保护频谱参数的用频设备的运用时机和区域,以确保任务中的电磁频谱参数安全。

(二)事中等效侦测,严查电磁频谱参数安全保障问题

在任务行动实施期间用频设备工作时段,是电磁频谱参数安全保障最为关键的时节。用频设备运用时辐射的电磁信号是否能为对方所侦测,只靠事前的模拟预测是远远不够的,因实际辐射的频谱参数和电波传播环境的性能参数往往和模拟中的有一定误差,而且频率使用时这些参数还可能发生变化,有一定的不确定性,需要实地侦测才能确定。但又不可能使用与对手相同的侦测装备在相同的位置(航线、轨道)上去侦测,这就需要采用等效侦测的方法,实时判断己方电磁辐射的频谱安全风险范围变化,及时调整电磁频谱参数安全保障计划,查处用频设备运用中出现的频谱参数泄露安全事件。

(三)事后综合评估,完善电磁频谱参数安全保障措施

特定任务行动结束后相关用频设备停止使用,不再存在通过电磁辐射的途径发生电磁频谱参数泄露的可能性,但为在之后的行动中更加有效地保障电磁频谱参数安全,要对前期的整个工作进行总结,综合评估前期任务行动中电磁频谱参数安全风险的防范效果。通常采取计算机分析与专家评估相结合的方法,对电磁频谱参数安全保障工作各环节进行综合分析,查找短板弱项,研究补救对策,以便进一步研发更加科学的安全保障手段,建立更加合理的安全保障机制,以及改进用频设备频谱性能参数和组织运用方式,以风险被动规避为主向以风险主动防护为主转型,解决用频设备使用效能和频谱参数泄露风险之间的矛盾,不断提高电磁频谱参数安全保障水平。

三、电磁频谱参数安全保障的主要方法

在复杂电磁对抗条件下任务行动中,电磁频谱参数安全保障问题既涉及电磁频谱管理机构,又涉及各用频单位。因此,电磁频谱管理机构和各用频单位要综合采取组织方法和技术方法来保障电磁频谱参数安全。

(一)强化意识,规范制度

影响电磁频谱参数安全保障的核心因素是广大用频、管频单位和个人,因此做好电磁频谱参数安全保障的关键是提高人员素质,并用完善的制度管好任务执行人员。

1. 强化各类人员电磁频谱参数安全意识

将电磁频谱参数安全教育作为各单位日常和重大任务实施前安全保密教育内容的一部分，定期开展对其相关内容进行宣传教育，使其充分认清复杂环境中电磁频谱参数安全对用频设备运用和任务行动的重要性，认识到平时的电磁频谱参数安全保障工作对于任务过程中用频设备工作效能发挥的重要意义，提高全体人员的电磁频谱参数安全意识，自觉形成像遵守国家保密法规一样遵守各类电磁频谱参数安全保密规定。

2. 建立健全并落实各项电磁频谱参数安全保障制度

各单位根据有关电磁频谱参数安全保密的规定，结合自身在任务行动中的用频实际，制定并不断完善切实可行的电磁频谱参数安全保障制度，明确相应的奖惩措施，在任务准备和实施过程中监督检查各项制度的落实情况。

（二）限制范围，严防泄露

在任务活动中，要严格控制电磁信号传播及其信息资料的扩散范围，从源头上杜绝用频设备电磁频谱参数特征及相关信息的泄露途径。用频台站的电磁频谱参数既能从保存在相关用频台站和用频设备的数据资料中直接得到，也能从用频台站发射的电磁信号分析中得到，因而需要从两个方面控制电磁频谱参数的泄露途径。

1. 控制电磁频谱信息资料的扩散范围

严格区分不同用频台站和用频设备电磁频谱参数信息的密级，严格遵守各项安全保密法规制度，对相关信息数据和资料要妥为保管，并根据任务行动需要有针对性地细化用频台站和用频设备电磁频谱参数管理相关规定，严格控制电磁频谱信息资料的知悉范围，严防扩散至无关人员，防止被不法分子所窃取；对于存储、处理电磁频谱信息资料的计算机设备，严格检测其辐射和传导发射途径，可能造成敏感信息泄露风险的，应当采取电磁屏蔽等措施并对周边地域加强监管。

2. 控制用频设备电磁辐射的传播范围

严格控制用频设备电磁辐射的时域、空域和频域范围：在时域控制上，要注意任务执行中用频台站的工作时机，在对手电子侦察卫星过境时视情限制用频台站的工作；在空域控制上，严格控制电磁信号辐射空间，在满足任务需要的情况下，功率要尽量小，天线要尽量选择强方向性的，尽量不向无关方向发射电磁信号；在频域控制上，要严格控制频率使用范围，不得擅自使用未经批准的工作频率，严格区分不同时机使用不同的频率。

（三）科学预测，防范风险

对可能会出现电磁频谱参数安全风险的用频行动要全面评估并调整优化，对可能已经出现的电磁频谱参数安全风险要及时采取应对措施。

1. 全面预测电磁频谱参数安全风险

在任务行动之前对相应用频行动方案中用频台站部署和用频计划可能存在的电磁

频谱参数安全风险进行预测分析和评估，若可能会产生不可容忍的安全风险时要调整任务行动方案和用频计划的相应内容，将电磁频谱参数安全风险消除在任务行动之前。

2. 及时整改电磁频谱参数安全问题

在任务实施中，技术手段与行政手段相结合对电磁频谱参数安全风险进行全面监控，根据对用频台站电磁辐射的监测信息和对方电磁频谱感知能力情况，以及其他途径来源的情报信息，实时评估电磁频谱参数安全状态并及时预警，对于不可接受的电磁频谱参数安全问题要及时进行整改，对违反相关电磁频谱参数安全保障规定而威胁电磁频谱参数安全的行为要严肃追责和处理。

第七章 电磁频谱地图构建

在电磁频谱感知数据的支持下，结合地理信息以电磁频谱地图的形式对电磁环境进行可视化呈现，是提高复杂电磁环境分析与频谱管理直观性和高效性的重要途径。分析电磁频谱地图及其构建方法是深入研究复杂电磁环境和频谱管理问题的重要内容。

第一节　电磁频谱地图概述

了解电磁频谱地图、电磁频谱地图构建等相关概念和分类，以及电磁频谱地图在经济建设与社会发展、国防建设与军事行动中的作用，有助于深化电磁频谱地图构建需求研究，提高电磁频谱地图在复杂电磁环境分析和频谱管理中的应用水平。

一、电磁频谱地图的概念

电磁频谱地图（spectrum map），即电磁环境地图（electromagnetic environment map），是以地理信息为基础，从时域、空域、频域等多个维度对电磁频谱的能量分布及电磁环境相关要素做出的静态或动态的可视化呈现，通常叠加在对应的数字化地图上显示。广义上讲，电磁频谱地图上需要显示各频谱用户和用频台站（网络）的配置、不同区域电波传播媒介的电磁特性、电磁频谱能量的空间分布状况、电磁频谱能量对不同区域不同用频台站（网络）的影响程度，以及关联信息等情况。从狭义上讲，一般将电磁频谱地图的显示内容限定为电磁频谱能量的空间分布状况，即区分时间、频率范围，把二维或三维空间中各位置点的电磁频谱能量大小按不同颜色以热力图的形式显示出来，如图7-1所示。图中显示的是在100km×75km的平坦潮湿陆地（$\sigma=10^{-2}$S/m，$\varepsilon_r=30$）区域内，位于相对位置（$x=30$km，$y=20$km）处设置的短波电台工作频率10MHz、发射功率1kW、采用直立鞭天线，根据ITU-R P.368《10kHz至30MHz频率的地波传播预测方法》建议书，以100m为距离分辨率可形成75万余条网格点的电场强度$E(x,y)$数据（以下均以场强表示信号强度），对这些数据进行可视化处理后在地表区域所形成的电磁频谱地图，各场强等值线是以辐射源位置为圆心的一系列圆圈。

由于电磁频谱管理的主要频段还局限于无线电频段，因而电磁频谱地图常称为无线电环境地图（radio environment map, REM），也称为无线电地图（radio map）、射频无线电地图（radio frequency radio environment map，RF-REM）等。

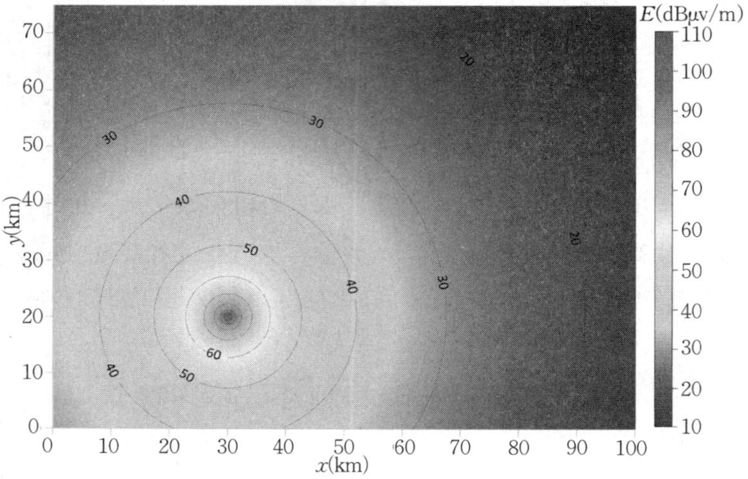

图7-1　表示电磁频谱能量分布状况的电磁频谱地图示例

二、电磁频谱地图的分类

电磁频谱地图从不同的角度，有不同的分类方法，根据其应用特点通常可按时域、空域、频域和适用对象进行分类。

（一）按所反映的时域区分

按所反映的时域，可区分为历史电磁频谱地图、实时电磁频谱地图和未来电磁频谱地图。历史电磁频谱地图，是对以往某一时段内的实际电磁活动信息的深入分析，通过真实的历史监测数据，修正实时和未来电磁频谱分布与影响结论，预测电磁环境的发展趋势；实时电磁频谱地图（当前电磁频谱地图），是根据实时监测数据对当前或之前较短时间内的实际电磁活动及能量分布信息的显示，用于用频行动实施期间的电磁频谱信息搜集和情况处置，并积累历史数据；未来电磁频谱地图，是根据有关用频台站（网络）属性信息和积累的数据，以及频率使用计划，对未来可能形成的电磁频谱能量分布及影响进行预测显示，用于优化行动计划阶段的组织运用方案。

（二）按所反映的空域区分

按所反映的空域，可区分为相互联系的整体电磁频谱地图、区域电磁频谱地图和台站电磁频谱地图。整体电磁频谱地图，是对整个活动区域电磁频谱能量分布及影响进行显示，用于宏观层面的管理人员谋划用频台站的总体部署运用；区域电磁频谱地图，是对重点活动区域范围内的电磁环境进行可视化显示，用于具体行动组织者确定区域内采取的用频台站间电磁兼容和电磁防护措施；台站电磁频谱地图，是具体台站电磁频谱状况的可视化显示形式，用于用频台站运用人员精确选定用频设备配置位置和工作参数。

（三）按所反映的频域区分

按所反映的频域，可区分为全频电磁频谱地图、频段电磁频谱地图和频带电磁频谱地图。全频电磁频谱地图，是反映活动中用频台站全部工作频率范围内电磁环境情况的电磁频谱地图，用于全面掌控所有电磁辐射形成的状态；频段电磁频谱地图，是显示一个或多个频段中电磁环境情况的电磁频谱地图，用于掌控特定台站和系统工作频率范围内的电磁频谱占用与影响情况；频带电磁频谱地图，是显示一个或多个信号频带内用频台站工作状况及作用范围的电磁频谱地图，用于掌控特定台站和系统各工作频率上的电磁频谱使用与效果情况。

（四）按适用对象区分

按电磁频谱地图信息的针对性，可区分为通用电磁频谱地图和专用电磁频谱地图。通用电磁频谱地图，是反映电磁环境最基本信息的电磁频谱地图；专用电磁频谱地图，是特定业务工作和行动所需要的电磁频谱地图，它对所反映的时间、空间和频率范围等都有一些特殊要求，如无线电管理专用电磁频谱地图、物联网定位导航专用电磁频谱地图、奥运会保障专用电磁频谱地图、“智慧城市”建设专用电磁频谱地图等。

三、电磁频谱地图的主要作用

电磁频谱地图在信息化社会用频管频活动中的作用越来越突出，在经济建设中就像呈现高山平原、江河湖海、人工建筑等各种有形地物、地貌的地图一样具有不可或缺的重要作用，在军事上则与作战地图同等重要。特别在电磁环境越来越复杂的信息化社会中，电磁频谱的使用是经济建设与社会发展、国防建设与军事行动所必须考虑的基本问题，电磁频谱地图与其他地图一样，是各项工作的规划计划和用频活动的组织者、实施者分析研究情况、做出频谱使用决策和实施频谱管理控制的重要参考和依据。

（一）提高电磁频谱资源的管控能力

随着社会信息化进程的加快，特别是近年来的“智慧城市”建设中物联网的不断普及，无线电设备的数量呈几何级数暴增，频谱资源显得愈发紧张，已成为社会发展的“瓶颈”。通过构建电磁频谱地图,发现电磁频谱资源紧张的关键之处,可以精准解决和缓解频谱资源的供需矛盾,充分发挥频谱资源效益。早在2011年,上海市就着手开展了我国首张城市频谱地图构建,通过对重点区域内频率需求和使用状况进行普查,按照网格化方式,设置数以千计的传感器采集数据,掌握各无线电台站和网络的占用频率和作用范围,将台站位置、时间、工作频率及能量分布情况在频谱地图上进行综合反映,为满足物联网时代海量的通信需求而精细规划电磁频谱资源使用创造条件。2016年,上海市在频谱地图云平台这一前沿性大数据应用的支撑下,对辖区内频谱资源使用情况进行动态、多维度评估,有效解决频率使用效率低下问题,科学规划与优化配置频率资源,促进更加公平、合理地利用频谱资源,及时发现违规台站和清理过期、未工作台站,提高频率规划及指配的准确性和科学性,主动发现和处理有害干扰,以及通过电磁辐射强度图的发布来提高社会公众对无线电辐射的认识。

(二)挖掘电磁频谱数据的服务能力

国家、地方、军队和相关行业无线电监测力量持续开展了大量电磁频谱信号监测和数据采集活动,积累了海量的电磁频谱相关数据,除为频谱管理者组织实施有效的电磁频谱管理工作提供科学依据外,还可通过构建电磁频谱地图,面向各类用户深度挖掘电磁频谱的服务价值,为频谱使用者提供电磁频谱信息服务。频谱地图不仅为用户选频用频提供依据,还能像我们所熟知的电子地图导航App那样,为用户提供定位和线路规划等服务。早在2000年,P.Bahl等人提出了无线电地图Radio-Map的概念,并应用于RADAR室内定位系统中,用户通过测定所接收无线局域网WLAN的各信标信号场强(received signal strength,RSS),与构建的反映室内RSS分布状态的无线电地图模板匹配分析可得到所在位置。为进一步挖掘电磁频谱地图的应用,近年来提出了频谱地图导航概念并开发了一些概念型系统,对频谱大数据进行融合,并修正不准确的数据,补全监测空白区的数据,以及预测未来的电磁环境发展变化情况,利用频谱地图引导用户选择具有优质频率和能够规避电磁干扰的机动线路,为日益发展的智能无人技术应用提供用频服务。

(三)提升电磁频谱优势的塑造能力

现代战争中的电磁环境急剧复杂,战争的胜负会首先在能将陆海空天与赛博空间作战域连接成一个整体的电磁频谱上见分晓。可以说,谁掌握了电磁频谱优势,谁就掌握了战场主动权,谁就会取得战争的胜利。美军定义电磁频谱优势为“通过对电磁频谱的控制,能够在特定时间和地点不受限制地实施作战行动,同时影响敌方实施作战行动的能力”(《JP3－85联合电磁频谱行动条例》)。通过电磁频谱地图的应用,能增加现有无线电台、干扰机和其他作战部队使用的无线电设备的价值,通过向作战人员可视化呈现当前和潜在的频谱干扰和使用情况而使战场频谱管理更加有效，还可通过判断周围的电磁辐射源形成的电磁环境，指明周围存在的电磁威胁和机会，支持自身很少具备频谱监测能力的班、排级单元完成作战任务，以实现频谱的快速接入和频谱冲突的自动消解，有利于全方位塑造战场电磁频谱优势。美军在2000年初就开始了由DARPA投资、美国空军研究实验室管理的主要聚焦于动态频谱接入的下一代(XG)通信项目的RadioMap研究，其目标是为频谱管理人员和自动频谱分配系统提供电磁辐射源“热力图”，使其能更好地控制频谱拥塞并降低自扰。2012年，DARPA正式启动了多阶段的RadioMap项目，即“先进射频地图”项目(advanced RF mapping)：阶段1重点开发生成动态热力图的算法；阶段2增加一些对异常信号的检测能力，开发连接传感器与RadioMap应用的软件；阶段3也即RadioMap项目最后阶段，将阶段1和阶段2开发的技术集成到一个完整的系统中，并融合美海军陆战队低空飞机(如：直升机或无人机系统)上的传感器数据以增强频谱地图绘制能力。相关报道显示RadioMap已于2018年底移交美海军陆战队，逐步走向实战应用。

四、电磁频谱地图构建

目前广泛研究的电磁频谱地图构建等问题中，大多是指狭义的电磁频谱地图概念，即电磁频谱地图构建，是指在给定区域的二维或三维地图上绘制形成特定时间、特定频率范围内电磁信号强度分布热力图的过程，也常称为频谱制图(spectrum cartography)。

如同绘制反映地面起伏程度的等高线和地形图需要大量的高程测绘数据那样，构建电磁频谱地图，则需要密集的网格化电磁信号强度数据作支撑。数据网格的密集程度取决于距离分辨率要求。但频谱监测人员和设备总是十分有限的，特别是在复杂电磁环境中电磁信号瞬息万变的电磁对抗战场上，各点只有同步监测，得到的数据才能有效，因而不可能在动辄成千上万平方千米所关心的行动区域内形成密集的监测点。即使在电磁信号分布状况较为稳定，电磁环境不复杂的条件下，如平时构建移动通信基站的电磁频谱地图，可以利用无人机、机动车辆等监测平台的机动特性，分时在不同位置开展监测活动，等效形成较为密集的监测点数据，也难以直接生成准确的等值线图和确定热力图中所有点的颜色。因此，如何等效形成所需的密集网络化监测数据，是电磁频谱地图构建的核心问题。

对于实时的和历史的电磁频谱地图构建，需要依据有限位置的频谱监测数据，预测补全其他位置上的数据；而对于未来电磁频谱地图构建，由于还不存在监测数据，只能根据包括位置和辐射功率在内的发射机信息以及传播模型参数等所有先验信息，对区域内各点的信号强度进行计算，而得到信号强度的分布状况。后者称为基于先验信息的正演法，需根据应用场景合理选择传播模型；前者称为反演法，是研究电磁频谱地图构建的难点。

根据频谱监测数据补全算法的依据，频谱地图构建方法可分为空间插值构建法和参数构建法两种基本类型。在实际应用中，这两种基本方法可结合形成混合构建法，如先用空间插值构建法完成部分点的补全，再利用参数构建法完成整个频谱地图的构建，也可先用参数构建法完成频谱地图的初步构建，再利用空间插值构建法对构建结果进行修正，或二者迭代进行。随着大数据处理能力和计算能力的提升，还可结合人工智能技术，形成基于人工智能的空间插值与参数模型相结合的构建法。本章后续主要研究电磁频谱地图构建的两种基本方法。无论采用何种算法，都需要依据有限点的监测数据，最终生成所需要的密集网格化信号强度数据，据此生成信号强度等值线和可视化地反映信号强弱的“热力图”。电磁频谱地图构建基本流程如图 7-2 所示。

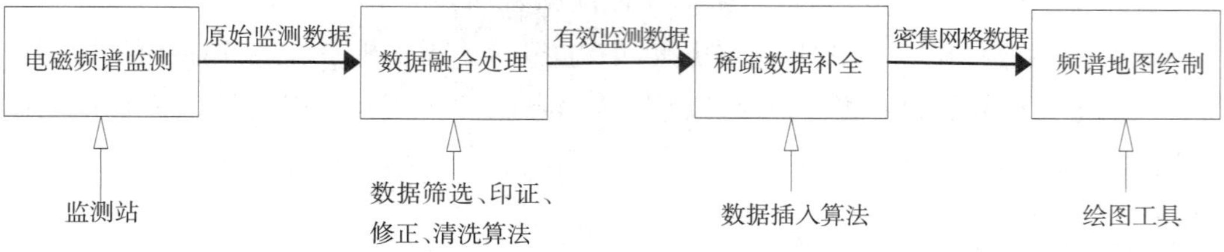

图 7-2　电磁频谱地图构建基本流程

第二节　空间插值构建法

空间插值构建法，又被称作直接构建法（direct methods），是直接通过空间内离散的监测数据，不依靠任何先验知识对空间进行插值，获得空间内连续的数据曲面，进而获得相应电磁环境信息的估计值。由于空间插值法仅需要大量的监测数据，而不需依据任何电磁辐射、电波传播等模型，因而也有文献称为数据驱动法。空间插值构建法也有多种分类标准。根据所用监测数据的不同可分为全局插值构建法和局部插值构建法，前者在插值过程中需要全局监测数据参与，而后者只需使用邻域内的监测数据；根据是否运用了统计模型可分为地统计学构建法和确定性构建法，前者研究监测数据之间的空间相关性（spatial correlation），使用地统计学中的概率模型来进行估计，后者则根据监测数据的平滑度或相似程度，利用数学函数构造一个连续的趋势面对空间进行估计；根据测量点处的估计值与监测值的关系可分为精确插值构建法和近似插值构建法，前者相等，后者不相等。常用空间插值算法有最近邻插值法、自然邻点插值法、反距离加权插值法、克里金插值法、最小曲率插值法、改进谢别德插值法、多项式回归插值法、径向基函数插值法、带线性插值的三角剖分插值法、移动平均插值法、局部多项式插值法等等。各空间插值速度、准确度与监测点的数量、密度、布局结构，插值算法及其参数选择等因素都有关。本节主要分析其中有代表性的最近邻插值法、自然邻点插值法、反距离加权插值法、克里金插值法。

一、最近邻插值法

最近邻点(nearest neighbour,NN)法,又称邻近插值法和点采样法,属于局部插值构建法和确定性构建法,是一种效率高但精度低的构建方法。它是由荷兰气象学家A. H. Thiessen提出的一种分析方法,通过构建Voronoi多边形进行快速分析,因而也称为泰森(Thiessen)多边形方法(或Voronoi多边形分析法)。

该方法将待插入点$s(x,y)$处的估计值$\hat{E}_s$直接取为距其距离最近监测点$S_k(x_k,y_k)$所测得的值。NN法除了直接计算未知点与监测点之间的距离来进行估计外,还可以通过构建Voronoi图来对监测点位置进行划分,如图7-3所示。Voronoi图是由各点所生成的Delaunay三角形的各边中垂线相交点所形成,一种布局结构的监测点所形成的Voronoi图是唯一的,每个Voronoi多边形内有且仅有一个监测点$S_k(x_k,y_k)$,其内各点的最近距离点均为该点。由于多边形边线是Delaunay三角形中垂线,其上点的最近距离点可为两个相邻多边形内的点,多边形顶点的最近距离点则可为多个(一般是3个)相邻多边形内的点。因此,在构建Voronoi图的基础上,估计任一插入点的值时则不需计算比较到各监测点的距离,只需搜索所在的多边形即可,相邻边可按先搜索的估计,可视化着色时则可直接根据监测点数据对所在多边形进行颜色填充。

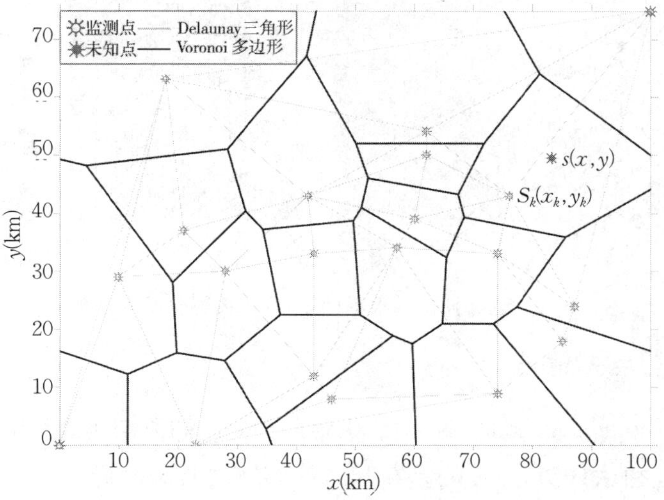

图7-3 Voronoi图示例

利用上图配置的20个监测站对图7-1所示电磁环境的监测数据,最近邻插值所得频谱地图如图7-4所示。可见,最近邻点插值法不需要进行参数设置,同一多边形中结果数据都一样,一个Voronoi多边形就是一个等值面,相邻之间场强值不相同时就会出现值的跳变。因此,这种方法适用于对信号强度的大致分布进行观察,在监测数据紧密完整、间隔均匀,填充样本数据变异程度较小或无值数据的区域时更有效,如图7-5所示。

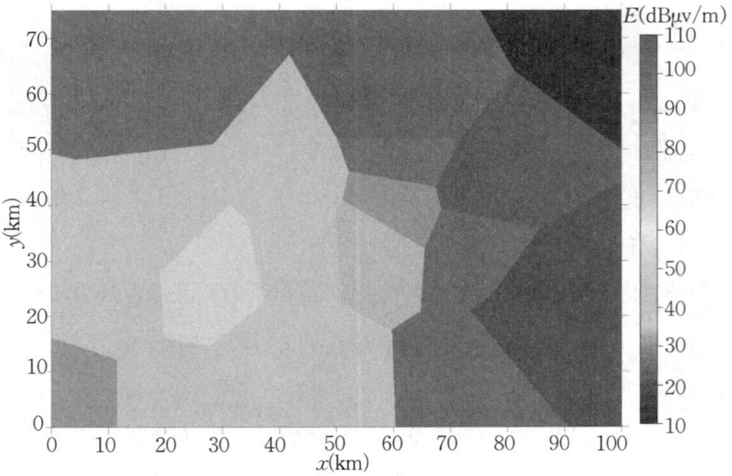

图7-4　最近邻插值效果图示例(20个随机配置监测点)

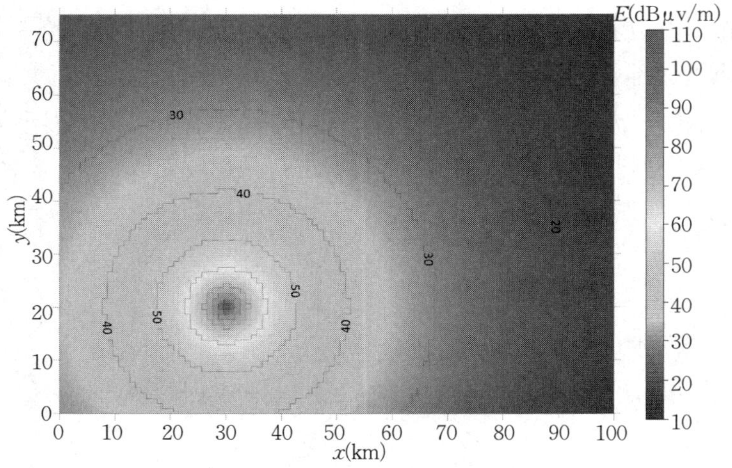

图7-5　最近邻插值效果图(1km间隔栅格化配置监测点)

二、自然邻点插值法

自然邻点(natural neighbours,NNI)法也是一种局部插值构建法和确定性构建法。在未知点$s(x,y)$处的估计值$\hat{E}(x,y)$是在其自然邻域内监测数据$E_i(i=1,2,\cdots,M,M<N)$的加权平均数。自然邻域与插值权重同样可以通过Voronoi图进行计算。将$s(x,y)$作为一个新点增加到原有监测点布局结构中,则会在原有Voronoi图基础上形成一个新的Voronoi图,原有部分相邻多边形发生变化(新旧图对比示例如图7-6和图7-7),包含$s(x,y)$的多边形即为自然邻域的范围,该多边形内的监测数据对$\hat{E}(x,y)$的影响因子即为权重ω_i:

$$\hat{E}(x,y)_{\mathrm{NNI}}=\sum_{i=1}^{M}\omega_i E_i \tag{7-1}$$

式中，M为与自然邻域有交叠的原有Voronoi多边形的个数，各权重等于自然邻域和原有多边形的重叠部分与自然邻域的面积比：

$$\omega_i = \frac{A_i}{A_0} \tag{7-2}$$

式中，A_0为自然邻域面积大小，A_i为自然邻域与原有第i个Voronoi多边形的重叠面积大小，如图7-8。则式(7-1)也可表示为

$$\hat{E}(x,y)_{NNI} = \frac{1}{A_0}\sum_{i=1}^{M} A_i E_i \tag{7-3}$$

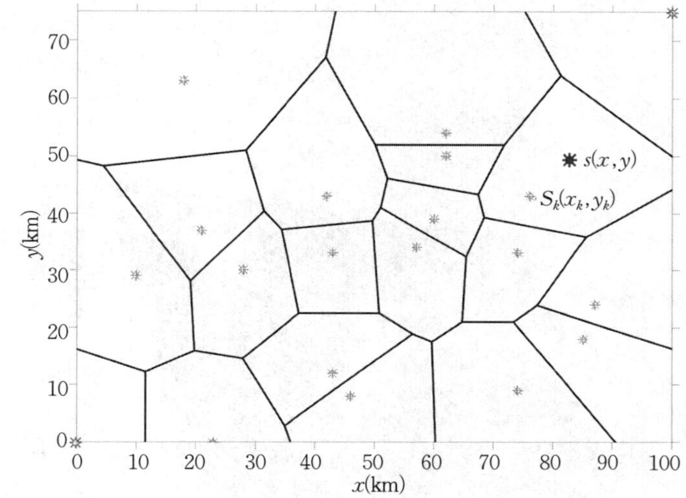

图7-6 原有Voronoi图

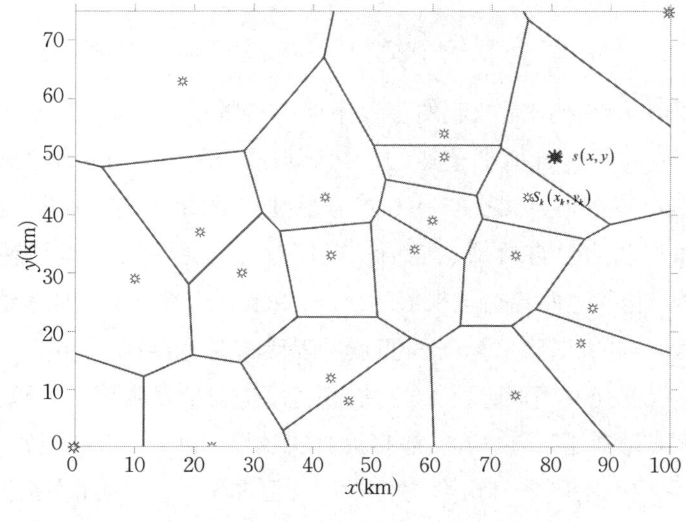

图7-7 增加预测点后的Voronoi图

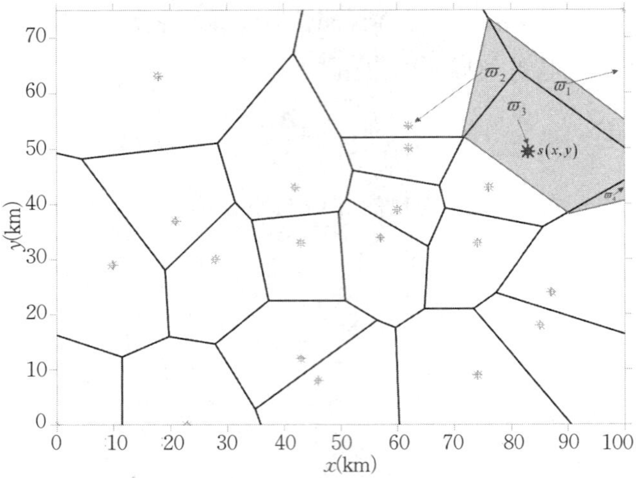

图7-8　插值点自然邻域与原有Voronoi图的重叠区

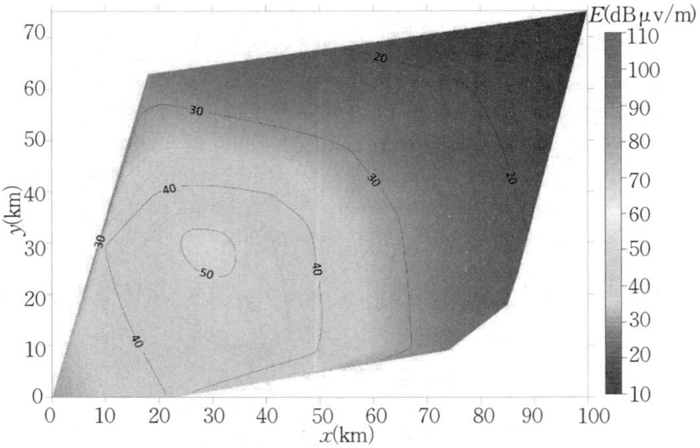

图7-9　自然邻点插值效果图(20个随机配置监测点)

自然邻点插值法在数据点凸起的位置不能外推等值线,即在Delaunay三角形凸边之外不可插值。这是因为此时插值点的自然邻域及与原Voronoi多边形交叠面积不可计算。比较图7-9与图7-3,可见图7-9中的自然邻点插值的频谱地图边界即为图7-3中的Delaunay三角形凸边。自然邻点插值法的同一多边形中不同点结果数据可能不一样,是连续变化的,相邻之间不会出来值的跳变,效果好于最近邻点插值法。但该方法除存在部分不可插值点的问题外,对于监测点过于稀疏时也存在一些细节显示不出来,如靠近辐射源的场强变化。因此,这种方法仍然适用于对信号强度的大致分布进行观察,在监测数据越紧密完整、间隔越均匀,越接近真实效果,如图7-10和图7-11所示,与间隔100m形成的图7-1相比,间隔1km形成的图7-11已非常接近了,而直接用于生成频谱地图的数据中约99%的点是通过约1%的监测点数据进行插值产生的。

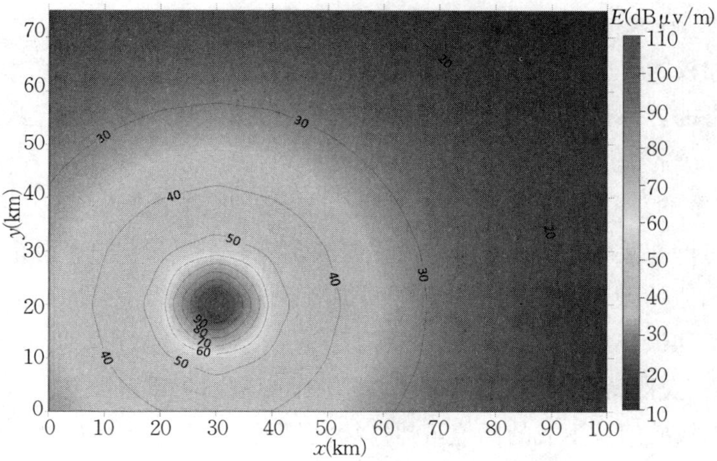

图7-10　自然邻点插值效果图(10km间隔栅格化配置监测点)

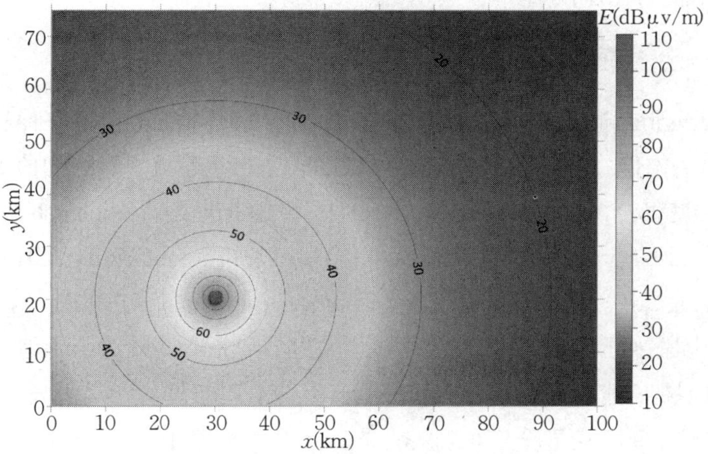

图7-11　自然邻点插值效果图(1km间隔栅格化配置监测点)

三、反距离加权插值法

反距离加权(inverse distance weighted, IDW)插值法,也称谢别德法(Shepard),是全局插值构建法、确定性构建法和精确插值构建法的代表。它的基本原理是已知监测数据对未知点估计值的影响力完全取决于监测点到未知点之间的距离,即在未知点$s(x,y)$处的估计值$\hat{E}(x,y)$为各点$S_i(X_i,Y_i)$监测数据$E_i(i=1,2,\cdots,N)$的加权平均数:

$$\hat{E}(x,y)_{\mathrm{IDW}}=\sum_{i=1}^{N}\omega_i E_i \tag{7-4}$$

式中,各权重ω_i则由$s(x,y)$与$S_i(X_i,Y_i)$之间的距离d_i的p次方的倒数计算获得:

$$\omega_i=\frac{d_i^{-p}}{\sum_{i=1}^{N}d_i^{-p}} \tag{7-5}$$

参数p控制着权重随距离变化的衰减率，通常情况下取值为2。

反距离加权插值法假设插值点的数值是所有数据点的距离加权平均值，可以进行确切的或者圆滑的方式插值。当计算一个监测点数据时，给予一个特定数据点的权值，该权值与指定方次的监测点到插值点的距离倒数成比例，给每个监测点赋予的权重是一个分数，所有权重的总和等于1。当一个插值点与某一监测重合时，该监测点权重为1，所有其他监测点的权重为0。反距离加权插值法含有一个大于0的平滑系数，平滑系数通过修匀已被插值的点来降低某些"凸显"数据展现，它是一种精确性插值法，插值生成的表面的最大值和最小值只会出现在已知监测点的位置。考虑到较远距离的数据影响较小甚至可忽略，为提高插值速度，当监测点较多时可只对局部区域的点进行计算。

反距离加权插值法生成的插值虽然连续，但当监测点过于稀疏时，"牛眼"效应明显，一些区域误差较大，如图7-12所示。这种方法也只在监测数据紧密完整、间隔均匀时，效果比较好，如图7-13所示。

四、克里金插值法

克里金(Kriging)插值法，又称为空间自协方差最佳插值法，是一种利用原始数据和半方差函数的结构性，对区域化变量的未知采样点进行无偏估值的插值方法。克里金法一般可分简单克里金 (simple Kriging, SK)法、普通克里金(ordinary Kriging,OK)法、泛克里金(universal Kriging,UK)法、协同克里金(collaborative Kriging,CK)法、指示克里金(indicator kriging, IK)法、析取克里金(disjunctive kriging, DK)法、对数正态克里金(logistics normal Kriging, LNK)法以及概率克里金(probability Kriging, PK)法。其中，SK、OK、UK同属线性克里金的范畴，LNK、IK、DK属于非线性克里金的范畴。在电磁频谱地图构建中，普通克里金(OK)法是众多克里金插值中最基础、应用最广泛、同时使用性也是最强的方法。

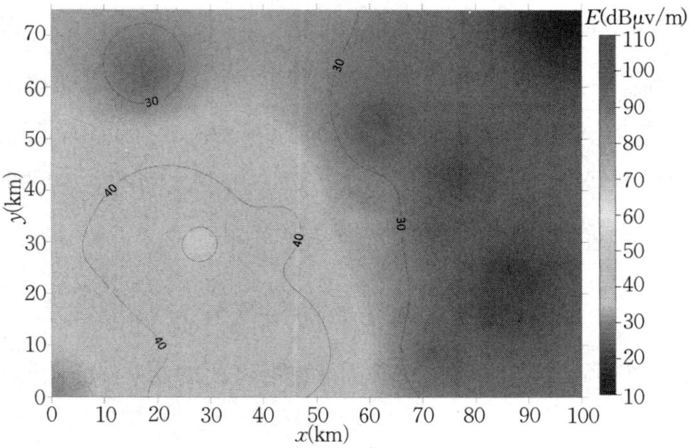

图7-12　反距离加权插值效果图(20个随机配置监测点)

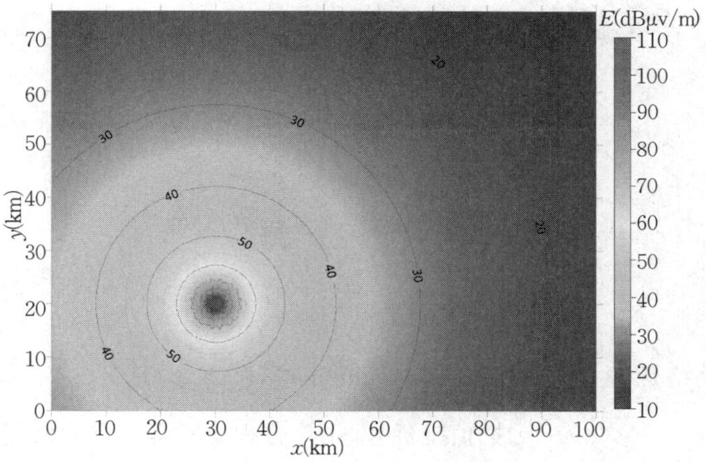

图7-13 反距离加权插值效果图(1km间隔栅格化配置监测点)

克里金插值过程和自然邻点插值法、反距离加权法比较类似,在未知点处的估计值同样为已知监测数据的加权平均值,但权重是根据估计值为最佳线性无偏估计的要求进行求解的:

$$\hat{E}(x,y)_{\text{Kriging}}=\sum_{i=1}^{M}\omega_i E_i \tag{7-6}$$

式中,$E_i(i=1,2,\cdots,N)$为各已知点监测的信号场强,ω_i为相应的权重系数,是能够满足点$s(x,y)$处的估计值$\hat{E}(x,y)$与真实值$E(x,y)$之差最小的一套最优系数,即

$$\min_{\omega_i}\text{Var}(\hat{E}-E) \tag{7-7}$$

式中,$\text{Var}(\hat{E}-E)$为克里金方差。同时满足无偏估计的条件:

$$\overline{\hat{E}-E}=0 \tag{7-8}$$

克里金插值法需满足半方差函数存在的条件,即存在只与空间距离d有关的半方差函数(Semi-variogram,又称变异函数):

$$\gamma(d_{ij})=\frac{1}{2}\text{Var}(E_i-E_j)=\sigma^2-\text{Cov}(E_i,E_j) \tag{7-9}$$

式中,d_{ij}为与第i、j监测点之间的距离,$\gamma(d)$为距离为d的变差函数,在进行克里金插值时,常利用理论模型进行变差函数的拟合,从而得到空间中任意间隔为d的两点之间的半方差函数值$\gamma(d)$。常用的理论模型有球面模型、指数模型、线性模型以及高斯模型等。应用于将监测点数据所有的d和r绘制成散点图,寻找一个最优的拟合曲线,确定理论模型的各参数,得到d与γ的关系表达式。

利用拉格朗日乘数法求解克里金方差$\text{Var}(\hat{E}-E)$在无偏条件下的极小值,可以得到由$N+1$个方程构成的克里金方程组:

$$\begin{cases}\sum_{i=1}^{N}\omega_i\gamma(d_{1,i})+L=\gamma(d_{1,0})\\ \sum_{i=1}^{N}\omega_i\gamma(d_{2,i})+L=\gamma(d_{2,0})\\ \cdots\cdots\\ \sum_{i=1}^{N}\omega_i\gamma(d_{N,i})+L=\gamma(d_{N,0})\\ \sum_{i=1}^{N}\omega_i=1\end{cases} \tag{7-10}$$

式中，L 为拉格朗日乘子(Lagrange multiplier)，$d_{i,j}=\sqrt{(x_i-x_j)^2+(y_i-y_j)^2}$，$d_{i,0}=\sqrt{(x_i-x)^2+(y_i-y)^2}$($x,y$ 为插值坐标)。由该方程组解得各点的加权系数，即可由公式(7-6)计算插入点的信号场强。

克里金插入法不仅考虑了待插入和邻近已知监测点的空间位置，而且还考虑了各邻近监测点彼此之间的位置关系，它还利用已有监测数据空间分布的结构特征，使其插值方法更加精确、符合实际，避免系统误差的出现，并给出估计误差和精度。从统计意义上看，克里金法是从变量相关性和变异性出发，在有限区域内对区域化变量的取值进行无偏、最优估计的一种方法，它的核心技术就用半变异函数模型代表空间中随距离变化的函数，再以无偏估计与最小估计变异数的条件下，决定各采样点的权重系数，最后再以各采样点与已求得的权重线性组合，求得空间任意点或块的内插估计值。

克里金插入法是一种精确、平滑的内插方法，监测点数据量不大时，生成的频谱地图效果比前几种空间插入法要好得多(图7-14)，而且可以产生超出监测数据的最大值和最小值范围，在某些情况下其插值效果有可能更加符合实际。要求内插的结果具有更高的可信度(图7-15)，同样需要较为密集的监测点提供数据，但此时处理速度较慢。

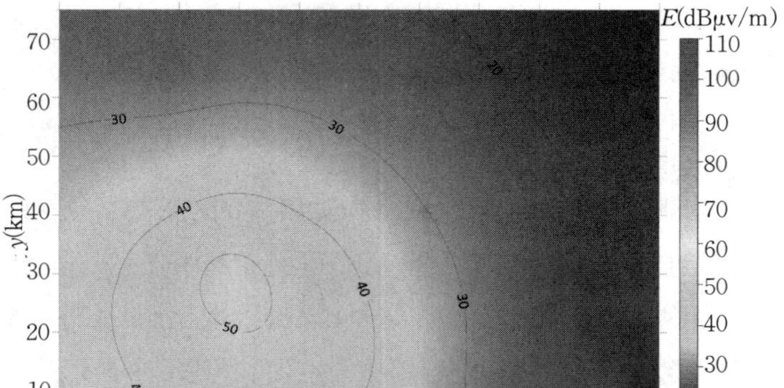

图7-14　克里金插值效果图(20个随机配置监测点)

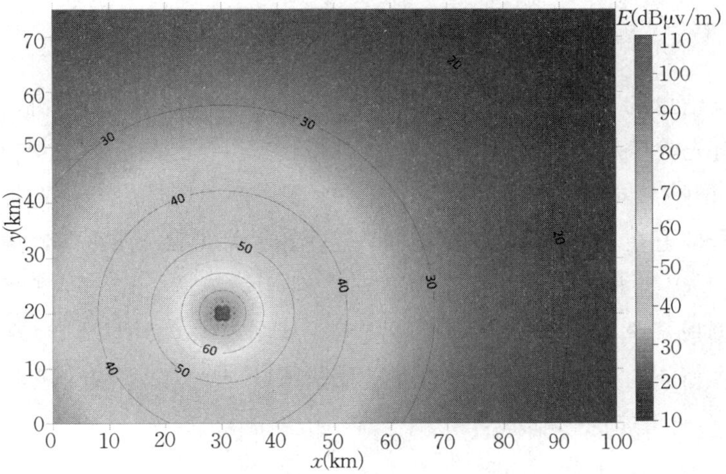

图7-15 克里金插值效果图(1km间隔栅格化配置监测点)

克里金插值法依赖于数学模型和统计模型,从一个统计模型中不可能完全精确地得出预测值,可通过与其他算法的结合得到性能更加优异的混合算法,例如利用先验信息提高估计精度的回归克里金(regression Kriging, RK)法、利用机器学习提高估计精度的神经网络克里金(neural Kriging, NK)法、利用基础半变异函数提高估计精度的贝叶斯克里金(Bayesian Kriging, BK)法,以及大幅提升估计效率的基于近邻传播聚类的自适应普通克里金(adaptive ordinary Kriging algorithm based on affinity propagation clustering, APCA-OK)法。

第三节 参数构建法

参数构建法,又被称为间接构建法(indirect methods),构建过程不仅需要监测数据,还需要发射机信息或电波传播环境参数等先验信息。由于参数构建法对有关电磁环境模型参数依赖性很强,因而也有文献称之为模型驱动法。从第二节的分析中可以看出,无论哪种空间插值构建法,其构建效果与监测点数量关系非常密切,当数量过少时,构建效果都不太理想,而参数构建法由于加入了电磁环境要素相关先验信息,构建精度更高,特别是针对存在长期稳定信号源的区域,能够更加精准地完成电磁频谱地图的构建和预测,而所需要的监测点数量比空间插值构建法所需的点数要少得多,有时只需要少量几个监测点即能估算出相关参数,进而估算较广区域内任何一点的插值而形成效果良好的电磁频谱地图。选择合适的先验信息是提升参数构建法精度的关键。在发射机信息方面,除了位置、功率以外,还有天线高度、方向图函数、极化方向等参数,电波传播模型更是为数众多。每类参数构建法需要的先验信息并不相同,因此针对的场景也不相同。

一、基于先验信息的正演法

基于先验信息的正演法是根据包括位置和辐射功率在内的发射机信息以及传播模型参数等所有先验信息，对区域内的电磁场分布状况进行推导。在发射机信息确定的情况下，传播模型的不同往往导致推导结果不同，需根据应用场景合理选择传播模型。如图 所示，两个部署在不同位置的功率100W、工作频率3GHz、强方向性抛物面天线的辐射源升空运用，辐射方向分别北偏东45°和60°，利用第三章公式(3-309)作为构建模型，在水平面上形成场强等值线标识的频谱地图。从图7-16(a)中可以直观地看出天线主瓣和各旁瓣在所有方向上不同距离的场强分布情况，从滤除能量门限之下区域的图7-16(b)中可以看出可能的影响范围。

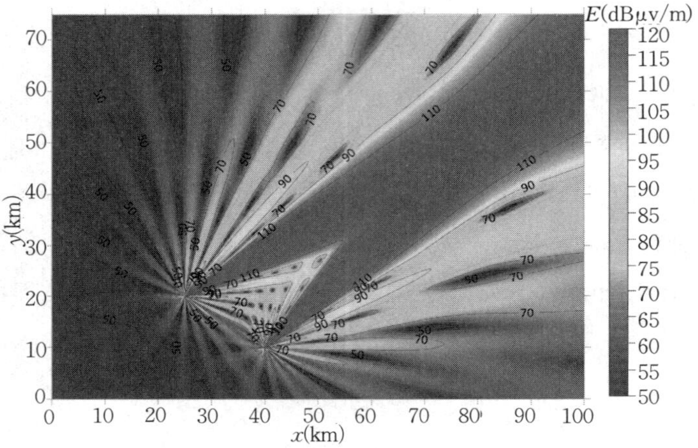

(a)所有位置电场强度分布图

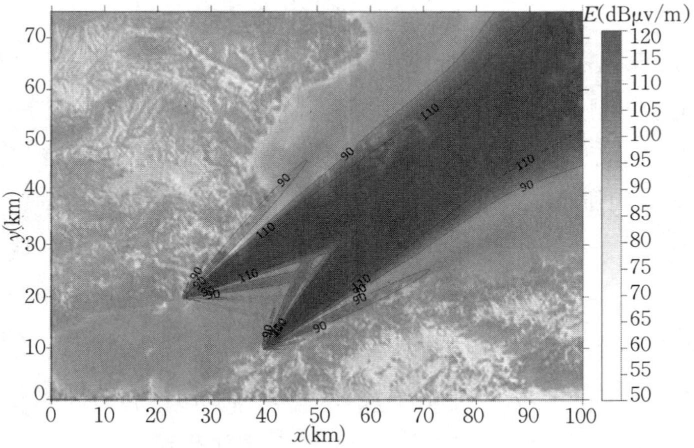

(b)高于影响限值的电场强度分布图

图7-16 基于先验信息的正演法示例

基于先验信息的正演法不需要任何实际的监测数据，要比较准确地进行计算，则相关预测模型的确定和运用非常关键。通常需要大量的历史监测数据对电波传播模型进行本地化修正，并完善发射机及天线等相关模型。单纯的正演法一般用于还没有当前监测数据的情况，如用频设备使用计划时评估电磁辐射有效作用范围或设备可能遭受的电磁干扰等。在辐射源开展工作后，可以借助监测数据反演相关参数对模型进行再修正。

二、基于发射机位置估计法

基于发射机位置估计法（active transmitter location estimation based method，LIvE）是一种构建精度较高的构建方法。该方法应用的场景是已知衰减指数α和衰减相关参数G_{PL}的路径衰减—阴影衰落传播模型，而且特定区域内仅有单个发射机$s_t(x_t, y_t)$，根据分贝形式下监测数据$E_i(i=1,2,\cdots,N)$与传播模型信息进行最小二乘求解，再根据发射机信息的估计结果和传播模型完成电磁频谱地图构建。对于某监测点$s_i(x_i, y_i)$的多次测量数据均值作为样本E_i，以尽可能排除误差干扰。根据路径衰减模型，对于任意位置(x, y)，可将场强估计为

$$\hat{E}(x,y)=P_t(\mathrm{dBW})-G_{PL}-10\alpha\lg d(x,y)(\mathrm{dB\mu V/m}) \qquad (7\text{-}11)$$

式中，$P_t(\mathrm{dBW})$为发射机辐射功率，$d(x,y)$为发射机s_t到点(x,y)之间的距离（km）。如对于自由空间传播，使用方向系数$D=3$的天线，根据第三章公式（3-309），则有衰减指数$\alpha=2$，衰减相关参数$G_{PL}=-79.54$。

令$E'=P_t-G_{PL}$（即距离辐射源1km处的场强）、$k=10a$（即距离对数值的线性衰减斜率），公式（7-11）即

$$\hat{E}(x,y)=E'-\frac{k}{2}\lg[(x-x_t)^2+(y-y_t)^2] \qquad (7\text{-}12)$$

因此，只要根据监测点数据反演得到辐射源位置(x_t, y_t)、在1km处产生的场强E'和场强随距离（km）对数的衰减斜率（k），就能估算出任意点的场强。

利用公式 估算得到各监测点场强结果$\hat{E}_i(i=1,2,\cdots,N)$为

$$\hat{E}_i=E'-\frac{k}{2}\lg[(x_i-x_t)^2+(y_i-y_t)^2] \qquad (7\text{-}13)$$

对于一组合理的参数(x_t, y_t, E', k)，需满足各监测点上估计数据$\hat{E}_i$与实测数据E_i尽量吻合，可用最小二乘法标准来衡量。

令

$$F(x_t,y_t,E',k)=\sum_{i=1}^{N}\left(E'-\frac{k}{2}\lg[(x_i-x_t)^2+(y_i-y_t)^2]-E_i\right)^2 \qquad (7\text{-}14)$$

则所得参数(x_t,y_t,E',k)需要满足$F(x_t,y_t,E',k)$最小。$F(x_t,y_t,E',k)$取得最小值的必要条件是在各阶偏导为0：

$$\frac{\partial F(x_t,y_t,E',k)}{\partial E'}=0 \tag{7-15}$$

$$\frac{\partial F(x_t,y_t,E',k)}{\partial k}=0 \tag{7-16}$$

$$\frac{\partial F(x_t,y_t,E',k)}{\partial x_t}=0 \tag{7-17}$$

$$\frac{\partial F(x_t,y_t,E',k)}{\partial y_t}=0 \tag{7-18}$$

由式(7-15)~式(7-18)联立方程组，即

$$\begin{cases}\sum\limits_{i=1}^{N}\left(E_i-E'+\frac{k}{2}\lg\left[(x_i-x_t)^2+(y_i-y_t)^2\right]\right)=0\\ \sum\limits_{i=1}^{N}\lg\left[(x_i-x_t)^2+(y_i-y_t)^2\right]\left(E_i-E'+\frac{k}{2}\lg\left[(x_i-x_t)^2+(y_i-y_t)^2\right]\right)=0\\ \sum\limits_{i=1}^{N}\frac{(x_i-x_t)\left(E_i-E'+\frac{k}{2}\lg\left[(x_i-x_t)^2+(y_i-y_t)^2\right]\right)}{(x_i-x_t)^2+(y_i-y_t)^2}=0\\ \sum\limits_{i=1}^{N}\frac{(y_i-y_t)\left(E_i-E'+\frac{k}{2}\lg\left[(x_i-x_t)^2+(y_i-y_t)^2\right]\right)}{(x_i-x_t)^2+(y_i-y_t)^2}=0\end{cases} \tag{7-19}$$

由于式(7-19)所示方程组的解是$F(x_t,y_t,E',k)$取得最小值的必要条件，而非充分条件，因此，当不止一个解时，要对解得结果要进行筛选，最直接的方法就是带入$F(x_t,y_t,E',k)$公式中，选取最小结果时的x_t,y_t,E',k。此外，对结果还可进行根据相关限定条件进行预排除，因为任何媒介中的电波场强随距离的衰减速度不会小于在自由空间中传播时，从公式中，无论距离远近，自由空间传播时 $k=20$，即每10倍距离增加衰减20dB，通过分析国际电联建议书还可判定最大 k值，如10MHz垂直极化波在地面传播时，地面越干燥、距离越远，衰减速度越快，在干燥地面100km之内一般 $k<60$，因此结果中 k值不可能小于20，通常不大于60；E'为1km处的场强，1kW辐射源使用短于λ/4的直立天线时，自由空间中1km处场强为109.54dBμV/m，如果根据有关信息，能够明确辐射源功率范围，如不会大于100kW、不会小于10W，则能确定E'的数值一般在90~130之间；辐射源位置的范围如果能掌握，则可作为x_t、y_t的限定条件。各参数的范围限定也可作为联立方程组的不等式条件参与求解。

示例：以图7-1的条件为例，从其中取5个点$S_i(i=1,2,\cdots,5)$作为实际监测点数据：

$$\begin{bmatrix} \boldsymbol{x}_i & \boldsymbol{y}_i & \boldsymbol{E}_i \end{bmatrix} = \begin{bmatrix} 0 & 50 & 27.62 \\ 0 & 60 & 24.31 \\ 10 & 50 & 30.78 \\ 20 & 60 & 28.19 \\ 40 & 80 & 20.19 \end{bmatrix}$$

由联立方程组，可解得 $\begin{bmatrix} x_t \\ y_t \\ E' \\ k \end{bmatrix} = \begin{bmatrix} 29.594 \\ 20.184 \\ 102.327 \\ 46.032 \end{bmatrix}; \begin{bmatrix} 46.351 \\ -20.429 \\ 220.486 \\ 99.902 \end{bmatrix}; \begin{bmatrix} 1524.225 \\ -1234.495 \\ 32.559 \\ 1.922 \end{bmatrix}$ 等多个结果。

显然后二者中k值已超出范围，可以预先排除，只有第1个解有效，则任意点的场强可表示为$\hat{E}(x,y)=102.33-23\lg[(x-29.6)^2+(y-20.2)^2]$。按该模型反演的$100\times75\text{km}^2$内间隔1km上各点数据与ITU建议书计算的数据（去除不可计算的发射机位置所在点，共7675条）相比，同一位置上最大误差为17.6，均方根误差0.9。显然最大误差过大，但分析发现，误差较大的点都出现在辐射源中心周围，因为实际辐射源在(30,20)，估算位置为(29.6,20.2)。去除中心区域10余点，最大误差即可降至6.7，均方根误差0.8。因此，该方法估算位置与真实位置有差异时，两位置附近估算出的场强误差较大，如图7-17所示。

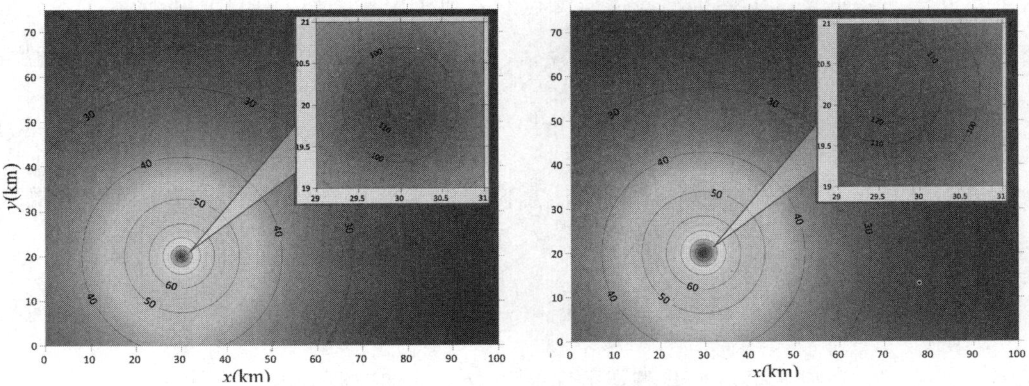

(a)原始频谱地图 (b)LIvE方法构建的频谱地图

图7-17 LIvE构建与原始频谱地图对比

从式(7-12)看出，基本的基于发射机位置估计法适用于场强（dB表示）与传播距离的对数呈线性衰减关系的情况。如图7-18所示，自由空间传播时在整个空间中均呈线关系，平坦均匀地质的地表传播仅在近距离（一般在100km以内）呈基本线性关系。实际工作中，不满足这些理想条件时，需要对模型和算法进行修正。

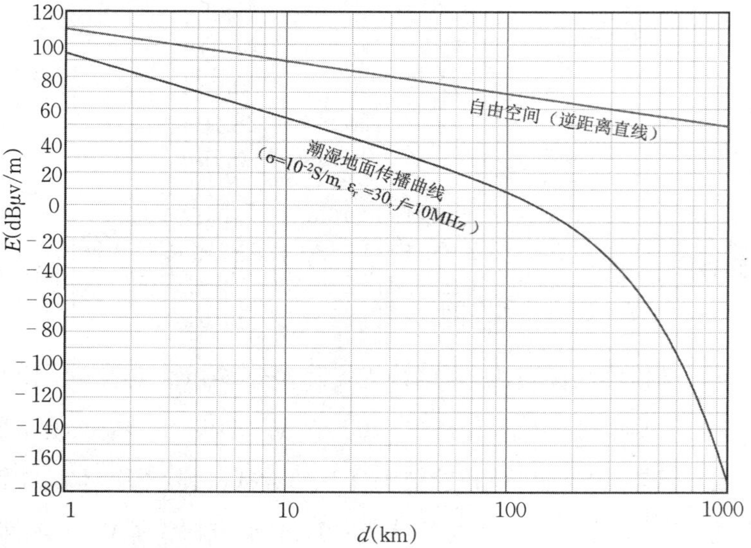

图7-18　典型地波传播与自由空间传播的线性区比较

三、接收信号强度差分法

接收信号强度差分(received signal strength difference，RSSD)法同样是应用了路径衰减模型，但与LIvE法略微不同，它只需要对发射机位置进行估计。该方法利用的是分贝形式下不同监测数据之间的差值与对应监测点到发射机位置距离差值之间的比例关系。根据公式，对于任意两个监测点$s_i(x_i, y_i)$与$s_j(x_j, y_j)(i, j=1, 2, \cdots, N)$的监测场强差值满足：

$$\Delta\hat{E}_{ij}=\hat{E}_i-\hat{E}_j=\frac{k}{2}\lg\left[\frac{(x_j-x_t)^2+(y_j-y_t)^2}{(x_i-x_t)^2+(y_i-y_t)^2}\right] \tag{7-20}$$

只需估算出参数(x_t, y_t, k)，则对于任意位置$s(x, y)$的场强可利用任一监测点的数据进行估算：

$$\hat{E}(x, y)=E_m-\frac{k}{2}\lg\left[\frac{(x-x_t)^2+(y-y_t)^2}{(x_m-x_t)^2+(y_m-y_t)^2}\right] \tag{7-21}$$

式中，x_m、y_m、E_m分别为第m个监测点的实际位置坐标和监测到的场强数值。

求解参数(x_t, y_t, k)，须使任意两点估计出的场强差值与实测场强差值最小。令

$$F(x_t, y_t, k)=\sum_{i=1}^{N-1}\sum_{j=i+1}^{N}(\Delta\hat{E}_{ij}-\Delta E_{ij})^2 \tag{7-22}$$

即

$$F(x_t, y_t, k)=\sum_{i=1}^{N-1}\sum_{j=i+1}^{N}\left(k\lg\frac{d_j}{d_i}-E_j+E_i\right)^2 \tag{7-23}$$

式中，d_i、d_j分别为两监测点到辐射源位置的距离：

$$d_i=\sqrt{(x_i-x_t)^2+(y_i-y_t)^2} \tag{7-24}$$

$$d_j=\sqrt{(x_j-x_t)^2+(y_j-y_t)^2} \tag{7-25}$$

$F(x_t,y_t,k)$取得最小值，则需对各变量偏导为0，公式7-24和7-25分别对x_t、y_t、k求偏导后化简，并考虑参数k的范围限定，形成如下方程组：

$$\begin{cases}\sum_{i=1}^{N-1}\sum_{j=i+1}^{N}\left(k\lg\frac{d_j}{d_i}-E_j+E_i\right)\left(\frac{x-x_j}{{d_j}^2}-\frac{x-x_i}{{d_i}^2}\right)=0\\ \sum_{i=1}^{N-1}\sum_{j=i+1}^{N}\left(k\lg\frac{d_j}{d_i}-E_j+E_i\right)\left(\frac{y-y_j}{{d_j}^2}-\frac{y-y_i}{{d_i}^2}\right)=0\\ \sum_{i=1}^{N-1}\sum_{j=i+1}^{N}\left(k\lg\frac{d_j}{d_i}-E_j+E_i\right)\lg\frac{d_j}{d_i}=0\\ 20\leqslant k<60\end{cases} \tag{7-26}$$

根据已知的N个实际监测点的位置坐标(x_i,y_i)和监测值$E_i(i=1,2,\cdots,N)$等数据，由上述方程即可解出(x_t,y_t,k)，然后根据公式 即可估算出任意点(x,y)的场强$\hat{E}(x,y)$。

示例：利用与前述基于发射机位置估计法的示例同样的监测点数据，由联立方程组可解得

$$\begin{bmatrix}x_t\\y_t\\k\end{bmatrix}=\begin{bmatrix}29.594\\20.184\\46.032\end{bmatrix}$$

从结果中可能看出，与由前述联立方程组解的结果相同。

然后由式(7-21)，以$m=1$为差分基准，则(x,y)点场强为

$$\begin{aligned}\hat{E}(x,y)&=E_1-\frac{k}{2}\lg\left[\frac{(x-x_t)^2+(y-y_t)^2}{(x_1-x_t)^2+(y_1-y_t)^2}\right]\\&=27.62-23.016\lg\left[\frac{(x-29.594)^2+(y-20.184)^2}{(0-29.594)^2+(50-20.184)^2}\right]\end{aligned} \tag{7-27}$$

以1km间隔生成的各点场强数值均比基于发射机位置估计法的结果高0.019，以其他监测点为差分基准，计算出的数据误差略有区别，但对同一基准的误差都为固定值且都在0.1之内，可认为与基于发射机位置估计法的结果也一样。

从信号强度差分法所原理中不难看出，其差分公式是基于发射机位置估计法所用的场强公式消去E'化简所得。因此，信号强度差分法与基于发射机位置估计法相比，不仅反演出的各参数值相同，而且正演生成的频谱地图各点强度值也一样。因而二者与真实数据的误差情况和适用范围完全一致。

三、基于确定位置的衰减系数估计法

信号强度差分法与基于发射机位置估计法都需要对辐射源位置(x_t,y_t)进行估计，

估计结果往往会与真实位置有一定误差(误差大小与监测点配置结构和远近有关系),如上例所示在$100\times75km^2$内地幅内有约400m的误差,导致在估计点附近的场强推算误差较大。因此,位置的准确性对电磁频谱地图中信号强度值的准确性至关重要。在不少情况下,一些电磁辐射源的位置是事先明确的,而且频谱固定监测站和频谱监测车通常都有测向定位功能。因此,在可能的情况下,首先应通过多种手段确定辐射源的准确位置,然后将其作为已知条件估计其他参数。在信号强度差分法中,如果已经明确了辐射位置,则只需求解k值,方程如下:

$$\begin{cases}\sum_{i=1}^{N-1}\sum_{j=i+1}^{N}\left(k\lg\frac{d_j}{d_i}-E_j+E_i\right)\lg\frac{d_j}{d_i}=0\\ 20\leqslant k<60\end{cases}\tag{7-28}$$

即

$$\begin{cases}\sum_{i=1}^{N-1}\sum_{j=i+1}^{N}\left[\left(\frac{k}{2}\lg\frac{(x_j-x_t)^2+(y_j-y_t)^2}{(x_i-x_t)^2+(y_i-y_t)^2}-E_j+E_i\right)\times\lg\frac{(x_j-x_t)^2+(y_j-y_t)^2}{(x_i-x_t)^2+(y_i-y_t)^2}\right]=0\\ 20\leqslant k<60\end{cases}\tag{7-29}$$

示例:已知辐射源位置$(x_t,y_t)=(30,20)$和监测点数据:

$$\begin{bmatrix}\boldsymbol{x}_i & \boldsymbol{y}_i & \boldsymbol{E}_i\end{bmatrix}=\begin{bmatrix}0 & 50 & 27.62\\ 0 & 60 & 24.31\\ 10 & 50 & 30.78\\ 20 & 60 & 28.19\\ 40 & 80 & 20.19\end{bmatrix}$$

由方程公式可解得$k=46.715$。

与信号强度差分法一样,由公式7-21,以$m=1$为差分基准,则(x,y)点场强为

$$\begin{aligned}\hat{E}(x,y)&=E_1-\frac{k}{2}\lg\left[\frac{(x-x_t)^2+(y-y_t)^2}{(x_1-x_t)^2+(y_1-y_t)^2}\right]\\&=27.62-23.358\lg\left[\frac{(x-30)^2+(y-20)^2}{(0-30)^2+(50-20)^2}\right]\end{aligned}$$

在不同基准监测点的情况下,以1km间隔生成的各点场强数值基本一致,与ITU建议书计算的同等距离场强相比,最大误差为9.4,均方根误差为1.1。误差较大的点集中在辐射源四周区域,这是因为按照ITU建议书地波传播模型,在100km之内只是基本线性关系,并非严格线性关系(图7-19),前述辐射源距离倍增的场强如表7-1所示。可见,随距离增大,场强衰减程度也会加大,按同一k值进行计算会导致部分结果的误差较大。从图7-19中可看出,示例中所选监测点集中在30~60km范围,该段距离前后的反演数据与ITU建议书计算数据较为吻合,但在近距离上误差加大。

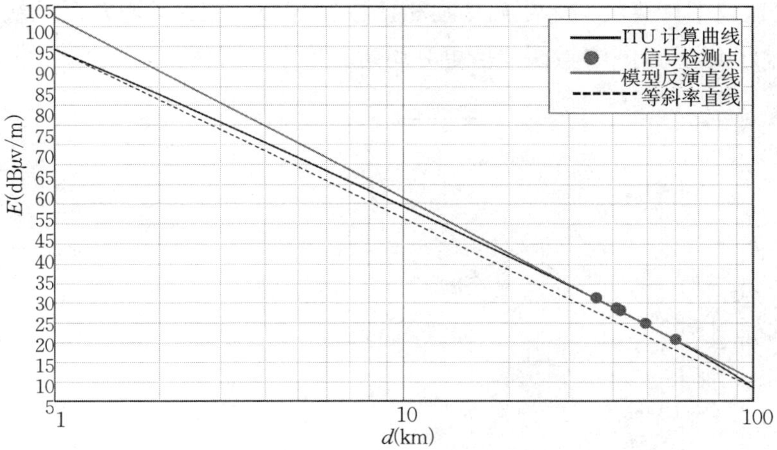

图7-19　信号场强线性度变化示意图

表7-1　典型地波传播场强衰减率变化示例

距离(km)	场强(dBμv/m)	倍距离衰减(dB)	等效10倍距离衰减k(dB)
1	94.24	—	—
2	82.66	11.58	38.46793
4	70.51	12.15	40.36143
8	58.23	12.28	40.79328
16	45.85	12.38	41.12547
32	33.07	12.78	42.45424
64	19.08	13.99	46.47377
128	1.44	17.64	58.59881

只有在自由空间传播的条件下，总是k=20，才可由少量监测数据准确地反演出其他任意位置数据。对于其他传播条件下的大范围反演，则需要根据应用需求和监测点配置情况对模型进行相应改进，以便更为精确地估计出各个位置的信号强度。上例中，调整监测点配置并选择相应点的场强数据：

$$\begin{bmatrix} \boldsymbol{x}_i & \boldsymbol{y}_i & \boldsymbol{E}_i \end{bmatrix} = \begin{bmatrix} 30 & 18 & 82.66 \\ 24 & 20 & 63.33 \\ 18 & 4 & 41.8 \\ 0 & 50 & 27.2 \\ 94 & 68 & 13.99 \end{bmatrix}$$

解得k＝42.618。对不同距离的反演场强关系如图7-20中浅色线所示，可以看出，在整体上与ITU建议书计算曲线更为接近。按式(7-21)，以1km间隔生成的各点场强数值与ITU建议书计算的同等距离场强相比,最大误差为1.78,均方根误差为1.38。可见,最大误差已大幅减小,各点误差值更为均匀。

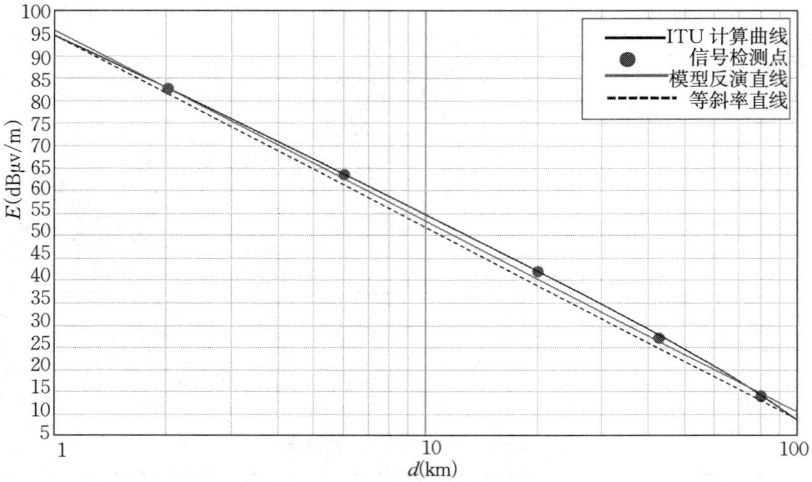

图7-20　调整监测点位置后的信号场强反演示意图

附　录

附录A　国际电信联盟电波传播系列主要建议书清单①

序号	编号—版本—时间	建议书名称
1	P.310—10—201908	Definitions of terms relating to propagation in non-ionized media　有关非电离介质传播的术语定义
2	P.311—18—202109	Acquisition, presentation and analysis of data in studies of radiowave propagation 无线电波传播研究中数据的采集、表示和分析
3	P.341—7—201908	The concept of transmission loss for radio links 无线电链路传输损耗的概念
4	P.368—10—202208	Ground-wave propagation prediction method for frequencies between 10kHz and 30MHz　频率在10kHz～30MHz的地波传播曲线
5	P.371—9—202308	Choice of indices for long-term ionospheric predictions 电离层长期预报指数的选择
6	P.372—16—202208	Radio noise 无线电噪声
7	P.373—9—201309	Definitions of maximum and minimum transmission frequencies 最高和最低传输频率的定义
8	P.452—18—202310	Prediction procedure for the evaluation of interference between stations on the surface of the Earth at frequencies above about 100MHz　评估频率高于100MHz的地球站之间干扰的预测程序
9	P.453—14—201908	The radio refractive index: its formula and refractivity data 无线电折射率:公式和折射率数据
10	P.525—4—201908	Calculation of free-space attenuation 自由空间衰减计算
11	P.526—15—201910	Propagation by diffraction 绕射传播
12	P.527—6—202109	Electrical characteristics of the surface of the Earth 地球表面电特性
13	P.528—5—202109	A propagation prediction method for aeronautical mobile and radionavigation services using the VHF, UHF and SHF bands　使用VHF、UHF和SHF频段的航空移动和无线电导航业务的传播预测方法

①发布时间截至2023年12月,不含已废止的建议书。

续表

序号	编号一版本一时间	建议书名称
14	P.530—18—202109	Propagation data and prediction methods required for the design of terrestrial line-of-sight systems 地面视距系统设计所需的传播数据和预测方法
15	P.531—15—202308	Ionospheric propagation data and prediction methods required for the design of satellite networks and systems 卫星网络和系统设计所需的电离层传播数据和预测方法
16	P.532—1—199203	Ionospheric effects and operational considerations associated with artificial modification of the ionosphere and the radio-wave channel 与人工修改电离层和无线电信道有关的电离层效应与操作考虑
17	P.533—14—201908	Method for the prediction of the performance of HF circuits 高频电路性能预测方法
18	P.534—6—202109	Method for calculating sporadic-E field strength 偶发E层场强计算方法
19	P.581—3—202208	The concept of "worst month" "最差月份"的概念
20	P.617—5—201908	Propagation prediction techniques and data required for the design of trans-horizon radio-relay systems 超视距无线电中继系统设计所需的传播预测技术和数据
21	P.618—14—202308	Propagation data and prediction methods required for the design of Earth-space telecommunication systems 地空通信系统设计所需的传播数据和预测方法
22	P.619—5—202109	Propagation data required for the evaluation of interference between stations in space and those on the surface of the Earth 评估空间站和地球站之间干扰所需的传播数据
23	P.620—7—201706	Propagation data required for the evaluation of coordination distances in the frequency range 100MHz to 105GHz 评估100MHz~105GHz频率范围内协调距离所需的传播数据
24	P.676—13—202208	Attenuation by atmospheric gases and related effects 大气气体衰减及相关效应
25	P.678—3—201507	Characterization of the variability of propagation phenomena and estimation of the risk associated with propagation margin 对传播现象可变性的特征描述和与传播余量相关的风险评估
26	P.679—4—201507	Propagation data required for the design of broadcasting-satellite systems 广播卫星系统设计所需的传播数据

续表

序号	编号—版本—时间	建议书名称
27	P.680—4—202208	Propagation data required for the design of Earth-space maritime mobile telecommunication systems 地空海上移动通信系统设计所需的传播数据
28	P.681—11—201908	Propagation data required for the design systems in the land mobile-satellite service 卫星陆地移动业务系统设计所需的传播数据
29	P.682—4—202208	Propagation data required for the design of Earth-space aeronautical mobile telecommunication systems 地空航空移动通信系统设计所需的传播数据
30	P.684—8—202208	Prediction of field strength at frequencies below about 150 kHz 约150kHz以下频率的场强预测
31	P.832—4—201507	World Atlas of Ground Conductivities 大地电导率世界图集
32	P.833—10—202109	Attenuation in vegetation 植被衰减
33	P.834—9—201712	Effects of tropospheric refraction on radiowave propagation 对流层折射对电波传播的影响
34	P.835—6—201712	Reference standard atmospheres 参考标准大气
35	P.836—6—201712	Water vapour: surface density and total columnar content 水蒸气:地表密度与气柱总含量
36	P.837—7—201706	Characteristics of precipitation for propagation modelling 传播建模的降水特性
37	P.838—3—200503	Specific attenuation model for rain for use in prediction methods 预测方法中的雨衰模型
38	P.839—4—201309	Rain height model for prediction methods 预测方法中的雨高模型
39	P.840—9—202308	Attenuation due to clouds and fog 云雾衰减
40	P.841—7—202208	Conversion of annual statistics to worst-month statistics 年度统计数据到最差月份统计数据的转换
41	P.842—5—201309	Computation of reliability and compatibility of HF radio systems 短波无线电系统的可靠性和兼容性计算
42	P.843—1—199708	Communication by meteor-burst propagation 流星余迹通信
43	P.844—1—199408	Ionospheric factors affecting frequency sharing in the VHF and UHF bands (30MHz~3GHz) 影响甚高频和特高频(30MHz~3GHz)频率共用的电离层因素

续表

序号	编号—版本—时间	建议书名称
44	P.845—3—199708	HF field-strength measurement　高频场强测量
45	P.846—1—199510	Measurements of ionospheric and related characteristics　电离层及相关特性测量
46	P.1057—7—202208—	Probability distributions relevant to radiowave propagation modelling 与无线电波传播模型相关的概率分布
47	P.1058—2—199910	Digital topographic databases for propagation studies　用于传播研究的数字地形数据库
48	P.1060—0—199408	Propagation factors affecting frequency sharing in HF terrestrial systems　影响短波地面系统频率共用的传播因素
49	P.1144—12—202308	Guide to the application of the propagation methods of Radiocommunication Study Group 3　无线电通信研究小组3传播方法的应用指南
50	P.1147—4—200708	Prediction of sky-wave field strength at frequencies between about 150 and 1700kHz　150～1700kHz频率范围内天波场强的预报
51	P.1148—1—199705	Standardized procedure for comparing predicted and observed HF sky-wave signal intensities and the presentation of such comparisons　预测和观测的高频天波信号强度的比较和这种比较的表示的标准化程序
52	P.1238—12—202308	Propagation data and prediction methods for the planning of indoor radiocommunication systems and radio local area networks in the frequency range 300MHz to 450GHz　用于规划频率范围在300MHz～450GHz内的室内无线电通信系统和无线局域网的传播数据和预测方法
53	P.1239—4—202308	ITU-R reference ionospheric characteristics　ITU-R电离层参考特性
54	P.1240—2—20507	ITU-R methods of basic MUF, operational MUF and ray-path prediction　ITU-R基本最高可用频率（MUF）、实际MUF和射线预测方法
55	P.1321—5—201507	Propagation factors affecting systems using digital modulation techniques at LF and MF　影响中低频段数字调制系统的传播因素
56	P.1406—2—201507	Propagation effects relating to terrestrial land mobile and broadcasting services in the VHF and UHF bands　与VHF和UHF频段地面陆地移动和广播业务相关的传播效应
57	P.1407—8—202109	Multipath propagation and parameterization of its characteristics　多径传播及其特性的参数化

续表

序号	编号—版本—时间	建议书名称
58	P.1409—3—202308	Propagation data and prediction methods for systems using high altitude platform stations and other elevated stations in the stratosphere at frequencies greater than about 0.7GHz　在约0.7GHz以上频率使用高空平台台站和平流层其他高空台站的系统的传播数据和预测方法
59	P.1410—6—202308	Propagation data and prediction methods required for the design of terrestrial broadband radio access systems operating in a frequency range from 3 to 60GHz　设计工作在3～60GHz频率范围内的地面宽带无线电接入系统所需的传播数据和预测方法
60	P.1411—12—202308	Propagation data and prediction methods for the planning of short-range outdoor radiocommunication systems and radio local area networks in the frequency range 300MHz to 100GHz　3MHz～60GHz频段范围内地面宽带无线电接入系统设计所需的传播数据和预测方法
61	P.1412—0—199910	Propagation data for the evaluation of coordination between Earth stations working in the bidirectionally allocated frequency bands　双向分配频带中工作的地面站之间的协调评估的传播数据
62	P.1510—1—201706	Mean surface temperature　平均地表温度
63	P.1511—2—201908	Topography for Earth-space propagation modelling　地空传播建模地形学
64	P.1546—6—201908	Method for point-to-area predictions for terrestrial services in the frequency range 30 to 4000MHz　30～4000MHz频率范围内地面业务点对面预测方法
65	P.1621—2—201507	Propagation data required for the design of Earth—space systems operating between 20 and 375THz　工作频段在20～375THz的地对空系统设计所需的传播数据
66	P.1622—1—202208	Prediction methods required for the design of Earth-space systems operating between 20 and 375THz　工作频段在20～375THz的地对空系统设计所需的的预测方法
67	P.1623—1—200503	Prediction method of fade dynamics on Earth-space paths　地空路径衰落动态范围的预测方法
68	P.1791—0—200701	Propagation prediction methods for assessment of the impact of ultra-wideband devices　超宽带设备影响评估的传播预测方法

续表

序号	编号—版本—时间	建议书名称
69	P.1812—7—202308	A path—specific propagation prediction method for point-to-area terrestrial services in the frequency range 30 to 6000MHz 一种用于30～6000MHz频段点到面地面业务的特定路径传播预测方法
70	P.1814—0—200708	Prediction methods required for the design of terrestrial free-space optical links 地面自由空间光链路设计所需的预测方法
71	P.1815—1—200910	Differential rain attenuation 差分雨衰
72	P.1816—4—201908	The prediction of the time and the spatial profile for broadband land mobile services using UHF and SHF bands 使用UHF和SHF频段的宽带陆地移动业务的时间预测和空间资料
73	P.1817—1—201202	Propagation data required for the design of terrestrial free-space optical links 地面自由空间光链路设计所需的传播数据
74	P.1853—2—201908	Time series synthesis of tropospheric impairments 对流层削弱的时间系列综合
75	P.2001—5—202308	A general purpose wide-range terrestrial propagation model in the frequency range 30 to 50GHz 一种30～50GHz频率大范围通用地面传播模型
76	P.2040—3—202308	Effects of building materials and structures on radiowave propagation above about 100MHz 建筑材料和结构对约100MHz以上无线电波传播的影响
77	P.2108—1—202109	Prediction of clutter loss 地物损耗预测
78	P.2109—2—202308	Prediction of building entry loss 建筑物入口损耗预测
79	P.2145—0—202208	Digital maps related to the calculation of gaseous attenuation and related effects 与气体衰减和相关效应计算有关的数字地图
80	P.2146—0—202208	Sea surface bistatic scattering 海面双站散射
81	P.2147—0—202208	Acquisition, presentation, analysis and use of digital products in studies of radiowave propagation 无线电波传播研究中数字产品的获取、表示、分析和使用
82	P.2148—0—202208	Digital maps related to surface wind speed statistics 与地面风速统计相关的数字地图

附录B 国际电信联盟频谱管理系列主要建议书清单①

序号	编号一版本一时间	建议书名称
1	SM.326—7—199811	Determination and measurement of the power of amplitude-modulated radio transmitters 调幅无线电发射机的功率确定与测量
2	SM.328—11—200605	Spectra and bandwidth of emissions 发射光谱和带宽
3	SM.329—12—201209	Unwanted emissions in the spurious domain 杂散域中的无用发射
4	SM.331—4—197807	Noise and sensitivity of receivers 接收机噪声和灵敏度
5	SM.332—4—197807	Selectivity of receivers 接收机选择性
6	SM.337—6—200810	Frequency and distance separations 频率和距离间隔
7	SM.377—4—200702	Accuracy of frequency measurements at stations for international monitoring 国际监测站测量频率的准确性
8	SM.378—7—200702	Field-strength measurements at monitoring stations 监测站对场强的测量
9	SM.443—4—200702	Bandwidth measurement at monitoring stations 监测站对带宽的测量
10	SM.575—3—202108	Protection of fixed monitoring stations against interference from nearby or strong transmitters 保护固定监视站免受附近或强辐射发射机的干扰
11	SM.668—1—199703	Electronic exchange of information for spectrum management purposes 用于频谱管理的电子信息交换
12	SM.851—1—199304	Sharing between the broadcasting service and the fixed and/or mobile services in the VHF and UHF bands 广播业务与VHF、UHF频段的固定和/或移动业务之间的共用
13	SM.852—0—199203	Sensitivity of radio receivers for class of emissions F3E 发射类别F3E的无线电接收机灵敏度
14	SM.853—1—199710	Necessary bandwidth 必要带宽
15	SM.854—3—201109	Direction finding and location determination at monitoring stations 监测站进行的测向与定位
16	SM.855—1—199710	Multi-service telecommunication systems 多业务电信系统

①发布时间截至2023年12月，不含已废止的建议书。

续表

序号	编号一版本一时间	建议书名称
17	SM.856—1—199703	New spectrally efficient techniques and systems　新的频谱效率技术和系统
18	SM.1045—1—199707	Frequency tolerance of transmitters　发射机频率容差
19	SM.1046—3—201709	Definition of spectrum use and efficiency of a radio system　无线电系统频谱使用和效率的定义
20	SM.1047—2—201209	National spectrum management　国家频谱管理
21	SM.1049—1—199510	A method of spectrum management to be used for aiding frequency assignment for terrestrial services in border areas　一种用于辅助边境地区地面业务频率指配的频谱管理方法
22	SM.1050—2—200401	Tasks of a monitoring service　监测的任务
23	SM.1051—4—201809	Priority of identifying and eliminating harmful interference in the frequency band 406—406.1MHz and monitoring in the adjacent frequency bands 405.9 406MHz and 406.1～406.2MHz　406～406.1 MHz频段有害干扰识别与消除以及相邻频段405.9～406MHz和406.1～406.2MHz监测的优先级
24	SM.1054—1—201908	Monitoring of radio emissions from spacecraft at monitoring stations　监测站对航天器无线电发射的监测
25	SM.1055—0—199407	The use of spread spectrum techniques　扩频技术的使用
26	SM.1056—1—200704	Limitation of radiation from industrial, scientific and medical (ISM) equipment　工业、科学和医疗(ISM)设备的辐射限制
27	SM.1131—0—199510	Factors to consider in allocating spectrum on a worldwide basis　在全球范围内划分频谱时需要考虑的因素
28	SM.1132—2—200107	General principles and methods for sharing between radiocommunication services or between radio stations　无线电通信业务之间或无线电台之间共用的一般原则和方法
29	SM.1133—0—199510	Spectrum utilization of broadly defined services　广义业务的频谱利用
30	SM.1134—1—200702	Intermodulation interference calculations in the land-mobile service 陆地移动业务中的互调干扰计算
31	SM.1135—0—199510	SINPO and SINPFEMO codes　SINPO与SINPFEMO代码
32	SM.1138—3—201910	Determination of necessary bandwidths including examples for their calculation and associated examples for the designation of emissions 必要带宽的确定及其计算示例与相应的发射标志示例

续表

序号	编号—版本—时间	建议书名称
33	SM.1139—0—199510	International monitoring system 国际监测系统
34	SM.1140—0—199510	Test procedures for measuring aeronautical receiver characteristics used for determining compatibility between the sound-broadcasting service in the band of about 87～108MHz and the aeronautical services in the band 108～118MHz 确定87～108MHz频段语音广播业务与108～118MHz频段航空业务之间兼容性的航空接收机特性的检测程序
35	SM.1235—0—199703	Performance functions for digital modulation systems in an interference environment 干扰环境中数字调制系统的性能发挥
36	SM.1265—1—200107	National alternative allocation methods 国家替代划分方法
37	SM.1266—0—199707	Adaptive MF/HF systems 自适应中高频系统
38	SM.1268—5—201908	Method of measuring the maximum frequency deviation of FM broadcast emissions at monitoring stations 监测站测量调频广播最大频偏的方法
39	SM.1270—0—199707	Additional information for monitoring purposes related to classification and designation of emission 用于监测目的的发射类别与命名的补充信息
40	SM.1271—0—199710	Efficient spectrum utilization using probabilistic methods 使用概率统计方法的有效频谱利用
41	SM.1370—2—201308	Design guidelines for developing automated spectrum management systems 开发自动化频谱管理系统的设计导则
42	SM.1392—3—202102	Essential requirements for a spectrum monitoring system for developing countries 发展中国家频谱监测系统的基本要求
43	SM.1393—0—199901	Common formats for the exchange of information between monitoring stations 监测站之间信息交换通用格式
44	SM.1394—0—199901	Common format for Memorandum of Understanding between the agreeing countries regarding cooperation in spectrum monitoring matters 国家间谱监测事项合作协议通用格式
45	SM.1413—4—201709	Radiocommunication Data Dictionary for notification and coordination purposes 用于通知和协调的无线电通信数据字典
46	SM.1446—0—200004	Definition and measurement of intermodulation products in transmitter using frequency, phase, or complex modulation techniques 频率、相位或复合调制发射机互调产物的定义与测量

续表

序号	编号—版本—时间	建议书名称
47	SM.1447—0—200004	Monitoring of the radio coverage of land mobile networks to verify compliance with a given licence　规定许可审核中陆地移动网络无线电覆盖范围的监测
48	SM.1448—1—201910	Determination of the coordination area around an earth station in the frequency bands between 100MHz and 105GHz　100MHz～105 GHz 频段内地球站周围协调区的确定
49	SM.1535—0—200107	The protection of safety services from unwanted emissions　保护安全业务免受无用发射影响
50	SM.1537—1—201308	Automation and integration of spectrum monitoring systems with automated spectrum management　自动化频谱管理频谱监测系统的自动化与集成
51	SM.1539—1—200211	Variation of the boundary between the out-of-band and spurious domains required for the application of Recommendations ITU-R SM.1541 and ITU-R SM.329　应用 ITU-R SM.1541 和 ITU-R SM.329 建议书所需的带外域和杂散域之间的边界变化
52	SM.1540—0—200107	Unwanted emissions in the out-of-band domain falling into adjacent allocated bands　落入邻频段的带外域无用发射
53	SM.1541—6—201508	Unwanted emissions in the out-of-band domain　带外域的无用发射
54	SM.1542—0—200107	The protection of passive services from unwanted emissions　保护无源业务免受无用发射的影响
55	SM.1599—1—200702	Determination of the geographical and frequency distribution of the spectrum utilization factor for frequency planning purposes　为规划目的所确立的频谱利用因素在地区和频率上的分布
56	SM.1600—3—201709	Technical identification of digital signals　数字信号的技术识别
57	SM.1603—2—201408	Spectrum redeployment as a method of national spectrum management　作为一种国家频谱管理方法的频谱再配置
58	SM.1633—0—200306	Compatibility analysis between a passive service and an active service allocated in adjacent and nearby bands　相邻和邻近频段划分的无源业务和有源业务间兼容性分析
59	SM.1681—0—200405	Measuring of low-level emissions from space stations at monitoring earth stations using noise reduction techniques　监测使用降噪技术的地球站中空间站的低电平发射测量

续表

序号	编号—版本—时间	建议书名称
60	SM.1682—1—201109	Methods for measurements on digital broadcasting signals 数字广播信号测量方法
61	SM.1708—1—201109	Field-strength measurements along a route with geographical coordinate registrations 通过地理坐标登记进行的沿线场强测量
62	SM.1723—2—201109	Mobile spectrum monitoring unit 移动频谱监测单元
63	SM.1751—0—200605	An additional methodology for the evaluation of the effect of interference between radiocommunication networks operating in a shared frequency band 共用频带内工作的无线电通信网络间干扰效应评估的补充方法
64	SM.1753—2—201209	Methods for measurements of radio noise 无线电噪声测量方法
65	SM.1754—0—200605	Measurement techniques of ultra-wideband transmissions 超宽带传输测量技术
66	SM.1755—0—200605	Characteristics of ultra-wideband technology 超宽带技术特性
67	SM.1756—0—200605	Framework for the introduction of devices using ultra-wideband technology 使用超宽带技术设备的引入框架
68	SM.1757—0—200605	Impact of devices using ultra-wideband technology on systems operating within radiocommunication services 超宽带技术设备对无线电通信业务系统的影响
69	SM.1792—0—200702	Measuring sideband emissions of T-DAB and DVB-T transmitters for monitoring purposes 出于监测目的的T-DAB和DVB-T发射机边带发射测量
70	SM.1809—0—200704	Standard data exchange format for frequency band registrations and measurements at monitoring stations 无线电监测站登记和测量使用的数据交换标准格式
71	SM.1836—0—200712	Test procedure for measuring the properties of the IF filter of radio monitoring receivers 无线电监测接收机中频滤波器特性检测程序
72	SM.1837—1—201308	Test procedure for measuring the 3rd order intercept point (IP3) level of radio monitoring receivers 无线电监测接收机三阶截取点(IP3)电平检测程序
73	SM.1838—1—202308	Test procedure for measuring the noise figure of radio monitoring receivers 无线电监测接收机噪声系数检测程序
74	SM.1839—1—201109	Test procedure for measuring the scanning speed of radio monitoring receivers 无线电监测接收机扫描速度检测程序

续表

序号	编号—版本—时间	建议书名称
75	SM.1840—0—200712	Test procedure for measuring the sensitivity of radio monitoring receivers using analogue-modulated signals　使用模拟调制信号测量无线电监测接收机灵敏度的检测程序
76	SM.1875—4—202209	DVB-T/T2 coverage measurements and verification of planning criteria　DVB-T/T2 覆盖测量和规划标准验证
77	SM.1879—2—201308	The impact of power line high data rate telecommunication systems on radiocommunication systems below 470MHz　电力线高速数据电信系统对 470MHz 以下无线电通信系统的影响
78	SM.1880—2—201709	Spectrum occupancy measurement and evaluation　频谱占用度测量和评估
79	SM.1896—1—201809	Frequency ranges for global or regional harmonization of short-range devices　短距离设备全球或区域性协调的频率范围
80	SM.2028—0—201209	Protection distance calculation between inductive systems and radiocommunication services using frequencies below 30 MHz　30 MHz 以下频率的感应系统和无线电通信业务之间的保护距离计算
81	SM.2039—0—201308	Spectrum monitoring evolution　频谱监测演进
82	SM.2060—0—201411	Test procedure for measuring direction finder accuracy　测向机精度检测程序
83	SM.2061—0—201411	Test procedure for measuring direction finder immunity against multi-path propagation　测向机多路径传播抗扰度的检测程序
84	SM.2080—0—201508	Precision of time information in output data of monitoring receivers　监测接收机输出数据中时间信息的精度
85	SM.2093—0—201608	Methods for measurements of indoor radio environment　室内无线电环境测量方法
86	SM.2096—0—201608	Test procedure for measuring direction finder sensitivity in the VHF/UHF frequency range　VHF/UHF 频段测向机灵敏度的检测程序
87	SM.2097—0—201608	On-site accuracy measurements of a fixed DF system　固定测向系统精度的现场测量
88	SM.2103—0—201709	Global harmonization of short-range devices categories　短距离设备类别的全球统一化

续表

序号	编号一版本一时间	建议书名称
89	SM.2104—0—201709	Guidelines for narrow-band wireless home networking transceivers — Specification of spectrum related components 窄带无线家庭网络收发机导则——频谱相关组件规范
90	SM.2110—1—201910	Guidance on frequency ranges for operation of non-beam wireless power transmission for electric vehicles 电动汽车非波束无线电力传输的频率范围指南
91	SM.2117—0—201809	Data format definition for exchanging stored I/Q data for the purpose of spectrum monitoring 用于频谱监测的I/Q数据交换格式定义
92	SM.2129—0—201908	Guidance on frequency ranges for operation of non-beam wireless power transmission systems for mobile and portable devices 移动和便携式设备非波束无线电力传输系统频率范围指南
93	SM.2138—0—202102	Test procedure for measuring monitoring system field strength measurement accuracy in the VHF/UHF frequency range VHF/UHF频段监测系统场强测量精度的检测程序
94	SM.2139—0—202108	Test procedure for determining the accuracy of TDOA systems 确定TDOA系统精度的检测程序
95	SM.2140—0—202108	Performance evaluation of mobile direction finders in operational environment 移动测向机在运行环境中的性能评估
96	SM.2149—0—202209	Guidance on supplementary elements on the use of Appendix 10 of the Radio Regulations to convey information related to harmful interference to space radiocommunication services 关于使用《无线电规则》附录10传递与空间无线电通信业务有害干扰有关信息的补充要素指南
97	SM.2151—0—202209	Guidance on frequency ranges for operation of wireless power transmission via radio frequency beam for mobile/portable devices and sensor networks 移动/便携式设备和传感器网络通过射频波束进行无线电力传输的频率范围指南
98	SM.2152—0—202209	Complementing current radio frequency delivery mechanisms using optical wireless communication 使用无线光通信补充当前射频传输机制

附录C 无线电业务术语解释①

序号	业务名称(中、英、俄)	业务解释
1	无线电通信业务 radiocommunication service служба радиосвязи	为各种电信用途所进行的无线电波的传输、发射和/或接收
2	固定业务 fixed service фиксированная служба	指定的固定地点之间的无线电通信业务
3	卫星固定业务 fixed-satellite service фиксированная спутниковая служба	利用一个或多个卫星在处于给定位置的地球站之间的无线电通信业务;该给定位置可以是一个指定的固定地点或指定区域内的任何一个固定地点;在某些情况下,这种业务也可包括运用于卫星间业务的卫星至卫星的链路;也可包括其他空间无线电通信业务的馈线链路
4	航空固定业务 aeronautical fixed service воздушная фиксированная служба	为航空导航安全与正常、有效和经济的空中运输,在指定的固定地点之间的无线电通信业务
5	卫星间业务 inter-satellite service межспутниковая служба	在人造地球卫星之间提供链路的无线电通信业务
6	空间操作业务 space operation service служба космической эксплуатации	仅与空间飞行器的操作,特别是与空间跟踪、空间遥测和空间遥令有关的无线电通信业务。上述空间跟踪、空间遥测和空间遥令功能通常是空间电台运营业务范围内的功能
7	移动业务 mobile service подвижная служба	移动电台和陆地电台之间,或各移动电台之间的无线电通信业务

①43种无线电业务术语条目与《中华人民共和国无线电频率划分规定》中1.3款相同。

续表

序号	业务名称(中、英、俄)	业务解释
8	卫星移动业务 mobile-satellite service подвижная спутниковая служба	在移动地球站和一个或多个空间电台之间的一种无线电通信业务，或该业务所利用的各空间电台之间的无线电通信业务；或利用一个或多个空间电台在移动地球站之间的无线电通信业务。该业务也可以包括其运营所必需的馈线链路
9	陆地移动业务 land mobile service сухопутная подвижная служба	基地电台和陆地移动电台之间，或陆地移动电台之间的移动业务
10	卫星陆地移动业务 land mobile-satellite service сухопутная подвижная спутниковая служба	其移动地球站位于陆地上的一种卫星移动业务
11	水上移动业务 maritime mobile service морская подвижная служба	海岸电台和船舶电台之间，或船舶电台之间或相关的船载通信电台之间的一种移动业务；营救器电台和应急示位无线电信标电台也可参与此种业务
12	卫星水上移动业务 maritime mobile-satellite service морская подвижная спутниковая служба	其移动地球站位于船舶上的一种卫星移动业务；营救器电台和应急示位无线电信标电台也可参与此种业务
13	港口操作业务 port operations service портовая служба	海(江)岸电台与船舶电台之间，或船舶电台之间在港口内或港口附近的一种水上移动业务。其通信内容只限于与作业调度、船舶运行和船舶安全以及在紧急情况下的人身安全等有关的信息。这种业务不用于传输属于公众通信性质的信息
14	船舶移动业务 ship movement service служба движения судов	在海岸电台与船舶电台之间，或船舶电台之间除港口操作业务以外的水上移动业务中的安全业务。其通信内容只限于与船舶行动有关的信息。这种业务不用于传输属于公众通信性质的信息
15	航空移动业务 aeronautical mobile service воздушная подвижная служба	在航空电台和航空器电台之间，或航空器电台之间的一种移动业务。营救器电台可参与此种业务；应急示位无线电信标电台使用指定的遇险与应急频率也可参与此种业务

续表

序号	业务名称(中、英、俄)	业务解释
16	航空移动(R)业务 aeronautical mobile(R)service воздушная подвижная (R) служба	供主要与沿国内或国际民航航线的飞行安全和飞行正常有关的通信使用的航空移动业务。在此,R为 route 的缩写
17	航空移动(OR)业务 aeronautical mobile(OR)service воздушная подвижная (OR) служба	供主要是国内或国际民航航线以外的通信使用的航空移动业务,包括那些与飞行协调有关的通信。在此,OR 为航路外 off-route 的缩写
18	卫星航空移动业务 aeronautical mobile-satellite service воздушная подвижная спутниковая служба	移动地球站位于航空器上的卫星移动业务;营救器电台与应急示位无线电信标电台也可参与此种业务
19	卫星航空移动(R)业务 aeronautical mobile-satellite(R)service воздушная подвижная спутниковая (R) служба	供主要与沿国内或国际民航航线的飞行安全和飞行正常有关的通信使用的卫星航空移动业务
20	卫星航空移动(OR)业务 aeronautical mobile-satellite(OR)service воздушная подвижная спутниковая (OR) служба	供主要是国内和国际民航航线以外的通信使用的卫星航空移动业务,包括那些与飞行协调有关的通信
21	广播业务 broadcasting service радиовещательная служба	供公众直接接收而进行发射的无线电通信业务,包括声音信号的发射、电视信号的发射或其他方式的发射
22	卫星广播业务 broadcasting-satellite service радиовещательная спутниковая служба	利用空间电台发送或转发信号,以供公众直接接收(包括个体接收和集体接收)的无线电通信业务
23	无线电测定业务 radiodetermination service служба радиоопределения	用于无线电测定的无线电通信业务
24	卫星无线电测定业务 radiodetermination-satellite service спутниковая служба радиоопределения	利用一个或多个空间电台进行无线电测定的无线电通信业务。这种业务也可以包括其操作所需的馈线链路
25	无线电导航业务 radionavigation service радионавигационная служба	用于无线电导航的无线电测定业务

续表

序号	业务名称(中、英、俄)	业务解释
26	卫星无线电导航业务 radionavigation-satellite service радионавигационная спутниковая служба	用于无线电导航的卫星无线电测定业务。这种业务也可以包括其操作所必需的馈线链路
27	水上无线电导航业务 maritime radionavigation service морская радионавигационная служба	有利于船舶航行和船舶安全运行的无线电导航业务
28	卫星水上无线电导航业务 maritime radionavigation-satellite service морская радионавигационная спутниковая служба	地球站位于船舶上的卫星无线电导航业务
29	航空无线电导航业务 aeronautical radionavigation service воздушная радионавигационная служба	有利于航空器飞行和航空器的安全运行的无线电导航业务
30	卫星航空无线电导航业务 aeronautical radionavigation-satellite service воздушная радионавигационная спутниковая служба	地球站位于航空器上的卫星无线电导航业务
31	无线电定位业务 radiolocation service радиолокационная служба	用于无线电定位的无线电测定业务
32	卫星无线电定位业务 radiolocation-satellite service радиолокационная спутниковая служба	用于无线电定位的卫星无线电测定业务。这种业务也可以包括其操作所必需的馈线链路
33	气象辅助业务 meteorological aids service вспомогательная служба метеорологии	用于气象(含水文)的观察与探测的无线电通信业务
34	卫星地球探测业务 earth exploration-satellite service спутниковая служба исследования Земли	地球站与一个或多个空间电台之间的无线电通信业务,并可包括空间电台之间的链路

续表

序号	业务名称(中、英、俄)	业务解释
35	卫星气象业务 meteorological-satellite service метеорологическая спутниковая служба	用于气象的卫星地球探测业务
36	标准频率和时间信号业务 standard frequency and time signal service служба стандартных частот и сигналов времени	为满足科学、技术和其他方面的需要而播发规定的高精度频率、时间信号(或二者同时播发)以供普遍接收的无线电通信业务
37	卫星标准频率和时间信号业务 standard frequency and time signal-satellite service спутниковая служба стандартных частот и сигналов времени	利用地球卫星上的空间电台开展与标准频率和时间信号业务相同目的的无线电通信业务。这种业务也可以包括其操作所需的馈线链路
38	空间研究业务 space research service служба космических исследований	利用空间飞行器或空间其他物体进行科学或技术研究的无线电通信业务
39	业余业务 amateur service любительская служба	供业余无线电爱好者进行自我训练、相互通信和技术研究的无线电通信业务。业余无线电爱好者系指经正式批准的、对无线电技术有兴趣的人,其兴趣纯系个人爱好而不涉及谋取利润
40	卫星业余业务 amateur-satellite service любительская спутниковая служба	利用地球卫星上的空间电台开展与业余业务相同目的的无线电通信业务
41	射电天文业务 radio astronomy service радиоастрономическая служба	涉及射电天文使用的一种业务
42	安全业务 safety service служба безопасности	为保障人类生命和财产安全而常设或临时使用的无线电通信业务
43	特别业务 special service специальная служба	未另作规定、专门为一般公益事业的特定需要而设立,且不对公众通信开放的无线电通信业务

附录D 常用字母代码和业务频段对应表①

字母代码	雷 达		空间无线电通信	
	频率范围(GHz)	举例(GHz)	标称频段	举例(GHz)
L	1~2	1.215~1.4	1.5GHz 频段	1.525~1.710
S	2~4	2.3~2.5 2.7~3.4	2.5GHz 频段	2.5~2.690
C	4~8	5.25~5.85	4/6GHz 频段	3.4~4.2 4.5~4.8 5.85~7.075
X	8~12	8.5~10.5	—	
Ku	12~18	13.4~14.0 15.7~17.3	11/14GHz 频段 12/14GHz 频段	10.7~13.25 14.0~14.5
K(注)	18~27	24.05~24.25	20GHz 频段	17.7~20.2
Ka(注)	27~40	33.4~36.0	30GHz 频段	27.5~30.0
Q/V	—/40~75	—/59.3~64	40GHz 频段	37.5~42.5 47.2~50.2
E	—	—	60~90GHz 频段	
W	75~110	76~77	—	
注:对于空间无线电通信,K 和 Ka 频段一般只用字母代码 Ka 表示; 相应代码及频段范围非正式标准,仅作简化称呼参考之用。				

①引自2022年版《中华人民共和国无线电频率划分规定》中1.10款。

参考文献

[1] 部无线电管理局关于微功率短距离无线电设备相关问题的解答[J].中国无线电,2018(01):11+24.

[2] 陈磊,柳海明,蒋莉,等.整车充电状态射频辐射发射测试研究[J].中国汽车,2018(09):50—53.

[3] 成勇进.基于FPGA的DME机载接收机设计[D].西安:西安电子科技大学,2021.

[4] 曹刘成.某塔康测试系统信号模拟器的设计与实现[D].郑州:郑州大学,2019.

[5] 曹冲.全球导航卫星系统发展与中国北斗系统建设[J].科学,2018,70(03):21—24+2+4.

[6] 陈鹏.格洛纳斯卫星导航系统的发展历程及其现代化计划[J].导航定位学报,2021,9(05):20—24.

[7] 弓树宏.电磁波在对流层中传输与散射若干问题研究[D].西安:西安电子科技大学,2008.

[8] 国务院,中央军委.中华人民共和国无线电管制规定[EB/OL].(2010—09—06)[2023—11—01]. https://www. gov. cn/zwgk/2010—09/06/content_1696833.htm.

[9] 国务院,中央军委.中华人民共和国无线电管理条例[EB/OL].(2016—11—25)[2023—11—01].https://www.gov.cn/zhengce/zhengceku/2016—11/25/content_5137687.htm.

[10] 工业与信息化部.中华人民共和国无线电频率划分规定[EB/OL].(2023—07—01)[2023—11—01]. https://www. miit. gov. cn/zcfg/wxdl/art/2023/art_e0e124ec6ed441eeb38a64b87bb62726.html.

[11] 工业与信息化部.无线充电(电力传输)设备无线电管理暂行规定[EB/OL].(2023—05—22)[2023—11—01]. https://www. gov. cn/gongbao/2023/issue_10626/202308/content_6897062.html.

[12] 胡安平,龚涛.增强罗兰导航技术的研究现状和进展[J].现代导航,2016,7(01):74—78.

[13] 黄学民,张海峰,贾永祥.频谱地图在无线电管理中的应用[J].中国无线电,

2022(10):70—71.
[14] 韩晓晓.基于RBF神经网络的动态射频地图建立方法研究[D].太原:太原科技大学,2015.
[15] 覃予鹏.反激式开关电源远场电磁辐射的模型预测及特性研究[D].哈尔滨:哈尔滨工业大学,2022.
[16] 焦文海,刘莹,周玉霞,等.北斗卫星导航术语: GB/T 39267—2020[S].北京:中国卫星导航系统管理办公室,2015.
[17] 蒋全兴,王桂华.电磁干扰和电磁兼容性术语: GJB72A—2002[S].北京:中国人民解放军总装备部,2003.
[18] 李修和.战场电磁环境建模与仿真[M].北京:国防工业出版社,2014.
[19] 李新奇,赵洪辉,仲伟明.有线电视线缆泄漏辐射干扰导航频率的查处与分析[J].中国无线电,2009(10):66+68.
[20] 李跃等.导航与定位[M].北京:国防工业出版社,2008.
[21] 雷厉等.侦察与监视[M].北京:国防工业出版社,2008.
[22] 梁晶,张允,彭德强.塔康信号模拟器的设计[J].舰船电子对抗,2014,37(01):109—112+120.
[23] 李俊杰.基于软件无线电的仪表着陆系统接收机研究[D].广州:华南理工大学,2022.
[24] 吕保维,王贞松.无线电波传播理论及其应用[M].北京:科学出版社,2003.
[25] 李志远.基于模拟退火算法的频率指配问题研究[D].长沙:国防科技大学,2022.
[26] LAMPEL P.检测有线电视网络中的电磁泄漏:罗德与施瓦茨公司新型测试接收机检测来自有线电视网络的电磁泄漏辐射[J].广播与电视技术,2013,40(10):182—183.
[27] 彭雪梅.微波着陆系统信号模拟器的研究[D].西安:西安电子科技大学,2008.
[28] 宋铮,张建华,黄冶.天线与电波传播[M].西安:西安电子科技大学出版社,2021.
[29] 唐港洲.用频台站频率—空间间隔标准构建与频率指配研究[D].长沙:国防科技大学,2023.
[30] 王东,郭键锋,刘宝华,等.微波炉电磁辐射水平调查[J].中国辐射卫生,2013,22(06):682—684.
[31] 王德辉,范慧佳,陈魁.通用医疗设备辐射发射整改案例[J].安全与电磁兼

容,2018(01):78—80.
[32] 王小谟,等.雷达与探测[M].北京:国防工业出版社,2008.
[33] 王海斌,钱伟.NDB、VOR与GPS导航方式分析比较[J].数字技术与应用,2016(02):226+228.
[34] 吴德伟,赵修斌,田孝华,等.无线电导航系统[M].2版.北京:电子工业出版社,2022.
[35] 王建中,张光山,付存文.基于软件无线电的VOR通信导航信号分析[J].电子世界,2019(12):152—153.
[36] 王宁.仪表着陆系统辐射场的形成与性能研究[D].天津:中国民航大学,2019.
[37] 王海斌,钱伟.NDB、VOR与GPS导航方式分析比较[J].数字技术与应用,2016(02):226+228.
[38] 熊蕊,等.电磁兼容原理与应用[M].北京:机械工业出版社,2015.
[39] 熊群力,等.综合电子战[M].北京:国防工业出版社,2008.
[40] 谢益溪.无线电波传播原理与应用[M].北京:人民邮电出版社,2008.
[41] 肖剑.无线电磁频率管理中频率指配技术的研究[D].长沙:中南大学,2012.
[42] 夏海洋.基于监测数据的电磁频谱地图快速高精度构建算法研究[D].长沙:国防科技大学,2020.
[43] 夏海洋,查淞,黄纪军,等.电磁频谱地图构建方法研究综述及展望[J].电波科学学报,2020,35(04):445—456.
[44] 杨帆,董正宏,尹云霞,等.战场复杂电磁环境计算与仿真技术研究[M].北京:国防工业出版社,2019.
[45] 杨洁,王磊.电磁频谱管理技术[M].北京:清华大学出版社,2016.
[46] 袁冰清,李思静.甚高频全向信标(VOR)信号的监测方法[J].数字通信世界,2018(02):35—36.
[47] 袁冰清,蔡芸云,王英翔.浅析北斗卫星导航系统[J].中国无线电,2022(02):46—47.
[48] 姚富强,张余,柳永祥.电磁频谱安全与控制[J].指挥与控制学报,2015,1(3):278—283.
[49] 喻林.无线电地图辅助下基于深度强化学习的无人机路径规划[D].南昌:南昌大学,2022.
[50] 夏海洋.基于监测数据的电磁频谱地图快速高精度构建算法研究[D].长沙:国防科技大学,2020.

[51] 余传灏.无线电环境地图构建及应用研究[D].昆明:云南大学,2022.

[52] 张孙虎.某工业产品电磁辐射测试解析及整改验证[J].安全与电磁兼容,2021(03):71－74＋90.

[53] 郑俊.微波着陆系统接收信号处理的研究[D].西安:西安电子科技大学,2018.

[54] 邹澎,周晓萍.电磁兼容原理、技术和应用[M].北京:清华大学出版社,2007.

[55] 中国卫星导航系统管理办公室.北斗卫星导航系统公开服务性能规范(3.0版): GB/T 39473－2020[S].北京:中国卫星导航系统管理办公室,2021.

[56] 周学全,张文革.电磁频谱安全风险与防范对策研究[C].北京:第十届中国指挥控制大会论文集(上册),2022:3.

[57] 朱秋明,杜孝夫,吴启晖,等.传播模型驱动的三维频谱地图测绘研究[J].宇航总体技术,2021,5(06):1－11＋19.

[58] 周文虎.大数据频谱地图创新上海无线电管理[J].上海信息化,2016(08):10－13.

[59] 字然.无线电环境地图构建方法研究[D].昆明:云南大学,2018.

[60] HAYSTEAD J. Darpa calls for 'radiomap' phase 3 research proposalsS[J]. Journal of Electronic Defense,2015, 38(2): 16－18.

[61] International Telecommunication Union. Radiocommunication Sector of ITU Radio Regulations[R]. Geneva: ITU WRC, 2020.

[62] International Telecommunication Union. ITU－R HDB－13, Handbook of curves for radio wave propagation over the surface of the earth[R]. Geneva: ITU, 1991.

[63] International Telecommunication Union. ITU－R HDB－59, Handbook on ground wave propagation[R]. Geneva: ITU, 2014.

[64] International Telecommunication Union. ITU－R P. 310－10, Definitions of terms relating to propagation in non－ionized media[R]. Geneva: ITU, 2019.

[65] International Telecommunication Union. ITU－R P. 341－7, The concept of transmission loss for radio links[R]. Geneva: ITU, 2019.

[66] International Telecommunication Union. ITU－R P. 368－10, Ground－wave propagation prediction method for frequencies between 10 kHz and 30 MHz[R]. Geneva: ITU, 2022.

[67] International Telecommunication Union. ITU－R P. 525－4, Calculation of free－space attenuation[R].Geneva: ITU, 2019.

[68] International Telecommunication Union. ITU－R P. 526－15, Propagation by

diffraction[R].Geneva: ITU, 2019.

[69] International Telecommunication Union. ITU—R P.527—6, Electrical characteristics of the surface of the Earth[R].Geneva: ITU, 2021.

[70] International Telecommunication Union. ITU—R P.676—13, Attenuation by atmospheric gases and related effects[R].Geneva: ITU, 2022.

[71] International Telecommunication Union. ITU—R P. 834—9, Effects of tropospheric refraction on radiowave propagation[R]. Geneva: ITU, 2017.

[72] International Telecommunication Union. ITU—R P. 1239—4, ITU—R reference ionospheric characteristics[R]. Geneva: ITU, 2023.

[73] International Telecommunication Union. ITU—R SM. 337—6, Frequency and distance separations[R].Geneva: ITU, 2008.

[74] International Telecommunication Union. ITU—R SM. 2093—4, Guidance on the regulatory framework for national spectrum management [R]. Geneva: ITU, 2021.

[75] U. S. Department of Defense. JP 3—13, Information Operations[R].Washington, D. C. : U. S. DOD, 2012.

[76] U.S.Department of Defense.JP 3—13.1, Electronic Warfare[R].Washington, D.C.:U.S.DOD, 2012.

[77] U. S. Department of Defense. JP 6—01, Joint Electromagnetic Spectrum Management Operations[R].Washington, D. C. : U. S. DOD, 2012.

[78] U. S. Department of Defense. JP 3—85, Joint Electromagnetic Spectrum Operations[R].Washington, D. C. : U. S. DOD, 2020.

[79] U.S.Department of Defense.JP 3—0, Joint Operations[R].Washington, D.C.: U.S.DOD, 2017.

[80] U. S. Department of Defense. Electromagnetic Spectrum Superiority Strategy [R].Washington, D. C. : U. S. DOD, 2020.

[81] Vencore Inc.. Vencore Labs Extends its Involvement to Third Phase of DARPA's RadioMap Program[J]. Journal of Engineering, 2016.